国家重点研发项目（编号：2017YFC0406004）
国家自然科学基金项目（编号：41271004）

中国南北方山区
典型流域复杂水环境模拟研究

张　静　宋永雨　赖月群　宫辉力　孟浩斌　著

U0252101

中国环境出版集团·北京

图书在版编目（CIP）数据

中国南北方山区典型流域复杂水环境模拟研究 /
张静等著 . —北京：中国环境出版集团，2022.6
ISBN 978-7-5111-5175-9

Ⅰ.①中…　Ⅱ.①张…　Ⅲ.①山区—水环境—
环境模拟—研究—中国　Ⅳ.①X143

中国版本图书馆 CIP 数据核字（2022）第 100018 号

出 版 人　武德凯
责任编辑　殷玉婷
责任校对　薄军霞
封面设计　彭　杉

出版发行　**中国环境出版集团**
　　　　　（100062　北京市东城区广渠门内大街 16 号）
　　　　　网　　　址：http://www.cesp.com.cn
　　　　　电子邮箱：bjgl@cesp.com.cn
　　　　　联系电话：010-67112765（编辑管理部）
　　　　　　　　　　010-67112736（第五分社）
　　　　　发行热线：010-67125803，010-67113405（传真）
印　　刷　北京中科印刷有限公司
经　　销　各地新华书店
版　　次　2022 年 6 月第 1 版
印　　次　2022 年 6 月第 1 次印刷
开　　本　787×1092　1/16
印　　张　19.75
字　　数　302 千字
定　　价　80.00 元

中国环境出版集团郑重承诺：
中国环境出版集团合作的印刷单位、材料单位均具有中国环境标志产品认证。

内 容 简 介

中国南北地域跨度较大，不同维度的山区生态水文系统有着显著的差异性，气候变化下南北典型山区流域的复杂水环境模拟研究对于更深入地了解中国的山区水文水质过程有着重要的意义。本书选取了中国南方占据长江流域面积最大的嘉陵江流域、典型喀斯特地形的漓江流域以及北方非点源污染较为严重的密云水库流域共3个山区流域作为研究区，在收集每个流域的水文水质、气候及下垫面特征等数据的基础上，分别利用 SWAT、MIKE SHE 和 HSPF 生态水文模型进行水环境模拟，在气候变化环境下对中国南北方山区流域生态水文模型结果之间的差异及流域复杂水环境进行深入且全面的研究。主要内容包括分析多个流域的气候及下垫面属性特点；从水文水质过程拟合度、模型的不确定性和参数敏感性等方面评价3种生态水文模型在每个流域的表现；基于模拟结果对比中国南北方山区流域在径流特征和水质等方面的差异；评估复杂水环境下的最佳管理措施；讨论不同流域的未来气候变化趋势及气候变化下的水文响应过程。本书可供水文水资源、工程水文学、气候变化以及相关专业研究领域的科学技术人员、高等院校教师及研究生参考使用。

水资源是人类发展进程中的独特资源，对于生命存续和演进至关重要且无可替代。任何国家和社会都依赖现成的淡水以满足饮水、粮食生产、工业生产、文化习俗、发电及航运等方面的需求。当前，人口增长、经济发展以及消费方式的转变使得全球对水资源的需求正以每年 1% 的速度增长。1972 年联合国第一次环境与发展大会就已经预警，水危机将成为继石油危机后又一重大危机。

中国疆域广阔，大部分地区受季风气候影响，水资源总量较为丰富，但人均占有量仅为世界人均占有量的 25%，被联合国认定为"水资源紧缺型"国家。我国庞大的人口基数和快速的经济增长决定了水资源短缺将是长期面临的重大挑战之一，城镇化发展导致的大量人口和产业高度集聚进一步加剧了高密度区域的用水矛盾。同时，幅员辽阔、南北地域跨度较大的特点使得不同维度的山区生态水文系统差异性也较为明显。水文建模是对水循环规律研究和认识的必然结果，是研究水文过程的主要手段，可为流域水资源管理及防灾减灾提供理论和决策支持。本书以嘉陵江流域、漓江流域和密云水库流域 3 个中国典型南北方流域为研究区，通过收集土地利用类型、土壤类型、数字高程模型（DEM）、降水、温度、风速等下垫面和气象数据，选取不同生态水文模型进行模拟分析，分析水文过程模拟的不确定性，研究变化环境下南北方流域的水文响应。

本书共分为 8 章。第 1 章绪论交代了本书的研究背景、研究进展和研究意义。第 2 章介绍了水文模型的发展和分类，选取 SWAT 模型、MIKE SHE 模型及 HSPF 模型，对其研究进展、原理、结构进行了总结。第 3 章介绍了本研究涉及的嘉陵江流域、漓江流域和密云水库流域的气候特征及下垫面属性等内容，并对 3 个流域的气候特征进行了对比。第 4 章介绍了嘉陵江流域水环境模拟分析，首先利用气象数据、土地利用数据、饱和带、非饱和带等数据，选取 MIKE SHE 模型与 MIKE 11 水动力模型耦合来模拟嘉陵江流域的径流过程；其次，利用 ArcSWAT 构建了嘉陵江支流渠江流域的 SWAT 模型。第 5 章介绍了漓江流域水环境模拟分析，基于气象数据、水文数据及水质数据构建了漓江流域的 SWAT 模型，以及基于 BASINS 软件构建了漓江流域的 HSPF 模型，并利用 HSPF 模型进行了水质模拟。第 6 章介绍了密云水库流域水环境模拟分析，首先，使用 SWAT 模型和 HSPF 模型对密云水库流域中的潮河流域进行了水环境模拟，并利用 HSPF 模型进行了水质模拟；其次，使用 SWAT 模型对白河流域进行了水环境及水质模拟。本书在第 4、第 5、第 6 章使用广泛认可的较为简易、有效的 GLUE 方法和 SUFI-2 算法对 3 个流域水文水质模拟中的模型参数敏感性及模拟不确定性进行了分析。第 7 章分析了漓江流域和白河流域复杂的水环境，分别依据流域的特点识别并划分污染物关键源区，进而评估了复杂水环境下的最佳管理措施。第 8 章介绍了变化环境下未来南北方流域水文响应预测，选取 NEX—GDDP 数据集中的 BNU-ESM 模式数据和 CMIP6 模式数据中的 BCC-CSM2-MR 气候模式数据分别对渠江流域和白河流域进行未来气候变化的定量分析，并结合前文构建的水环境模型讨论了未来不同排放情景下的水文响应。

本书在撰写过程中集中了课题小组成员郭彬斌、马洁、曹阳、宋永雨、乔荣荣、张朦、张佩琪、马思杰在攻读硕士或博士学位期间的成果，参阅和借鉴了同行专家的专业书籍和学术论文，在此向各位作者表示诚挚的谢意。另外，感谢课题小组成员黄华栋、李亚青、蒋雪晨、李希萍、黄琨、曹鑫、洪嘉睿、管世征在本书撰写过程中所给予的帮助。

本书由国家重点研发项目（编号：2017YFC0406004），国家自然科学基金项目（编号：41271004）和水资源安全北京实验室资助出版。

本书旨在更深入地了解我国典型山区水环境及水文水质过程，以让更多专家及学者关注和研究国内山区流域生态水文过程和水文循环，促进水资源可持续利用与发展。由于笔者认知水平有限，加之数据资源不够全面，书中错漏在所难免，敬请广大专家和读者批评指正。

作者

2021 年 10 月

目 录

第1章

绪　论

1.1 研究背景

世界气象组织（WMO）和联合国教科文组织（UNESCO）将水资源定义为可供利用或有可能被利用的水源，这个水源应具有足够的数量和合适的质量，并满足某一地方在一段时间内具体利用的需求。水资源不仅维持着自然生态与人类活动的正常进行及地球生态环境的可持续发展，同时也是所有生物的结构组成和生命活动的主要物质基础。

一方面，作为一种战略性的经济资源，水资源在我国有着较为关键的作用。《中国水资源与可持续发展》中指出，水资源与人口、环境、经济都有非常重要的关系。首先，水资源是人类生存的根本，人口越多的国家对水资源的依赖程度越高。其次，从国家角度来说，无论是重工业、轻工业的发展，还是第三产业的发展都离不开水资源的参与。同时，水资源丰富的地区还可以发展水运，为经济发展创造更加便利的条件。此外，水资源是可再生资源，可通过自然界的水循环实现再生（董维娜，2019）。

然而，尽管我国的淡水资源总量为 28 000 亿 m^3，占据了全球的 6%，但人均水资源量仅为全球平均水平的 25%。据相关统计，2015 年中国 9 个省（区、市）的人均水资源量低于 500 m^3 的极端缺水临界线，全国 600 多个城市中，就有 400 多个城市存在供水不足的问题，其中 110 个城市缺水比较严重，缺水总量大约为 60 亿 m^3，水资源短缺现象不断加剧（孙才志、刘淑彬，2017）。因此，我国是世界上水资源最为贫乏的国家之一，加之当下我国的城市发展、工业发展、农业发展等，都需要消耗大量水资源，进而形成此消彼长的尴尬局面，造成水资源匮乏的严峻形势（温鲁哲，2020）。

主要的水系、湖泊、近岸海域及部分地区地下水均受到不同程度的污染，河流区域主要表现在有机污染，包括氨氮、生化需氧量和高锰酸钾指数等；湖泊主要表现在水体富营养化，主要包括总磷、总氮、化学需氧量和高锰酸钾指数等；近岸海域主要表现为无机氮、活性磷酸盐、重金属等，这些因素导致水生态环境污染影响范围广、危害严重，治理难度大、投入大等问题（马月琴，2021）。

另一方面，水是大气环流和水文循环中的重要因子，同时也最直接地受到气候变化的影响。气候变化必定会造成全球的水文循环发生变化，主要通过大气环流和冰雪消融等自然条件的改变，对降水、蒸发、土壤湿度等水文要素造成直接影响，引起水资源总量的改变以及在时空上的重新分配（李峰平，2013），同时大气环流模式的变化会改变洪涝、干旱等极端事件发生的地点和频率，并伴有显著的区域和季节差异。联合国政府间气候变化专门委员会（IPCC）第五次关于全球气候变化的评估报告详细阐述了目前观测到的气候变化情况。在温度方面，自 1880 年，全球平均气温上升了 0.85℃，海洋表层（0～70 m 深度）温度上升了 0.11℃（夏芳，2016）。全球气温的升高会增加对大气圈的水汽输送，平均而言，这使得潮湿的季节温度每升高 1℃，近地面大气持水能力增加约 7%，这就解释了强降水事件中降水量会出现类似幅度的情况，极端事件的发生会增加洪水灾害的严重性。气候变化对不同国家和地区的水文循环（尤其是径流变化）的影响程度是有所差异的（姬广兴，2020）。

　　对于中国而言，因受到全球气候不稳定因素的影响，我国沿海地区缓发性海洋灾害的发生频次有所上升，特别是作为缓发性灾害的主要表现形式，海平面上升已经成为社会普遍关注的焦点（梁皓、王欢，2018）。根据《中国海平面公报》，1980—2015 年我国沿海海平面累计上升了 105 mm，年均增加 3 mm。海平面上升将带来严重的自然灾害，直接影响我国经济的正常发展和人们的正常生活，因此亟须对水资源进行合理利用和规划管理。

　　综上所述，基于地形、气象、土地利用等相关数据，选择不同水文模型对流域水文水质进行模拟和不确定分析，探究气候变化环境下流域的水文响应，是当前水文学研究较为重要的课题。

1.2　研究进展

　　水文学的发展历史表明，社会需求是水文学发展的根本动力，并决定了水文学发展方向和进程（叶守泽、夏军，2002）。近二三十年来，在人口膨胀、水资源短缺、环境污染和气候变化等研究需求的推动下，水文研究领域不断拓展并趋于综合，全球水文学、生态水文学和环境水文学等研究领域的兴起和不断深入给水文模型研究、开发和应用带来了巨大的机遇和挑战（Sivapalan et al.，2003）。

水文模型是模拟自然界水文循环的数学物理模型，其以流域内降水过程为主要输入条件，输出的是流域出口断面的流量或水位过程，因此水文模型是一种输入具有分散性而输出具有集中性的模型（张婷等，2021）。从 20 世纪 30 年代开始，自霍顿（Horton）提出著名的下渗理论至今，水文模型一直是水文学研究领域中最常用的工具，并且得到不断发展和完善（张徐杰，2015）。随着计算机科学的不断发展，水文模型被广泛地应用在水环境模拟预测、旱涝灾害预警、流域水资源管理等各个方面（杜婷婷等，2021），根据对流域的空间离散程度可以将其分为集总式水文模型和分布式水文模型。

集总式水文模型是从降水、蒸发和入渗等产汇流视角来描述流域水文过程，以区域水量平衡为理论基础，结合流域水文水循环的物理过程，通过构建数学模型表达集总式水文过程，定量分析整个流域范围的水文要素与气候因子的相互影响机制（张正勇，2018）。该类模型结构简单明晰且易于通过计算机编程实现，在科学研究和工程应用领域受到广泛青睐。集总式概念性水文模型的研究最早可追溯到 20 世纪 50 年代，比较有代表性的是由 Linsley 和 Crawford（1960）提出的 Stanford 模型，该模型是水文模型研究领域具有里程碑式意义的产物；随后，国内外水文学者相继提出了众多概念性水文模型（郭俊，2013），常见的集总式水文模型有 ARMA 时间序列水文模型、SCS 模型、新安江模型、HBV 模型、TOPMODEL 模型等。例如，Siderius 等（2017）和 Stewart 等（2017）采用天气发生器和气候情景模式驱动概念性水文模型，分别对国外的小尺度流域径流对气候变化的响应开展了研究；Liu 等（2008）使用 SCS 模型成功模拟了黄土高原典型小流域基于遥感地理信息的径流生成和径流过程；赵阳等（2016）采用基于分离评判原理的水文分析法及多年水量平衡模型，定量分析了 1989—2011 年降水和土地利用变化对小流域年径流的影响。

在 17 世纪水量平衡理论创立的 300 余年中，人们基本上都是将流域作为一个整体来进行研究的，这样势必忽略了气候因子和下垫面空间分布不均匀的事实（芮孝芳，1997）。但在现实世界中，影响流域降雨径流形成的气候因子和下垫面因子均呈现空间分布不均匀状态，根据这种观点建立起来的集总式水文模型只能用于模拟气候和下垫面因子空间分布均匀的虚拟状态，只能给出空间均化的模拟结果（芮孝芳、黄国如，2004），因此，考虑到降雨空间分布、土地利用等下垫面状况且更能反映流域真实情况的分布式水文模型得到了广泛应用。最早提出具有物理机制的分布式流域水文模型概念和用途的是 Freeze 和 Harlan（1969）发表的论文《一个具有物理基础数值模拟的水文响应模型的蓝图》，这标志着分布式流域水文模型研究的开始（郭俊，2013）。此后，水文学者相继提出了多种分布式水文模型，常见的分布式水文模型有 SWAT 模型、MIKE SHE 模型、VIC 模型、DHSVM 模型等。马新萍等（2021）基于 SWAT 模型、天气发生器 BCC/RCG-WG 以及 CA-Markov 模型预测了未来两种土地利用变化模式下的径流量变化；Ricci 等（2018）使用 SWAT 模型识别了地中海流域中的沉积物源区，证实地中海流域是一个脆弱的生态系统，需要采取措施缓解土壤枯竭；李泽实等（2021）基于 MIKE SHE 模型，建立洋河水环境对流域排污的响应关系，评估了 3 种不同点源和面源污染控制方案下洋河水质改善效果；Sonnenborg 等（2017）使用 MIKE SHE SWET 模型分析了土壤性质不同的两个集水区植树造林和树种的水文影响，流域模拟结果表明，用阔叶林代替现有的针叶林可显著增加地下水补给量和地下水位；杜婷婷等（2021）以西江为研究区，结合陆面水文模型 VIC 对流域自然水循环的水文模拟过程在不同时间尺度上的适用性情况进行了分析；Zhang 等（2014）使用了一种新方法来量化整个黄土高原的雨水收集潜力（RWHP），并基于可变渗透能力模型来表征过去 40 年的时空变化。

流域内气候变化也会对流域水文循环过程产生深刻影响。从 20 世纪 40—70 年代气候变化对水资源影响初步探究的萌芽阶段，到当今的快速发展阶段，国内外诸多研究结果均显示流域内气候变化是水文循环过程变化的重要影响因素之一（刘昭，2020）。Wang 等（2020）利用 VIC 水文模型对无观测数据的径流模拟的结果表明该模型具有较好的适用性，在黄河源区，降水量与径流量大致呈线性相关，但在内陆干旱源区，温度对径流的影响略大于降雨；Pumo 等（2017）提出了一个建模框架，能够分析由气候变化和城市化这两个反复发生的水文变化驱动因素引起的流域水文变化；Gebrechorkos 等（2020）使用局部尺度气候建模方法对埃塞俄比亚大型流域水文的气候变化影响进行评估，评估结果认为需要采取当地规模的适应措施来限制对农业、水和能源的影响；李林等（2009）对黄河源区湿地水文与气候变化的关系研究表明，20 世纪 90 年代以来气温升高、蒸发量增大、降水量减少是黄河源区湖泊湿地水位下降、河流径流量降低以及沼泽湿地退化的主要因子；冉思红等（2021）通过利用 CMIP5 气候模式输出气象数据驱动流域水文模型，模拟研究了天山地区 3 个不同冰川覆盖率河流的径流对气候变化的响应。

鉴于水文过程自身的复杂性，基于各模型的应用与研究都存在或多或少的缺陷，这些问题在主观方面受到研究区基础观测数据匮乏的限制，客观方面需要研究者深入理解模型模块与算法背后的水文机制，因此流域生态水文过程模拟研究有着十分重要的理论价值和现实意义。

1.3 研究意义

我国水资源紧缺，且时空分配不均，发生洪涝、干旱等自然灾害的频率偏高，严重威胁人民的生命财产安全（张利平等，2009）。当前，全球气温升高问题凸显（秦大河等，2014）。在此背景下，我国局部发生极端高温、极端干旱和极端降水等极端气候事件的频率将增加，北方地区干旱程度将进一步加深，南方局部区域的气候变化将更加极端（张红丽等，2016），如 2005 年珠江流域大水、2006 年川渝大旱、2007 年淮河大水、2008 年新疆大旱、2009 年北方大旱、2010 西南地区特大干旱、2011 年北方干旱、2012 年北京暴雨、2013 年上海暴雨等（岳尚华、王浩，2013）。因此，气候变化问题是人类发展过程中面临的重大挑战，IPCC 发布的评估报告中指出，人类活动的影响是造成气候变化的主要因素，2081—2100 年全球平均气温可能较 1986—2005 年的平均值升高 $2.6 \sim 4.8 ℃$（沈永平、王国亚，2013）。气候变化会直接影响水循环的各个环节，流域生态水文循环和水资源的时空分布也会受到扰动，致使水资源在时间、空间上重新进行分配。为此，研究气象变化对水资源的可持续开发利用具有重要的现实意义（徐宗学、李景玉，2010）。

　　嘉陵江是川北和川东地区水上交通的主干线，对西南地区的综合交通运输体系意义重大，并被列为国家战备航道和水路交通基础设施的重点之一；漓江流域内土地资源丰富，适宜农作物的生长，是重要的粮食和林业生产基地，流域整体呈北高南低、中间低四周高的狭长带状分布，中下游属于典型的喀斯特岩溶地貌，生态环境问题较为突出；密云水库是北京市地表水水源地和生态涵养区，农业占据主导产业，经济结构类型以种植业、牧业、林业为主，因此农业非点源污染为主要污染来源，自然条件的变化和人类活动影响的加剧，使得密云水库流域下垫面的产汇流条件发生改变，使得区域水资源利用形势严峻、水环境污染问题凸显。作为南北方典型流域，围绕嘉陵江流域、漓江流域和密云水库流域内部的水文研究较多，但鲜见综合对比研究。因此，将三者进行综合分析对比，有助于了解流域的产汇流规律、未来水文过程以及水资源分布情况，对于流域内的水资源管理和制订相关分配计划具有十分重要的作用，能够为制订相关政策计划提供合理有效的理论支撑，同时为经济的发展提供有力保障。

　　综上所述，为充分探讨我国气候变化环境下南北方山区流域生态水文模型之间的差异，本书以我国南方的嘉陵江流域和漓江流域以及北方的密云水库流域共 3 个典型山区流域为研究区，选取降水、气温、水文水质、下垫面和未来气候模式等数据，利用 SWAT 模型、MIKE SHE 模型和 HSPF 模型等生态水文模型进行水文过程模拟并分析，为帮助读者更深入地了解我国的山区水环境提供理论参考。

第 2 章
水环境模型介绍

2.1　水文模型概述

　　水承载着自然界中各种物质的运动与转化，水循环保障着生命的存在和社会的经济发展，这促使了人们对水循环和水文过程进行探索。水文模型的出现是对水循环规律认识和研究的必然结果。水文模型能将自然界中复杂的水循环过程用数学的方法进行近似的描述，现在已经成为研究水文过程和水循环的重要手段（徐宗学，2009）。水文模型在解决水资源规划、防洪减灾、非点源污染等众多问题方面都体现出了非常强的能力，在水文学领域有着举足轻重的地位（吴险峰、刘昌明，2002）。

2.1.1　水文模型与水循环

　　地球上的水体分别以液态、固态和气态形式分布于大气、陆地、海洋和生物体内，这些水体共同构成了地球上的水圈（徐宗学，2009）。水圈中的水体处在不停的运动之中，并且相互之间是可以进行转化的。在太阳辐射和大气驱动的作用下，各种形式的水体不断从陆面、水面以及植被的叶茎表面蒸发，以水汽的形式上升至大气，并随着大气运动。当达到一定条件时，大气中的水汽遇冷凝结成水滴，在重力的作用下，以降水的形式重新回到地球表面。降落在地表的水，一部分通过下渗作用进入地下，形成地下水；一部分经过填注、截留和下渗之后形成地表径流，通过河网流入河湖，最终汇入海洋；一部分又重新蒸发进入大气圈，继续上述过程。在太阳辐射和地心引力的作用下，水圈中的水体以液态、固态和气态的形式在陆地、海洋和大气之间，通过不断蒸发、水汽输送、凝结、降落、下渗和汇流，不断地发生相态转换和周而复始的运动，称为水文循环或水循环（芮孝芳，2013）。水文循环维持着全球水体的动态平衡，使全球各种水体处于不断更新的状态，影响着全球的气候和生态，对地球环境的演化和人类生存都有着重大的影响。

　　水文循环按照路径的不同，可以分为大循环和小循环。大循环是指从海洋表面蒸发的水汽经过大气运动在陆地上形成降水，其中一部分又以汇流形式返回到海洋的海陆间水分交换过程；小循环是指在海洋或者陆地上发生的局部水分交换过程。根据研究尺度的不同，水循环又分为水—土—植物系统水循环、全球水循环和流域水循环。水—土—植物系统水循环是仅由水分、土壤和植被组成的最小空间尺度的水循环。全球水循环是最完整的水循环，包括地球上所有形式的水体在海洋、陆地和大气之间的相互转化过程。流域水循环是指在流域范围内的局部陆地水循环，所有的水体运动都发生在流域内部。由地表水及地下水的分水线所包围的集水区被称为流域，每条河流都有自己的流域。目前的水文模型，大部分都是针对流域尺度水循环过程而开发设计的。最初的水文模型多数是针对某一水文环节提出的理论与算法，而随着计算机技术的快速发展，水文模型得到众多研究者的关注，其相关开发和应用研究层见叠出。

水文模型对流域内的复杂水循环过程进行抽象或者概化，从而模拟出主要或大部分的水文过程特征（徐宗学，2009）。流域其实就是一个水文系统，系统的输入主要是降水量，系统的输出主要是径流量、蒸发及壤中流。建立输入项与输出项之间的物理关系是水文模型的目的，主要分为两部分：一是了解流域内的水文要素对水文循环的影响机制，二是用于水文预报或者指导水资源规划和管理。

2.1.2 水文模型的发展

水文模型的发展最早可以追溯到 1850 年 Mulvany 所建立的推理公式。1932 年 Sherman 的单位线概念、1933 年 Horton 的入渗方程、1948 年 Penman 的蒸发公式等标志着水文模型由萌芽时代开始向发展阶段过渡。20 世纪 60 年代以后，水文学者结合室内外实验等手段，不断探索水文循环的成因变化规律，并在此基础上，通过一系列假设和概化，确定模型的基本结构、参数以及算法，开始了水文模型的快速发展阶段。在此期间，各国水文学家积极探索，勇于开拓，研究和开发了很多简便实用的概念性水文模型，如美国的斯坦福流域水文模型（SWM）、萨克拉门托（Sacrament）模型、SCS 模型，澳大利亚的包顿（Boughton）模型，欧洲的 HBV 模型，日本的水箱（Tank）模型以及我国的新安江模型等（吴险峰、刘昌明，2002）。进入 20 世纪 90 年代，随着地理信息系统（GIS）、全球定位系统（GPS）以及卫星遥感（RS）

技术在水文学中的应用，考虑水文变量空间变异性的分布式水文模型日益受到重视（芮孝芳、黄国如，2004）。尽管早在 1969 年，Freeze 和 Harlan 就提出了基于水动力学偏微分物理方程的分布式水文模型概念，但由于计算手段的限制，直到 20 世纪 80 年代后期，分布式水文模型的研究工作才得到了快速发展。目前，较为常见的分布式水文模型有英国的 IHDM 模型，欧洲的 SHE 模型和 TOPMODEL 模型，美国的 SWAT 模型、SWMM 模型、VIC 模型等（芮孝芳、朱庆平，2002）。我国在分布式水文模型的研制方面起步较晚，目前尚缺乏国际上普遍认可的分布式水文模型（金鑫等，2006）。但近几年来，我国水文学家也陆续研究和开发了一些基于不同时间、空间尺度的分布式水文模型。水文模型的研究和应用经过了漫长的岁月，社会需求是水文模型诞生和不断发展、完善的根本动力，而计算机技术尤其是 20 世纪 60 年代以后计算机技术的发展为水文模型研究工作的深入开展提供了可靠的物质保障。总结过去 100 多年来水文模型研究和开发工作所走过的历程，可以将水文模型的发展阶段概括为萌芽阶段、概念性水文模型阶段和分布式水文模型阶段。

2.1.3　水文模型的分类

经过前期不断的探索，再加上计算机技术的引入，20 世纪 60 年代以来，研究者开始对流域水文循环进行完整的模拟，先后出现了许多概念性集总式水文模型。Standford 模型是第一个真正意义上的水文模型，由斯坦福大学在 1966 年提出（Crawford and Linsley，1966），之后又出现了 Tank 模型（Sugawara et al.，1974）、Sacramento 模型（Burnash et al.，1973）以及新安江模型（Zhao and Liu，1995）等概念性模型。这些概念性模型用相互联系的子系统来表示整个水循环，每一个子水循环由一个特定的子系统代表，但模型忽略了流域内影响水文过程的空间属性和气象属性的空间分布异质性，包括地形、土地利用和降水等属性，只是模拟了流域内的平均水文状况（芮孝芳等，2006）。

为了克服概念性水文模型的缺点，更真实准确地模拟水文循环过程，在 20 世纪 80 年代伴随计算机技术的进步，尤其是数字高程模型（Digital Elevation Model，DEM）和遥感技术的出现，具有物理机制的分布式水文模型得到了迅速发展（王中根等，2003）。分布式水文模型的核心在于对流域的离散化划分，对于流域的水文过程，能够根据研究区的地形，从 DEM 中生成相应的子流域，将整个流域的下垫面分布差异考虑在内，通过流域产汇流的特征求解水文过程要素的时空变化（徐宗学、程磊，2010）。目前处于主流的分布式水文模型主要有以下几个：TOPMODEL 模型（Topgraphy Based Hydrological MODEL）是 Beven 等根据对地形的研究提出的，是一个半分布式水文模型，特点是简化了降水径流过程，利用地形等反演流域的水文过程（Beven et al.，1979）。MIKE SHE（MIKE System Hydrological European）模型是丹麦水利研究所发展的一个基于过程描述的水文模型，模型通过模块化结构构建，模型的参数具有确定性物理意义（Abbott et al.，1986）。IHDM 模型（The Institute of Hydrology Distributed Model）是英国国家水文所基于山坡水文学原理建立的降雨径流模型，用以模拟地表层中流域水分的运动（Beven et al.，1987）。SWAT 模型是具有物理基础的、流域尺度的分布式水文模型，能够充分与 GIS 和 RS 相结合，以日、月或年等时间步长研究复杂的大流域内水文、泥沙、非点源污染等长期的影响（Arnold et al.，1998）。VIC 模型是基于正交网格共同开发的分布式水文模型，该模型能同时模拟大流域尺度地表间的水量和能量的收支平衡，但模型本身不能进行汇流计算（Liang et al.，1994；Lohmann et al.，1998）。

2.2 SWAT 模型

2.2.1 SWAT 模型介绍及研究进展

2.2.1.1 SWAT 模型介绍

SWAT 模型是一套基于一系列物理机制，能进行长时间序列模拟的流域分布式水文模型，主要用于模拟整个流域内径流、泥沙、营养物以及非点源污染的运动状况，并且可以用来模拟土壤类型、土地利用、管理方式、气象条件等的改变对上述运动的影响（Arnold，1998，2012）。SWAT 模型中还自带天气发生器，能够对缺乏实测数据的地区进行缺失数据补齐，因此该模型被称为目前水文机理及演变规律研究领域内前景最好的分布式水文模型。SWAT 模型会根据用户设置的集水区阈值来划分研究区，再结合不同土壤类型和土地利用类型，进一步划分出若干个水文响应单元（HRU），分别在每个 HRU 上进行单独计算，最终在流域总出水口处汇总，得出整个流域的总计算量。

SWAT 模型的前身是 SWRRB 模型，SWRRB 模型集成了 CREAMS、GLEAMS 和 EPIC 模型的主体模块，在发展过程中又结合了 QUAL2E 模型的内河动力模块和 ROTO 模型的河道演算模块。在满足分量目标模式（COM）协议的基础上，应用地理数据库方法及设计结构，开发了基于 ArcGIS 软件集成的 SWAT 界面（ArcSWAT）（Olivera et al., 2006）。之后的 SWAT 模型也经过持续改进，不断地增加新的功能，目前版本已经更新到 SWAT 2012 版，SWAT 界面也更新到了基于 ArcGIS 10.2 版本的 ArcSWAT 2012。同时 SWAT 2012 版去掉了敏感性分析和自动校正模块，而单独推出 SWAT-CUP 软件进行敏感性分析，使得参数的敏感性和不确定性分析更加独立。

SWAT 模型之所以被广泛地应用于各地区，主要是因为它有以下几个特点：

（1）具有很强的物理基础。SWAT 模型属于物理模型，需要输入特定的地形、土地利用、土壤、气象参数以及管理措施来直接进行模拟，而不是通过简单的回归方程来描述输入和输出各变量之间的关系。

（2）所需数据简单易得，计算效率高。SWAT 模型所需要的数据资料一般较容易获取，并且对于大尺度流域或者管理参数复杂的径流模拟不需要耗费过多的时间，能够节约时间成本。

（3）可进行长时间模拟。模型能够对长时间序列的连续数据进行处理，从而对流域内的径流和污染物的累计量进行长时间的模拟计算。

2.2.1.2　SWAT 模型研究进展

SWAT 模型是众多分布式水文模型中较为典型的一个，能够解决流域水量平衡、污染物转移等问题。SWAT 模型被国内外学者应用于不同的流域和以不同的时间尺度进行研究，同时模型又得到不断改进、不断更新。以 Amold 等（2009）为首的 SWAT 模型开发小组对不同的水文条件、地形特征流域进行了研究，验证了 SWAT 模型的适用性。Bouraoui 等（2005）使用 SWAT 模型对 Medjerda 流域径流进行模拟，结果较为成功，并且在有限可用的详细降雨数据和水库管理信息情况下，模型也能很好地捕捉径流产生的动态变化。在一些地形特殊的地区，SWAT 模型也有良好的适用性，Tyagi 等（2014）在印度喜马拉雅山脚下覆盖着 80% 左右橡树林的 Arnigad 流域和 Banseigad 流域，利用观测的径流数据对 SWAT 模型进行校准并验证每日的径流量。统计分析表明相关性系数（R^2）为 0.91，纳什效率系数（NSE）为 0.84，观测值与模拟值之间有很好的一致性。研究结果表明，SWAT 模型能够作为评估该地区流域水文响应的有效工具。王中根等（2003）探讨了 SWAT 的水文学原理和模型的结构与运行方式，并应用到黑河（莺落峡）流域，分别模拟了月径流和日径流，其中日径流模拟的 NSE 达到 0.83，表明 SWAT 完全满足西北寒区水资源管理的应用需要。SWAT 模型的引入为我国的分布式水文模型的研制开阔了视野。胡远安等（2003）在芦溪小流域应用 SWAT 模型进行了长期径流量模拟和短期径流量模拟，得出短期径流量模拟尤其是对日径流量的模拟，比长期径流量模拟差，SWAT 能够有效地模拟长时间序列的水文过程的结论。

2.2.2　SWAT 模型的原理和结构

SWAT 模型作为一个分布式水文模型，在模型运行时，会将整个流域首先根据最小流域面积阈值划分为若干个子流域，进而根据下垫面属性分成若干个具有独立的土壤类型和土地利用属性的水文响应单元，可以模拟流域内多种不同的水循环物理过程。SWAT 模型由 701 个方程和 1 013 个中间变量组成，模型采用模块化结构，主要由水文过程、土壤侵蚀及污染负荷 3 个子模块组成（苏东彬等，2006）。

针对水文过程的模拟包含了从降水到流域径流形成的全部环节，分为水文循环的陆地阶段（负责产流和坡面汇流）和河道演算阶段（负责河道汇流）。陆地阶段控制着每个主河道的水、泥沙和营养物等的水文循环过程

（图 2-1），河道演算阶段决定着水、泥沙和营养物等从河网向流域出口的输移运动（Neitsch et al.，2009）。本书相关研究主要涉及模型的径流模拟过程，故只介绍 SWAT 模型的水文过程部分。模型中水循环部分水量平衡公式如式（2-1）（Neitsch et al.，2011）。

$$\mathrm{SW}_t = \mathrm{SW}_0 + \sum_{i=1}^{t}(R_{\mathrm{day}} - Q_{\mathrm{surf}} - E_{\mathrm{s}} - W_{\mathrm{seep}} - Q_{\mathrm{gw}}) \qquad （2\text{-}1）$$

式中：t——时间步长，d；

$\quad$ SW_t——土壤最终含水量，mm；

$\quad$ SW_0——土壤前期含水量，mm；

$\quad$ R_{day}——第 t 天的降水量，mm；

$\quad$ Q_{surf}——第 t 天的地表径流量，mm；

$\quad$ E_{s}——第 t 天的蒸发量，mm；

$\quad$ W_{seep}——第 t 天离开土壤剖面底部的渗透量和测向流量，mm；

$\quad$ Q_{gw}——第 t 天的地下水出流量，mm。

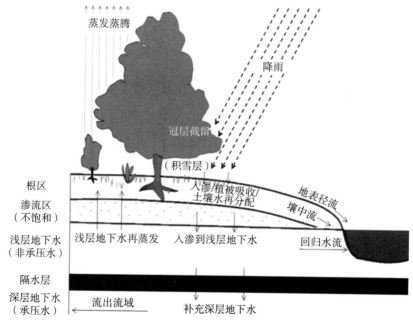

图 2-1　SWAT 水文循环过程示意图（据 SWAT-check 生成、修改）

模型的主要运行过程为根据输入的 DEM 文件，利用模型自带的 TOPOAZ 软件包完成地形的分析和定义流域范围，而后根据阈值划分子流域，确定河网结构、计算子流域参数；在此基础上，模型通过不同的土壤类型和土地利用方式相组合，将各子流域进一步划分为多个 HRU；然后输入模型所需要的气象数据、点源数据或者水库数据，逐步计算每个 HRU 的径流量，最后通过汇流计算得到整个流域的总径流量（刘晋，2007）。其中重要的过程公式如下。

（1）地表径流

本研究对于地表径流的模拟计算采用的是 SWAT 模型所提供的 SCS 曲线法（Modified SCS Curve Number）。该方法需要日尺度的降水数据，对数据资料的要求相对较低。SCS 曲线是土壤渗透性、土地利用和前期土壤水分条件的函数。SCS 曲线数随着土壤含水量发生非线性变化（赵坤等，2009），其公式为

$$Q_{surf} = (R_{day} - I_a)^2 / (R_{day} - I_a + S) \qquad (2-2)$$

式中：Q_{surf}——地表径流量，mm；

　　　R_{day}——日降水量，mm；

　　　I_a——初始损耗，mm；

　　　S——流域当时可能的最大滞留量，mm，可用式（2-3）表示。

$$S = 25.4 \times (1\,000 / CN - 10) \qquad (2-3)$$

式中：CN——径流曲线数，是反映降水以前流域特征的无量纲参数，与流域的土壤类型、土地利用类型、坡度和土壤前期湿度等因素相关，体现着下垫面特征，进而影响产流情况。

SCS 曲线中定义了 3 种前期土壤水分条件的等级：干旱（AMC Ⅰ）、正常（AMC Ⅱ）和湿润（AMC Ⅲ），分别对应着 CN1、CN2、CN3（李志林等，2001；蔡永明等，2003；张楠等，2007；晋华等，2006）。因为本研究流域的土壤较为湿润，因而都采用 CN2 值，即土壤水分条件处于 AMC Ⅱ 的曲线数。

（2）土壤水

降水的一部分形成地表径流，另一部分会下渗到土壤中，成为土壤水，当处于特定情况时会在土壤中形成壤中流。SWAT 模型对于壤中流是使用动力储存模型，基于质量守恒的情况主要考虑通过水力传导度、土壤含水量和坡度的时空变化来计算（李宏亮，2007）。壤中流的计算公式为

$$Q_{\text{lat}} = 0.024 \times \left(\frac{2\text{SW}_{\text{ly,excess}} K_{\text{sat}} \text{slp}}{\phi_{\text{d}} L_{\text{hill}}} \right) \tag{2-4}$$

式中：Q_{lat}——山坡出口断面的侧向流，即壤中流，mm；

$\quad$ $\text{SW}_{\text{ly,excess}}$——山坡段饱和带内单位面积可以排出的水量，mm；

$\quad$ K_{sat}——土壤饱和水力传导率，mm/h；

$\quad$ slp——流域平均坡度；

$\quad$ ϕ_{d}——土壤可出流孔隙率；

$\quad$ L_{hill}——坡长，m。

（3）地下径流

当降水量超过土壤的蓄水能力时，多余的水分就会下渗到土壤下部的含水层中，渗过土壤后成为地下水，形成地下径流。SWAT 模型按照深度将地下径流划分为浅层地下水径流和深层地下水径流。

浅层地下水可以为地表径流或者子流域河道补给水分，是内部河流的重要组成部分。水分通过渗漏或侧向径流穿过土壤坡面底部进入并流经包气带，成为浅层地下水补给。模型中浅层地下水的计算公式为

$$\text{aq}_{\text{sh},i} = \text{aq}_{\text{sh},i-1} + w_{\text{rchrg}} - Q_{\text{gw}} - w_{\text{revap}} - w_{\text{deep}} - w_{\text{pump,sh}} \tag{2-5}$$

式中：$\text{aq}_{\text{sh},i}$——第 i 天浅层含水层的蓄水量，mm；

$\quad$ $\text{aq}_{\text{sh},i-1}$——第 i-1 天浅层含水层的蓄水量，mm；

$\quad$ w_{rchrg}——第 i 天进入浅层含水层的水量，mm；

$\quad$ Q_{gw}——第 i 天进入主河道的基流量，mm；

$\quad$ w_{revap}——第 i 天由于水分缺失而进入土层的水量，mm；

$\quad$ w_{deep}——第 i 天流入深层含水层的水量，mm；

$\quad$ $w_{\text{pump,sh}}$——第 i 天从浅层含水层泵出的水量，mm。

深层地下水一般通过地下径流汇入流域外河流，是外部河流的组成部分。模型中深层地下水的计算公式为

$$aq_{dp,i} = aq_{dp,i-1} + w_{deep} - w_{pump,dp} \qquad （2-6）$$

式中：$aq_{dp,i}$——第 i 天深层含水层的蓄水量，mm；

$\quad aq_{dp,i-1}$——第 i-1 天深层含水层的蓄水量，mm；

$\quad w_{deep}$——第 i 天从浅层含水层进入深层含水层的水量，mm；

$\quad w_{pump,dp}$——第 i 天从深层含水层泵出的水量，mm。

（4）河道汇流

SWAT 模型中水文循环的汇流阶段可分为地面径流坡面汇流、水文响应单元河网汇流和河道汇流。其中对于流域河道汇流，模型采用变动储存系数模型（Kinematic Storage Model）对水流进行演算，公式为

$$q_{out,2} = SC \cdot q_{in,ave} + (1 - SC) \cdot q_{out,1} \qquad （2-7）$$

式中：$q_{out,2}$——时间步长结束时的出流速率，m^3/s；

$\quad SC$——储存系数；

$\quad q_{in,ave}$——时间步长内平均入流速率，m^3/s；

$\quad q_{out,1}$——时间步长开始时的出流速率，m^3/s。

2.2.3 SWAT 模型输入与输出

ArcSWAT 2012 扩展模块是一个 SWAT 模型基于 ArcGIS 平台的用户界面，能够完成从 DEM 数据预处理到运行 SWAT 模型的一系列过程，并会输入相应的结果文件供研究者评价结果及继续调参。在构建 SWAT 模型之前，需要准备必要的数据库文件，以便输入 ArcSWAT 2012 中完成模型的构建。

2.2.3.1 模型输入文件

基础数据库文件主要分为下垫面属性数据文件和气象属性数据文件。下垫面属性数据均为 GRID 或者 SHP 文件，构建模型时要求所有的文件地图投影必须一致；气象属性数据均为 dBase 或者 TXT 文件，主要用来计算净流量和蒸散发量。输入数据文件的说明和来源见表 2-1。

表 2-1 模型主要输入文件

数据类型	数据名称	格式	所需参数	数据来源
下垫面属性数据	数字高程模型	GRID/SHP	地形高程、河道、坡度、坡向等	数字化地形图
	土地利用数据	GRID/SHP	土地利用种类及分布、冠层高度、叶面积指数等	遥感影像解译
	土壤数据	GRID/SHP	土壤含水率、导水率、田间持水量、凋零点等	数字化土壤图
气象属性数据	气象数据	dBase/TXT	日降水量、日最高和最低气温、相对湿度、日辐射量、风速等	气象站点资料或再分析气象数据

（1）数字高程模型

SWAT 模型需要在 DEM 数据的基础上进行河道的勾绘和子流域的划分，将流域分割为多个有水文联系的子流域以便在 SWAT 模拟中使用。由于在原始 DEM 数据中存在许多洼地，同时在 DEM 数据生成离散化的过程中，插值和采样时也会产生洼地，对模型结果造成一定误差。SWAT 模型构建的第一步会对 DEM 数据中的洼地和平地进行处理，以使小平原和洼地变成斜坡的延长部分，进而利用处理后的 DEM 数据来提取流域河网。

（2）土地利用数据

下垫面条件通过调节产汇流过程对水文过程产生重要影响，土地利用变化作为改变下垫面条件的重要因素，在不同时空尺度对蒸散、截留、填洼和下渗等产流过程产生影响，通过改变陆面糙率、河道蓄水量等对汇流过程产生影响（徐宗学，2009）。由于 SWAT 模型中设计的土地利用 / 覆被数据库是以美国的分类体系为标准，以 4 个英文字母为代码，且通过这个代码与模型附带数据库联系起来，因此需要对土地利用进行二级分类，并生成一个索引表以便对地图上的每一种土地利用类型确定 SWAT 代码。

（3）土壤数据

土壤属性决定着空气以及水分在土壤内部的运动情况，由于研究中主要模拟水文过程，因此土壤的物理参数非常重要，其中最重要的就是土壤粒径级配数据。SWAT 模型中土壤类型的划分需要同模型自带的土壤数据库联结起来。若用户土壤数据没有被包含在内，可根据 HWSD 数据库查找相应的土壤属性，利用公式和软件计算得出并加入土壤数据库中。与土地利用相同，需要建立索引表来连接栅格数据与土壤数据库中的土壤类型。

（4）气象数据

气象数据由天气发生器、站点实测数据两部分构成。SWAT 模型自带的 Userwgn 气象数据库是美国境内的气象站数据资料，其他地区需构建该地区的气象数据库。气象数据包括日降水量、日最高和最低气温、相对湿度、日辐射量、风速等，这些参数对水文过程具有重要影响。气象数据文件需以站点尺度准备，提供每个站点的日序列气象数据，通过站点索引文件导入气象数据。在模型构建的气象站点对话框中可以针对每一种数据选择模拟或者使用测量的数据，其中日降水量及日最高和最低气温为主要输入文件，在很大程度上影响着模拟结果。

除了上述提到的数据文件，输入数据还包括一些可选项，如研究区域边界、数字化水系、水库日尺度或者月尺度出流量数据、站点日尺度或月尺度径流水质观测数据及土地管理措施。

2.2.3.2　模型输出文件

在 ArcSWAT 插件中完成模型构建的最后一步是模型模拟，使用户完成 SWAT 模型的输入设置，设定模型运行的时间段及时间尺度，并允许用户查阅和导出模拟结果文件，进一步校准和评价模型。输出文件为 dBase 格式，流域尺度文件主要有输入统计文件（input.std）、输出统计文件（output.std）、主河道输出文件（output.rch）、子流域输出文件（output.sub）、HRU 输出文件（output.hru）等。除了输出的流域尺度文件，还生成了各个 HRU 的结果文件，与流域尺度文件共同储存在"TxtInOut"文件夹内，可用于导入 SWAT-CUP 软件中进行参数调整，进而完成 SWAT 模型的校准。

2.2.4　SUFI-2 率定算法

随着 SWAT 版本的更新，关于参数的敏感性分析以及模型的校准和验证模块被分离出来，集中到 SWAT-CUP 软件中（Arnold and Fohrer，2005；Seo et al.，2014）。该软件由瑞士联邦研究所的 Eawag 创建，旨在研究 SWAT 模型的预测模糊性。关于模型模拟的关键表现参数可以根据研究的目标由用户自由选择，对于模型的校准和全局敏感性分析通过特定的接口应用与 SWAT 模型相结合。SWAT-CUP 应用不同的变量，如含水量、压力水头和累计出流量，通过反演模型估算水力参数，进而得出对模型的评价（Abbaspour，2007，2011）。SWAT-CUP 软件中共包含了 SUFI-2、PSO、GLUE、ParaSol 和 MCMC 5 种算法（Abbaspour，2014）。本研究采用 SUFI-2 算法对模型进行校准和参数敏感性分析等。

SUFI-2 算法是一种整体优化和梯度搜索的算法，既可以同时率定多个参数，也具有全局搜索功能（Rokhsare et al.，2008）。该算法考虑了降雨等变量、观测数据以及参数的不确定性，通过全局搜索方法完成综合优化和不确定性分析。对模型参数的处理采用摩尔斯分类筛选法（One Factor At a Time，OAT）与拉丁超立方抽样方法（Latin Hypercube Sampling，LHS）相结合（LH-OAT 敏感性分析法），主要输出每个参数的最佳范围，参数区间内的任一参数组合都参与模拟结果分析（Strauch et al.，2011；李倩楠等，2017）。模型通过计算灵敏度矩阵更新之前的参数范围，其次是协方差矩阵、参数 95% 置信区间和相关矩阵的计算（李峰等，2008）。SUFI-2 算法的具体步骤如下。

①定义一个目标函数。

②给第一轮拉丁超立方抽样分配初始参数不确定性范围，即

$$b_i \left[b_{i,\min} \leqslant b_i \leqslant b_{i,\max} \right] \quad i = 1, \cdots, n \qquad （2\text{-}8）$$

式中：b_i——第 i 个参数；

　　　n——评估参数的个数。

③进行下一轮拉丁超立方抽样，组合 n 个参数。

④计算一系列测量矩阵去评价每一次抽样。灵敏度矩阵（J）和参数协方差矩阵（C）计算，公式如下：

$$J_{ij} = \frac{\Delta g_i}{\Delta b_j}, \quad i = 1, \cdots, c_2^n, \quad j = 1, \cdots, m \qquad （2\text{-}9）$$

式中：Δg_i——第 i 个参数的参数敏感度；

　　　Δb_j——第 j 个要率定的参数。

$$C = h_g^2 \left(J^T J \right)^{-1} \qquad (2-10)$$

式中：c_2^n——灵敏度矩阵的行数；

$\quad\quad m$——列（参数）的数量；

$\quad\quad h_g^2$——模型运行 n 次后目标函数的方差；

$\quad\quad T$——矩阵转置符号。

⑤计算不确定性。算出 95PPU（模拟的数据包括 95% 的不确定性）以及它的两个指标 p-factor 和 r-factor，其中 r-factor 由式（2-11）计算得出：

$$r - \text{factor} = \overline{d_x} / s_x \qquad (2-11)$$

式中：r-factor——小于 1 的任何值；

$\quad\quad s_x$——变量 x 的标准偏差；

$\quad\quad \overline{d_x}$——95PPU 上下边界的平均距离，可由式（2-12）得到：

$$\overline{d_x} = \frac{1}{y} \sum_{l=1}^{y} (Q_U - Q_L)_l \qquad (2-12)$$

式中：y——观测数据点的个数；

$\quad\quad Q_U$、Q_L——95PPU 的上下边界。

⑥由于最初参数不确定性较大，第一次取样时 d 值相对较高，需要进一步抽样来更新参数范围。

2.2.5 评价指标

拟合优度指标的选择对模型性能的判断有很大影响。本研究为了消除模型性能评估中的主观性，选取了 Nash-Sutcliffe 效率系数（NSE）、确定系数（R^2）和百分比偏差（PBIAS）对 SWAT 模型的模拟结果进行评价（Nash and Sutcliffe，1970；Gupta et al.，1999；Krause et al.，2005）。NSE 用于评估模型的预测能力，并计算模拟值和观测值的拟合程度，越接近 1 表示模型的预测能力越强。R^2 代表模拟值和观测值之间的相关性，描述模型所能解释的模拟值变化量在方差中的比例，在 0～1 变化，越接近 1 表示模拟结果的误差离散越小。PBIAS 用来观察模拟值的平均趋势相对于观测值是否出现过高或者过低的现象。NSE、R^2 和 PBIAS 的计算公式如下：

$$NSE = 1 - \frac{\sum\limits_{i=1}^{n}(O_i - S_i)^2}{\sum\limits_{i=1}^{n}(O_i - \overline{O})^2} \qquad (2\text{-}13)$$

$$R^2 = \frac{\left[\sum\limits_{i=1}^{n}\left(O_i - \overline{O}\right)\left(S_i - \overline{S}\right)\right]^2}{\sum\limits_{i=1}^{n}(O_i - \overline{O})^2 \sum\limits_{i=1}^{n}(S_i - \overline{S})^2} \qquad (2\text{-}14)$$

$$PBIAS = 100 \times \frac{\sum\limits_{i=1}^{n}(O_i - S_i)}{\sum\limits_{i=1}^{n}O_i} \qquad (2\text{-}15)$$

式中：O_i——径流观测值，m^3/s；

S_i——径流模拟值，m^3/s；

$\overline{O}$——观测值的平均值，m^3/s；

$\overline{S}$——模拟值的平均值，m^3/s；

n——观测数据的总个数。

Moriasi 等（2007）指出，对于月尺度的 SWAT 模型模拟，当 NSE＞0.5，R^2＞0.5，PBIAS＜±25% 时，可以认为模拟结果是令人满意的，具体的模型效率评定标准见表 2-2。在本研究中，对于日尺度的模拟，认为当 NSE 和 R^2 都大于 0.4 时模拟的结果满足要求。

表 2-2 模型效率评定标准

评价标准	NSE（或 R^2）的取值范围	PBIAS 的范围 /%
极好	0.9＜NSE（或 R^2）≤1	PBIAS＜±10
较好	0.75＜NSE（或 R^2）≤0.9	±10≤PBIAS＜±15
符合要求	0.5＜NSE（或 R^2）≤0.75	±15≤PBIAS＜±25
较差	NSE（或 R^2）≤0.5	PBIAS≥±25

对模型参数的敏感性分析，以 t-Stat 和 p-Value 参数为标准，其中 t-Stat 的绝对值越大表示参数越敏感，p-Value 值决定了参数敏感性的重要程度，p-Value 值越接近 0，参数的重要性就越高（Bekele and Nicklow，2007）。模型校准的不确定度使用 p-factor 和 r-factor 进行评判。p-factor 表示 95% 预测不确定度（95PPU）所包含的观测值的百分比，r-factor 表示 95PPU 的平均宽度。95PPU 是在通过拉丁超立方方法获得的径流观测值的 2.5% 和 97.5% 置信区间计算得出的。在 SUFI-2 算法中，目标是尽可能减小不确定性的宽度，并包含尽可能多的观测结果。p-factor 的范围为 $0 \sim 1$，1 代表所有的观测值都包含在不确定性范围内，而 r-factor 的最佳范围是小于 1.5。95PPU 的宽度越窄意味着结果越集中，不确定性越小，同时有越多的观测值落在 95PPU 内，模型的不确定性也越小。但往往 r-factor 的增加会引起 p-factor 的增加。因此，当 r-factor 小于 1.5 尽可能接近 0，且 p-factor > 0.7 时，模拟结果的不确定性就越小。

2.3　MIKE SHE 模型

2.3.1　MIKE SHE 模型介绍及研究进展

2.3.1.1　MIKE SHE 模型介绍

MIKE SHE 模型是一个综合性、确定性以及具有物理理论基础的分布式水文模型，由丹麦水力学研究所于 20 世纪 90 年代初在 SHE 模型的基础上进一步研究而成（Graham and Butts，2005）。SHE 模型是第一个具有代表性的分布式水文物理模型，而 MIKE SHE 在地表水和地下水的描述方面较 SHE 模型的变动幅度要小。模型主要都是以动量、质量或能量守恒的偏微分方程来刻画流域内部的水文物理过程，同时也建立了一系列经验关系。MIKE SHE 模拟的主要内容包括降水、蒸散发、融雪、地表径流、非饱和流、饱和带地下水流、地表明渠流以及它们之间的相互作用，可以用于陆水循环中几乎所有的水文过程（徐宗学，2009）。建模者根据研究的目标和可获得的数据量等因素可以选择对以上各个水文过程进行不同强度的灵活模拟（Butts et al.，2004）。

由于在理想状态下，基于物理机制的模型参数都需要从实测资料中获得，这就要求 MIKE SHE 模型输入大量的数据，需要花费巨大的人力、物力和时间。物理方程的复杂性还会给模型的求解带来很长的计算时间，并且在较为简单的建模应用中，会导致过参数化的现象。因此，在 MIKE SHE 模型的实际建模过程中经常需要对水文过程进行简化描述。对于至关重要的水文过程采用物理描述，而其他次要的则采用相对简单的结构方法。简化方法中的有些参数将不再具有严格的物理意义，需要根据经验对其进行调整。

在上述基础上，MIKE SHE 模型采用的是基于物理过程的模块化结构，可以让用户根据需求对每个独立水文过程的描述和模拟选择不同的方法。MIKE SHE 模型对水文过程的模拟就可以从最简化状态下的分布式概念化方法，逐步增加模型复杂性，变成完全基于物理方法。由于该模型基于模块化的模拟方法，具有十分强大的灵活性，这使得各水文过程可以在不同的时空尺度上求解，也可以针对不同的水文过程设置特定的模拟时间步长，让模型的运行更加高效。

随着 GIS、RS 等信息技术的发展，高精度数据的获取难度降低，MIKE SHE 模型的应用与研究也越来越广泛，主要包括流域水资源规划管理、洪水风险评估、地表水与地下水之间的交互计算、生态环境影响评价、地下水水文分析等众多研究领域。国内外学者对于 MIKE SHE 模型的研究应用大致可以分为以下 3 个方面：一是关于 MIKE SHE 模型在不同研究区的适用性研究；二是对于 MIKE SHE 模型的基础过程研究，包括模型的不确定分析、参数敏感性分析、模型尺度效应等（林波，2013）；三是 MIKE SHE 模型的进一步应用，包括土地利用和气候变化下的水文响应研究，以及与其他模型的耦合应用研究。

2.3.1.2 MIKE SHE 模型研究进展

不同的水文分区内流域的产流过程、产流分布等由于下垫面、气候等条件的不同将会有很大的差异，同时不同生态水文分区的水文气象数据的完整性、连续性、精确性和收集难度也千差万别。Windolf 等（2011）在丹麦建立一个覆盖了 175 个观测站的 MIKE SHE 地下水模型并对其进行了验证,进而模拟计算了丹麦 50% 无资料部分的月径流量数据。结果表明,在大多数情况下,模型模拟效果良好(61% 观测站的 NSE>0.60),但仍显示出较大的季节和地理区域特定偏差。田开迪等(2016)研究了 MIKE SHE 模型在灞河流域的径流模拟的适用性,研究结果表明:MIKE SHE 模型对于灞河流域年径流模拟具有较好的适用性,但对月径流和日径流的模拟效果还有待进一步研究。刘蛟等(2017)在叶尔羌河流域以降水、温度和潜在蒸散发的遥感数据建立了 MIKE SHE 模型,并进行了流域日径流模拟,应用效果良好,纳什效率系数达 0.7,相关系数达 0.8。

MIKE SHE 模型的建模基础过程包括模型尺度选择、构建模型、参数率定、模型校验、结果分析、模型的不确定分析。研究这些基础过程的影响能够进一步加深对模型的理解,有助于完善 MIKE SHE 模型在不同研究区的研究与应用。王盛萍等(2008)以 MIKE SHE 模型为工具,以吕二沟流域的实测次降雨—径流为输入数据,采用多尺度检验的方法探讨分析了单元格及步长变化对模型模拟结果的影响。结果表明,单元格变化对峰值及模拟径流总量有影响而步长变化只对峰值模拟有影响,对径流总量无影响。任启伟和肖素芬(2011)利用黄龙带水库流域的 5 种尺度的 DEM 数据来建立 MIKE SHE 模型,研究分析了不同尺度下模拟过程中的填洼损失和坡面径流过程变化。

对模型的敏感性和不确定进行分析,是提高模型模拟结果精度以及优化模拟过程的重要步骤。Sandu 等(2015)在 Argesel 流域建立了 MIKE SHE 模型,对模型参数进行敏感性分析后得到了影响饱和带和非饱和带的参数。郑震等(2015)以妫水河流域为研究区,基于 GLUE 法对 MIKE SHE 模型参数进行了不确定性分析,对相关参数的不确定性大小进行了分析比较。黄粤等(2010)在开都河流域搭建了 MIKE SHE 模型进行径流模拟,分析了降雨数据输入对模拟结果不确定性的影响。结果表明,流域内降雨的时空分布是影响模型不确定性的重要因素。

2.3.2 MIKE SHE 模型的原理和模块介绍

MIKE SHE 模型将流域在水平方向上划分成单元网格,用以对复杂的地形地貌进行离散计算。单元格之间通过求解连续性方程和运动方程来建立时空关系。垂直方向上，每一个单元格上形成一个土柱，用土柱上不同的水平层来表示土壤性质的差异性。MIKE SHE 模型模拟的水文过程如图 2-2 所示（DHI，2011）。MIKE SHE 模型通过三大模块来进行计算：水体运动模块（WM）、水质模块（WQ）和水量平衡工具，其中水体运动模块通过不同的计算子模块来模拟水体的运移过程，包括融雪模块（SM）、坡面流模块（OL）、河流与湖泊模块（OC）、蒸散发模块（ET）、非饱和带模块（UZ）和饱和带模块（SZ）等。在运用 MIKE SHE 模型对不同流域进行模拟时，可以根据不同流域的范围大小、下垫面条件以及模型研究目的等选择相应的模块，从而进一步得到更加精确的结果。本研究所应用的子模块主要包括 ET、OL、OC、UZ、SZ、OC 等。其中 OC 主要通过与 MIKE 11 水动力模型耦合实现。

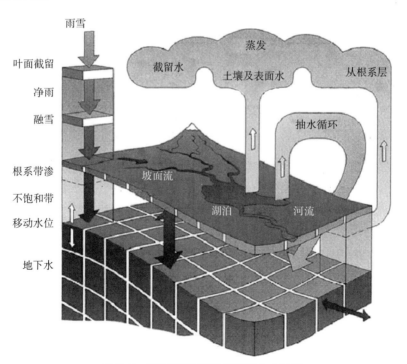

图 2-2　MIKE SHE 模型模拟的水文过程

（1）ET

蒸散发是水文循环过程中海洋与陆地的水分与大气水分交换的重要环节。其中陆地上每年大概有 60% 的降水以蒸散发的形式进入大气，而在干旱的情况下，该比例更是接近 100%。因此，在水文模型中关于实际蒸散发的模拟是研究重点之一。

蒸散发模块的计算目标是总的净雨量和蒸散发量，其所需要的数据是气象数据和植被分布以及相关参数。其主要计算过程包括冠层截留计算、从冠层流入土壤表面的排水计算、冠层表面蒸发计算、土壤表面的蒸发计算以及植物对不饱和区土壤水分的吸收和蒸腾作用的计算。

MIKE SHE 模型中可以采用 Kristensen-Jensen 方程和两层 UZ/ET 模型两种方法来计算蒸散发。Kristensen-Jensen 方程适用于非饱和带采取 Richards 方程和重力流算法的情况，通过截留系数和实际叶面积指数（Leaf Area Index）来计算；两层 UZ/ET 模型适用于非饱和带采取简化的双层水平衡法模拟的情况，其主要目的是提供实际蒸散发的估计值以及补给到饱和带的水量。

（2）OL

坡面流模块可以模拟在重力作用下沿地形表面流动的水流运行，还可用于计算漫滩或者地表向河道的汇流等过程。该坡面流是由降水或者融雪经过土壤下渗及地面填洼之后在地表形成的。地表水汇流包括坡面汇流和河道汇流，两者同时受到地形、流水阻力、河型等因素的影响。但坡面流水深一般很小，沿程的流态易变，流动边界复杂，并且由于蒸发和下渗等，能够汇入河道的流量可能会很少。模型中假设河流均沿网格的边界流动，采用圣维南方程求解互相垂直的水平方向上（x_i，y_i）的连续方程及动量守恒方程来完成（刘卓颖，2005），其二维模拟方程为

$$\frac{\partial h}{\partial t} + \frac{\partial (uh)}{\partial x_i} + \frac{\partial (vh)}{\partial x_j} = q \tag{2-16}$$

$$\frac{\partial h}{\partial x_i} = S_{ox_i} - S_{fx_i}，沿 x 方向动量方程 \tag{2-17}$$

$$\frac{\partial h}{\partial y_j} = S_{oy_j} - S_{fy_j}, \quad 沿\ y\ 方向动量方程 \qquad (2\text{-}18)$$

式中：h——局部地面水深，m；

$(x_i,\ y_j)$——空间坐标；

$\quad t$——时间，s；

$u,\ v$——分别为 x、y 方向的地表径流流速，m/s；

$\quad q$——源汇项，$\mathrm{m^3/(s \cdot m^2)}$；

S_{ox_i}、S_{oy_j}——分别为 x、y 方向的地面坡降；

S_{fx_i}、S_{fy_j}——分别为 x、y 方向的摩阻坡降。

同时，MIKE SHE 模型还提供了另外一种基于曼宁方程的半分布式方法来计算坡面流，该方法对数据要求更低，相对简单。

（3）UZ

非饱和带模块是 MIKE SHE 模型模拟中非常重要的一个模块。该模块决定着饱和带与非饱和带之间的交换量，也为其他水流模块提供边界条件（徐宗学，2009）。非饱和带通常是非均匀性的，并且呈现周期性波动。这是由于土壤中的水分是由降水除去蒸发之后补充得到的。非饱和带模块中的水主要受到垂直方向上重力的影响，因此，对于大部分应用，只在一维垂向上计算该部分水流是足够的。计算垂向的水流运动可以采用简化后的一维 Richards 方程（Richards，1931）。

$$C\frac{\partial \psi}{\partial t} = \frac{\partial}{\partial z}\left(K\frac{\partial \psi}{\partial z}\right) + \frac{\partial K}{\partial z} - S \qquad (2\text{-}19)$$

式中：ψ——土水势水头，m；

$\quad t$——时间，s；

$\quad z$——垂向空间坐标，m；

$\quad C$——土壤蓄水容量，$\mathrm{m^{-1}}$；

$\quad K$——水力传导率，m/s；

$\quad S$——源漏项。

同时，MIKE SHE 模型还提供了简化重力流程序和二层水量平衡法来计算不饱和带。相对而言,这两种方法要更简化一些。其中,简化重力流程序适合非饱和带的动态主要受降雨和蒸发影响的情况,而二层水量平衡法适用于地下水水位较浅且其变化主要受蒸腾作用影响的情况。

(4)SZ

饱和带模块是 MIKE SHE 模型中唯一一个综合了地表水和地下水流的模块,可以模拟饱和带水流、地下水水位、地下水渗流量等,还可以模拟饱和带与坡面流、明渠流、非饱和带和蒸散发之间的交互作用。饱和带地下水流是一种在三维非均质含水层之间流动的水流,满足能量守恒和质量守恒原理。

MIKE SHE 模型中可以采用三维有限差分法(Finite Difference Method)和线性水库法(Linear Reservoir Method)对饱和带水流进行模拟。

基于三维有限差分法,MIKE SHE 模型能够模拟非均质含水层中的三维水流运动,其时空变化可以通过三维达西公式描述,其三维有限差分法的偏微分方程为

$$\frac{\partial}{\partial x}\left(K_{xx}\frac{\partial h}{\partial x}\right) + \frac{\partial}{\partial y}\left(K_{yy}\frac{\partial h}{\partial y}\right) + \frac{\partial}{\partial z}\left(K_{zz}\frac{\partial h}{\partial z}\right) - Q = S\frac{\partial h}{\partial t} \qquad (2-20)$$

式中:K_{xx}、K_{yy}、K_{zz}——沿 x、y、z 轴方向上的导水率,m/s;

h——地下水水头,m;

Q——单位面积上流量的源/汇项,m/s。

方程求解主要通过迭代隐式有限差分方法。MIKE SHE 模型提供了两种不同的地下水求解方法:连续超松弛求解方法(SOR)及基于预处理的共轭梯度求解方法(PCG)。

由于流域自然特性的复杂性往往会增加基础数据获取及参数估计的难度,此外基于物理机制的全分布式模拟方法对计算机计算能力的要求也很高,所以线性水库法可以用来替代三维有限差分法。线性水库法是一种集总的概念方法,将饱和带分成壤中流水库、第一基流水库、第二基流水库来进行计算。该方法使用概念性集中的参数描述地下水运动,所需数据较少,模拟速度快,并且能与分布式方法中的地表参数相结合,被看作解决数据缺乏与模型复杂性问题的折中方案。

（5）OC

MIKE SHE 模型本身不具备模拟一维地表汇流的能力，需要与 MIKE 11 模型耦合来实现对地表水和地下水之间交互过程的模拟。MIKE 11 也是丹麦水文学研究所（DHI）开发的一维河渠模型，通常采用 MIKE 11 HD（水动力模块）与 MIKE SHE 耦合综合分析地下水和地表水。MIKE SHE 和 MIKE 11 之间的动态水量交换过程主要包括蒸散发、渗透作用、网格到河道的坡面流以及含水层与河道之间的相互补给（林波，2013）。MIKE SHE 利用 MIKE 11 来进行 OC 的计算。MIKE 11 是基于由水动力方程和连续方程组成的圣维南方程组，通过采用有限差分法对其进行离散计算从而达到对一维河道水流的模拟。

$$\begin{cases} \dfrac{\partial A}{\partial t} + \dfrac{\partial (Q)}{\partial x} = q \\ \dfrac{\partial A}{\partial x} + \dfrac{\partial}{\partial x}\left(\alpha \dfrac{Q^2}{A} \right) + gA\dfrac{Q|Q|}{K^2} = 0 \end{cases} \quad （2\text{-}21）$$

式中：t——时间，s；

　　　g——重力加速度，m^2/s；

　　　x——沿运动方向的距离，m；

　　　q——河段单位长度的旁侧入流量，m^3/s；

　　　A——过水断面面积，m^2；

　　　Q——河道内的径流量，m^3/s；

　　　K——流量模数；

　　　α——动量校正系数。

MIKE 11 与 MIKE SHE 的耦合就是通过 MIKE 11 中的河道与 MIKE SHE 中的单元格进行连接，连接设置在两个相邻的单元格的交界处，河道网络在 MIKE 11 中通过河网编辑器生成，模型中河道连接点的位置取决于 MIKE 11 耦合河道上节点的坐标。由于河道连接的位置都是在 MIKE SHE 中两个单元格之间的边界上，并且限制了 MIKE SHE 的每一个单元网格都只能与 MIKE 11 中的一个河道连接耦合，因此 MIKE 11 中耦合的河道并不能被完全精确地描述出来。MIKE SHE 中的网格密度越高，对河网描述就越精确。

2.3.3 MIKE SHE 模型输入与输出

MIKE SHE 模型中包含了众多模块，涉及大量的模型参数、数据输入和输出，并且需要与 MIKE 11 等其他模型进行耦合，因此需要借助图形界面以更高效地进行模型构建。MIKE Zero 是 DHI 基于 Windows 系统开发的集成图形用户界面，能够让用户访问多个 MIKE 模型（MIKE SHE、MIKE HYDRO、MIKE 11、MIKE 21、MIKE FLOOD 等）的建模系统，包含了许多建模过程中所有用到的工具。MIKE Zero 界面能实现模型的设置、数据前处理和后处理分析、结果展示和可视化。同时 MIKE Zero 也是一个项目管理平台，可以用于管理用户的所有模型文件，包括原始数据文件、模型输入文件、模型输出文件以及各种数据报告和图表（DHI，2011）。

MIKE Zero 包含了一些常规的工具，用于数据的编辑、处理和分析，对于其中的一些工具有一些特有的文件格式。MIKE SHE 模型中常用的工具主要包括以下几种：

（1）时间序列编辑器（.dfs）——用于时间序列数据；

（2）网格编辑器（.dfs2 和 .dfs3）——用于随时间变化的二维和三维数据；

（3）绘图制作工具（.plc）——用于生成标准报告绘图；

（4）结果查看器（.rev）——用于结果展示；

（5）生态实验室（.ecolab）——用于地表水水质，可用于 MIKE 11（但尚未用于 MIKE SHE 的其余部分）；

（6）自动率定（.auc）——用于自动率定、敏感性分析以及方案管理；

（7）MIKE Zero 工具箱（.mzt）——数据操作工具集。

因为 MIKE SHE 的河道汇流模块需要与 MIKE 11 进行耦合，此处也列出了 MIKE 11 中的常用数据格式：

（1）河网编辑器（.nwk11）——用于定义河道网格；

（2）河道断面编辑器（.xns11）——用于定义河道断面信息；

（3）河道边界编辑器（.bnd11）——用于定义河道边界；

（4）河道水力特性编辑器（.hd11）——用于定义河道水力特征参数。

2.3.3.1　模型输入文件

MIKE SHE 模型的建立和运行允许用户根据模型的目的在概念化和模拟时间的实用性之间做出权衡，因此没有针对模型预设确定的输入数据清单。所需数据由用户试图解决的问题而定，根据模型构建所选的过程模块中包含的水文过程来准备。然而，有些参数数据对于 MIKE SHE 模型的基础构建是必不可少的：

（1）模型范围——通常为多边形；

（2）降水——雨量站数据；

（3）地形——点或者网格数据。

基于上述 3 种数据，可以完成 MIKE SHE 模型的基础构建，当选择其他模块时，就需要额外的数据来支撑模拟所涉及的水文过程，主要包括：

（1）潜在蒸散发——站点数据或者由气象数据计算得出；

（2）太阳辐射——站点数据，用于计算融雪；

（3）气温——站点数据，用于计算融雪；

（4）河流形态（断面和几何形状）——用于河川径流和水位计算；

（5）土壤分布——用于分配下渗量和计算径流；

（6）土地利用分布——用于不同土地条件下的径流计算；

（7）子流域划分——用于径流分布；

（8）地下地质——用于计算地下水流。

2.3.3.2　模型输出文件

MIKE SHE 模型的集成特性意味着在一个模拟过程中可以产生大量的输出数据，所以关于模型输出的设计允许只保存必要的信息。但是如果在模拟运行期间未能保存特定的输出，则必须重新运行模拟才能获得该输出。

MIKE SHE 模型的输出数据主要分为两种类型：时间序列数据和网格序列数据。时间序列数据保存每一个模拟时间步长的模拟结果，网格序列数据是以指定的时间间隔保存模拟结果。时间序列数据适用于保存感兴趣位置点的时间序列模拟结果，网格序列数据适用于保存某一参数的空间和时间变化趋势。

2.3.4 MIKE SHE 模型中的率定方法

模型参数率定是不断地调整模型参数以便寻求最优解的过程，最终的目的是使得所构建模型的模拟值与观测值之间的误差达到最小。MIKE SHE 模型根据不同的研究目的和数据的可获得性，选择相应的模块建模并进行参数率定。原则上需要率定点的参数见表 2-3。

表 2-3　MIKE SHE 模型参数

模拟项	基本参数	其他参数
坡面流（有限差分）	表面糙率	地表截留量
坡面流（基于子流域）	表面糙率	地表截留量、坡度参数
河川径流	河床糙率、河床渗漏系数	—
非饱和流（有限差分）	饱和导水率	土壤饱和含水量、田间持水量、凋萎点土壤传递函数系数
非饱和流（双层水平衡法）	饱和导水率	土壤饱和含水量、田间持水量、凋萎点毛细厚度
实际蒸散发	叶面积指数、根系深度	林冠截留量、联合国粮农组织作物系数、Kristensen & Jensen 蒸散发系数
地下水（有限差分）	导水率、单位产水量、单位储水量	排水水位、排水时间常数
地下水（线性水库）	水库时间常数、水库库容（单位产水量、深度）	流域间调水（死库容）
水质	孔隙率、土壤容重、分散性、吸附/降解速率常数	污染源强度

在模拟一些特殊的水文过程，如铺路面地区、融雪等情况时，可以修改一些其他的参数。如果不模拟某个过程，通常需要率定一个对应的占位参数。例如，不模拟模型的包气带模块时，需要把降水转换成地下水补给，用补给比例和渗透比例来反映蒸散发损失和径流损失。

MIKE SHE 模型提供 AUTOCAL 工具进行参数率定，提供了两种计算方法，分别为演化单纯形算法（PSE）和洗牌复形演变算法（SCE）（Duan et al.，1992）。其中，SCE 在国内外的应用中被证明是一种高效的全局优化算法，它结合了不同的搜索方案，包括竞争演化、单纯形法、控制随机搜索和复杂洗牌法。

2.3.5　GLUE 方法

普适似然不确定性估计（Generalized Likelihood Uncertainty Estimation，GLUE）方法是比较常见的用于量化水文模型的不确定性的方法，最初由 Beven 和 Binly（1992）提出。GLUE 方法是一种研究模型参数不确定性的方法，同时也是一种全局参数敏感性分析方法。GLUE 方法主要考虑模型中参数组合而不是单个参数对模拟结果的影响，考虑了模型中参数之间的交互作用对模拟结果的影响。

GLUE 方法主要包括似然目标函数的定义、参数取值范围的确定、计算似然函数值、参数的不确定性分析以及确定模型预测结果的界限，简述如下：

（1）似然函数的选取

似然函数的主要功能是判别模型的模拟值与观测值的相似程度，一般情况下模型模拟结果与观测值越吻合，计算出来的似然值就越高，反之则越低。似然函数通常是单调上升的函数。最常用的用于判别水文模型的模拟结果好坏的似然函数是 NSE。

（2）确定参数先验分布区间

GLUE 方法的假设基础是模型的参数在范围内服从某一分布。因此需要通过已有的数据资料（先验信息）确定模型参数的取值范围，以及各参数在范围内的先验分布情况。

（3）计算似然函数值

在模型各参数的先验分布区间范围内，对各参数利用 Monte Carlo 法进行随机采样，进而获取数量巨大（通常在 1 万组以上）的参数组合。再将采样得到的模型参数组代入，计算得到每个参数组模拟值和观测值之间的似然函数 NSE。

$$NSE(\theta_i, Y) = 1 - \frac{\sum_{j=1}^{n}(Q_{ij} - Q_{oj})^2}{\sum_{j=1}^{n}(Q_{ij} - \overline{Q_o})^2} \qquad (2-22)$$

式中：　　θ_i——第 i 组参数；

　　　　　Y——对应参数组 θ_i 的取值；

$NSE(\theta_i, Y)$——第 i 组参数的似然目标函数，此处为确定性系数；

　　　　　Q_{ij}——第 i 组参数在 j 时刻的模拟值；

　　　　　Q_{oj}——j 时刻的观测值；

　　　　　$\overline{Q_o}$——观测值的平均值；

　　　　　n——序列的数目。

（4）参数的不确定性分析

通过给定似然函数的阈值，将大于阈值的参数划分为"行为值"，小于阈值的参数则为"非行为值"。点绘"行为"参数与似然值的散点图，通过贝叶斯理论方法计算得到参数的后验分布，分析模型参数的不确定性。贝叶斯计算方法为

$$L(Y \mid \theta_i) = \frac{L(\theta_i \mid Y)L_0(\theta_i)}{\sum_{j=1}^{n}L(\theta_j \mid Y)L_0(\theta_j)} \qquad (2-23)$$

式中：$L(Y \mid \theta_i)$——参数 θ_i 的后验分布；

　　　$L_0(\theta_i)$——参数的先验分布；

　　　$L(\theta_i \mid Y)$——似然函数值。

（5）确定预测结果的界限

依据似然值的大小对模拟预测的结果进行排序，计算出一定置信水平下模型模拟预测结果的不确定性范围。本研究中用累计似然分布的 5% 和 95% 作为预测结果不确定性的上、下界限。

GLUE 方法有 3 个特点：①因为该方法主要是通过随机采样法得到参数样本的，其得到的参数样本的空间分布往往与实际参数的空间存在一定的差异，所以只有当采样得到的参数样本数量足够多时，其样本分布才会更接近

实际分布。②在确定参数的先验分布以及似然函数的选取时，往往会受到先验信息不够充分以及人为主观因素的影响，进而影响模型的模拟结果。③模型在模拟时，往往会出现不同的参数组驱动下的模型模拟效果相似的情况（"异参同效"），而 GLUE 方法能够很好地解决这一问题，使模型不会陷入局部最优区间（郭彬斌，2018）。

2.4　HSPF 模型

2.4.1　HSPF 模型介绍及研究进展

HSPF 模型是由美国国家环境保护局（USEPA）在 1980 年基于第Ⅳ号斯坦福水文模型（Stanford Watershed Model，SWM）研发出来的半分布式水文模型，能够应用于流域水文、点源和非点源污染的长时间序列的连续模拟。HSPF 模型依靠大量气象、水文水质数据的支持，模拟人为因素影响下的流域水文水质过程。随着输入数据量的增加及精度的提升，模型模拟效果会更好。模型的主要特点是将流域划分出水环境模拟单元之后，在每一个小的单元上应用集总式模型来计算净雨，再进行流域汇流，最终得出流域出口断面的流量过程，既具备分布式模型考虑气象和下垫面空间异质性的优势，又具备集总式模型参数调整量少的优势。模型的时间分辨率最高可达到分钟尺度，可以实现对中小流域逐时或者更小时间尺度的水文水质的连续模拟（李兆富，2012）。HSPF 模型不仅可以模拟径流，而且融入了水动力学模型，能够实现砂、粉砂、黏土 3 种沉积物以及 BOD、DO、TN、TP 等多种污染物的迁移、转化及蓄积过程。

HSPF 模型在发布之初就被认为有可能是最有价值的流域水文水质模型。20 世纪 70 年代末期，美国国家环境保护局采用 Fortran 语言集成并重新设计了农业径流管理（Agricultural Runoff Management，ARM）模型、水文模拟过程（Hydrocomp Simulation Program，HSP）模型和非点源污染负荷（Nonpoint Source，NPS）模型，让 HSPF 模型成为一个综合、全面的流域水文和水质模型。为了实现模型构建过程和模拟结果的可视化，HSPF 模型内嵌于以 ArcView 软件为平台的 BASINS 系统之中，简化了 HSPF 模型的数据处理、模型运行以及结果查看等方面的工作，使得模型构建更加便捷、准确。BASINS 系统具有地理空间数据处理、图像叠加分析、研究区可视化分析等功能，能够实现 HSPF 模型与原始数据库的兼容和跳转（陈吉春，2019）。

Ouyang 等（2012）用 HSPF 模型模拟了 Cedar-Ortega 河流域汞（Hg）动态负荷状况，并用观测数据对模型进行了率定和验证，HSPF 模型可以很好地描述 Hg 动态变化过程。Mishra 等（2009）基于 HSPF 模型模拟了小流域非点源污染物的流失情况，发现氮磷污染物的流失与径流和泥沙有很强的相关性。李燕等（2013）选择太湖丘陵地区典型小流域对 HSPF 模型的适用性和敏感性进行了分析。研究表明，HSPF 模型在该流域具有较好的适用性和较低的敏感性。郭彬斌等（2014）通过 HadCM3 降尺度数据与 HSPF 水文模型耦合，探究妫水河流域未来气候变化下的水文响应情况。结果表明，妫水河流域未来气温总体呈升高趋势，降水量和地表流量会减小。

2.4.2　HSPF 模型原理及结构

HSPF 模型是以 SWM 为基础的模型，SWM 则是一种确定性的基于数学方法模拟水文物理现象的模型。HSPF 模型与 SWM 原理相似，根据雨量站和流域下垫面属性将整个流域分为若干个水文响应单元，作为模型输入和输出的基本单元（徐宗学，2009）。模型中的水流运动方向被划分为垂直方向和水平方向，其中垂直方向上分为植被截留层、上土壤层、下土壤层、浅地下层和深地下层，水平方向上分为坡面漫流、壤中流和地下径流（杨博，2018），可由每个区域蓄水量的非线性函数求得每层的径流量。

HSPF 模型的输入数据包括气象数据和下垫面属性数据两类，气象数据主要包括降水量和蒸发量；下垫面属性数据包括与流域土地类型相关的植被覆盖、地形和土壤特性等数据。模型根据地表类型之间的性质差异，将水文与水质过程的模拟地表分为透水面、不透水面、河流或完全混合型湖泊水库三部分，分别对应模型中的 PERLND（Pervious Land Segment）模块、IMPLND（Impervious Land Segment）模 块 和 RCHRES（Free-flowing Reach or Mixed

Reservoir）模块。

　　HSPF 模型根据输入的降水和蒸发等数据模拟得出时序径流量和实际蒸发量，其模拟过程主要包括河川径流过程、下渗过程、滞留和蓄积过程、蒸散发过程及区外入流和出流过程。模型的总水量平衡方程式为

$$P + SWI + GWI = AET + SWO + GWO + \Delta S \tag{2-24}$$

式中：P——模拟时段内流域总降水量，mm；

　　SWI——模拟时段内地表水流入总量，mm；

　　GWI——模拟时段内地下水流入总量，mm；

　　AET——模拟时段内流域的总蒸发量，mm，包括融雪蒸散发量、植物截留蒸散发量、上下土壤层蒸散发量、潜水蒸发和河流湖泊水面蒸发量；

　　SWO——模拟时段内地表水流出总量，mm，包括不透水面直接径流、坡面流、壤中流和地下径流；

　　GWO——模拟时段内地下水流出总量，mm；

　　ΔS——模拟时段内植被截留蓄积、地表水蓄积、土壤水蓄积和地下水蓄积的总变化量，mm。

　　BASINS 系统以 ArcView 软件技术为平台，将多个水文模型（HSPF 模型、SWAT 模型、AGWA 模型、PLOAD 模型等）镶嵌其中，并辅助有 WDMUtil、HSPFarm、GenSen 等分析工具，不仅为模型所需的 DEM、土地利用等空间数据的自动生成和叠加处理分析提供了方便的操作平台，而且增加了模型模拟等时间序列长度，是一个在流域水环境模拟方面应用非常广泛的水文模型系统（董延军，2014）。基于 BASINS 系统，HSPF 模型分为 4 个部分：GIS 集成分析工具（BASINS GIS）、工具分析软件（WDMUtil）、流域水文模型（WinHSPF）和决策支持分析工具（GenScn）。

　　BASINS GIS 工具中集成了 Geopogressing 和 Spatial Analyst 等 GIS 核心插件，并将其与水文模型整合到一起。可通过操作界面将输入的 DEM 数据、土地利用数据、土壤数据等下垫面属性数据进行自动叠加和处理，并根据设定的参数，提取流域河网信息，进行子流域分割以及水文响应单元的划分，为 HSPF 模型提供完备的下垫面属性数据信息。在该过程中得到的

文件主要分为 3 类：储存流域特征数据的 WSD 文件、储存河道特性数据的 RCH 文件和储存河床特性数据的 PTF 文件。在完成模型的前期数据准备和分析之后，BASIN GIS 可以自动跳转到 WinHSPF 程序中，以进行后续模拟工作。

WDMUtil 工具主要用于时间序列文件的检验、运行以及 WDM（Watershed Data Management）文件的生成，由美国国家环境保护局科学技术所（US EPA's Office of Science and Technology）组织研发。在 BASINS 和 HSPF 模型中输入的时序数据都是以 WDM 文件格式储存的。该格式的创建过程较为烦琐，对用户的专业素质要求较高。而 WDMUtil 工具可以对输入的 TXT 等格式的气象和点源污染负荷数据等文件进行转换，生成相应的 WDM 格式文件，同时也是管理 WDM 文件的有效处理工具。由于国内气象数据获取的局限性，时间分辨率大多为日尺度，该工具可以通过特定的计算方法对数据进行分解与合成，得出以小时为时间尺度或者更精细的新时间序列数据，也能够填补、完善原有数据中所空缺的数据。气象数据的读写和储存需要通过脚本运行，用户可以使用软件中所提供的脚本及自己创建的相对应的脚本，创建的脚本可以保存在软件中便于之后的工作直接调用，提高了数据储存的效率。

WinHSPF 是运行 HSPF 模型的主体组件，是 HSPF 模型与 Windows 结合产生的操作界面，主要进行水文水质的模拟和参数的率定及验证，可由 BASINS GIS 系统直接跳转至此。WinHSPF 通过生成、操作、修改 UCI 文件进行水文水质的模拟。UCI 文件不仅联结着前期的准备数据，而且保存着 HSPF 模型中的各种相关参数设定。HSPF 模型由一系列主模块和辅助模块组成，如图 2-3 所示，主要由模拟不同透水程度地段的水文水质过程的三大模块组成，即透水地面模拟模块（PERLND）、不透水地面模拟模块（IMPLND）、地表水体模拟模块（RCHRES），每个主模块里又包含多个子模块。辅助模块有序列数据转换模块（COPY）、序列数据运行模块（GENER）、序列数据写入模块（PLTGEN）以及优化管理模块（BMP）（董延军，2009）。

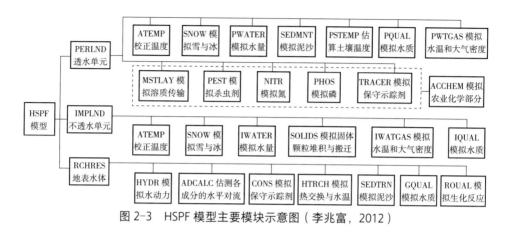

图 2-3　HSPF 模型主要模块示意图（李兆富，2012）

（1）PERLND 模块

PERLND 模块能够模拟透水地段的水量和水质过程，是 HSPF 模型中最常被使用的模块。该模块的模拟包括水量平衡计算、径流形成、积雪和融雪、沉积物的产生和运移、氮和磷及示踪化学物质的运移。PERLND 模块又被分为许多子模块，主要的子模块包括水量平衡子模块（PWATER）、积雪和融雪的模拟子模块（SNOW）、不同高度气温模拟子模块（ATEMP）、沉积物产生和运移子模块（SEDMNT）、地表径流水温和气体密度模拟子模块（PWTGAS）等以及一些农业化学子模块。用户可以根据实际需求选择不同的子模块。在该区域水流通过坡面流、壤中流和地下径流方式汇入河流和水库中，从而实现上述子模块过程的模拟。但 3 种水流方式在时间上的滞后以及水与溶质之间的相互作用方面有所不同。

（2）IMPLND 模块

IMPLND 模块能够模拟不透水地面的水量和水质过程。不透水地面主要为城市地面，其下渗过程微弱，地表蓄积水的蒸散发作用较强，水流、固体物及各种农业污染源会随着侧向流动汇集到河流或者水库等透水地区。由于不透水地面不发生渗透，IMPLND 模块不涉及壤中流和地下水流等过程，相对于 PERLND 模块来说较为简单，主要包括不同高度气温模拟子模块（ATEMP）、水量平衡子模块（IWATER）、积雪和融雪的模拟子模块（SNOW）、地表径流水温和气体浓度（IWATGAS）、固体物积累和运移（SOLIDS）以及简单水质要素（IQUAL）6 个子模块。

（3）RCHRES 模块

RCHRES 模块用于模拟地表水体的水量和水质过程。模拟区域为开放或者封闭的河流或者湖泊水库等水体。RCHRES 模块是由 BASINS 系统以每一个河段的入口和出口为边界进行自动划分的，并以单个河段范围内的集水区进行子流域划分。在 RCHRES 中，水流、泥沙及其他物质的流动均为单向，由入口处流向出口处，或者滞留在某个区域。各个 RCHRES 模块之间首尾相连，相互作用，形成一个整体来体现整个流域的水文水质特征。子模块主要包括水动力模拟子模块（HYDR）、各成分水平对流模拟子模块（ADCALC）、水温热平衡模拟子模块（HTRCH）、泥沙等无机沉积物模拟子模块（SEDTRN）。

GenScn 工具主要用于 HSPF 模型后处理。该工具为用户提供一个管理输入和输出数据以及模型参数率定的交互式操作平台，能够将 HSPF 模型产生的大量输出数据，通过直观的图形方式进行展示。主界面分为六部分：位置（Locations）、情景（Scenarios）、要素（Constituents）、时间序列（Time Series）、日期（Dates）和分析（Analysis）。情景包括观测值和模拟值两项，用户可同时选择两项或者只选择其中的一项。要素包括 HSPF 模型模拟过程中所涉及的所有模拟项，如流量、蒸发等，同时也可以显示 WDMUtil 工具中的时间序列数据。该工具便于用户将模拟结果与实测数据进行对比分析，降低参数敏感性分析和参数率定的烦琐度，增强对模拟情况的宏观掌控。

2.4.3　HSPF 模型的输入和输出

2.4.3.1　模型输入文件

HSPF 模型作为一个半分布式水文模型，对输入数据的要求与其他水文模型相差无几，分为空间属性数据、气象属性数据以及水文水质数据。空间属性数据主要包括反映流域内下垫面属性的土地利用类型、土壤类型与地形地貌，以及流域的边界范围和水系。气象属性数据主要包括降水、蒸发、日照时数、风速等。HSPF 模型与其他模型最主要的差别是前者需要逐时的、长时间序列的气象数据。模型的空间属性数据处理基于 BASINS GIS 工具，对数据的要求是 GIS 软件可读取的格式。虽然模型需要的时间序列数据是 WDM 格式，但 WDMUtil 工具能将 TXT 等格式转换成 WDM 格式，故气象数据与水文水质数据都是以 TXT 格式进行准备与输入的。HSPF 模型所需数据及参数信息见表 2-4。

表 2-4　HSPF 模型所需数据及参数信息

数据类型	数据名称	格式	所需参数	数据来源
空间属性数据	数字高程模型	GRID	地形高程	数字化地形图
	流域边界及水系	SHP	流域范围及河道分布	矢量提取
	土地利用数据	GRID/SHP	土地利用种类及分布	遥感影像解译
	土壤数据	GRID/SHP	土壤类型种类及分布	数字化土壤图
气象属性数据	气象数据	TXT	日降水量、蒸发、日均气温等	气象站点资料或再分析气象数据
水文水质数据	径流和泥沙数据	TXT	日/小时尺度的径流和泥沙时序连续数据	水文年鉴或者当地水文局
	总氮、总磷等水质数据	TXT	日/小时尺度的总氮、总磷等时序连续数据	—

DEM 数据是进行流域地物识别、地形分析、构建水文模型的重要基础空间数据。HSPF 模型中对 DEM 数据的处理与 SWAT 模型基本一致（2.2.3 节），在此不再赘述。HSPF 模型中土地利用分类类型与 SWAT 模型中要求一致，均以美国的分类体系为标准，需要在原有的土地利用类型上进行重新划分。土壤数据可以在 HWSD 软件中按照土壤属性查询相应的土壤类型划分。模型中的主要气象数据包括连续的降水、气温和蒸发数据，可以使用合适的参考值来替代重要性较低的某些数据。若时间序列缺失或者时间分辨率达不到模型要求的小时级，可使用 WDMUtil 工具对其进行补齐和降时间尺度处理。

2.4.3.2　模型输出文件

HSPF 模型运行过程中会产生大量的结果数据，为了便于用户查看与解释，模拟结果都通过后处理工具 GenScn 展示。选择 GenScn 工具中的 "HSPF

Output"选项卡可显示 HSPF 模拟结果的主界面，允许用户在该界面根据需求选择要显示的结果项。在 Analysis 框架中可以以流量过程线、误差棒、偏差、散点图等形式展示时间序列的观测值及模拟结果。此外，利用工具还可以计算出评价模拟结果好坏的常用指标值，如 R^2、NSE、RMSE 值等。

2.4.4 PEST 率定方法

一般情况下，水文模型的参数众多，率定参数是一个十分复杂和困难的过程。HSPF 模型是在 Standard Ⅳ 水文模型基础上发展起来的，模型中的大部分参数具有一定的物理意义。因此，模型率定时，必须遵循水文规律对参数进行调整。HSPF 模型率定的基础步骤是运行 UCI 文件，然后根据模型输出的结果与实际观测值之间的差异，对模型的相关参数进行反复调整，最终得出令人满意的模拟结果。

PEST（The Parameter Estimation）调参软件是由澳大利亚布里斯班 Watermark Numerical Computing 咨询公司的 John Doherty 教授研制的，是独立于模型本身的参数估计和不确定性分析优化程序。PEST 使用列文伯格－马夸尔特（Gauss-Marquardt-Levenberg，GML）非线性评价方法，该方法结合了逆海森方法和最速下降法的优点，能够朝着目标函数更快而有效地收敛，尽可能减少模型估计参数值的运行次数（舒晓娟等，2009）。PEST 自动调参程序可以和很多水文模型进行耦合，帮助建模者方便快捷地进行参数校准（乔荣荣，2019）。相较于遗传算法（Sahoo et al.，2010）、单纯形法（袁华，2013）、SCE-UA 算法（李致家等，2013）等其他自动率定算法，PEST 算法在 HSPF 模型参数率定中更为高效（高伟等，2014）。

PEST 自动率定程序不仅校准速度优于人工率定，而且 PEST 不是一次只调整一个参数，而是同时对要校准的多个参数进行调整，直至获得一组最优的参数。PEST 软件独立于模型，由一系列程序组成（如 XHSPF、TEMPCHEK、TSPROC 等），这些程序可以写入和读取模型文件，并分析参数敏感性等。这些程序没有集合到一个可视的软件中，而是通过在 DOS 窗口中输入相应的命令行来执行对应的文件和程序。所以需要手动创建与 HSPF 模型对应的，且能够被 PEST 程序识别并读取的文件。这些文件都是 Windows 可执行文件，因此用户可以不改变模型文件，而是通过删改对应的模型输入文件来达到与模型交流的目的。PEST 算法的目标函数是一个基于非线性算法的差异函数（程晓光等，2014），这个差异函数体现的是模型模拟值与观测值之间的误差。PEST 算法通过判断目标函数是否满足要求来决定是否进一步循环模拟模型。

　　搭建 PEST-HSPF 的步骤：①构建流域 HSPF 模型，生成 UCI 结果文件和输入、输出 WDM 文件；②制作时间序列的预处理文件 tsproc.dat；③制作参数校准模板文件 model.tpl；④设置 PEST 模型参数，生成指令文件 model.ins 和主文件 model.pst；⑤运行 pest.exe，输出率定结果。PEST 自动调参流程如图 2-4 所示。PEST 程序在使用过程中不需要修改 HSPF 和 PEST 源代码，只需按照指导手册编写相应的文本文件即可，操作简单，容易上手。

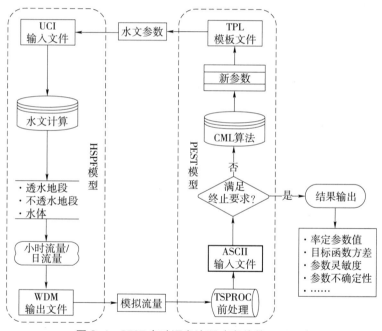

图 2-4　PEST 自动调参流程（高伟等，2014）

　　值得注意的是，PEST 对参数初始值依赖性比较大，不同的初始值得到的率定结果参差不齐，因此可以先根据流域特征对 HSPF 模型进行手动校准，获得一个较好的参数初始值，再输入 PEST 程序。这样人工率定与 PEST 自动率定相结合的计算效率不仅会大大提高，得到的校准结果也会比较精确。

2.4.5　评价指标

在 HSPF 模型的模拟结果评价中，选取了纳什系数（NSE）和确定性系数（R^2）两个关键指标，同时还选取了均方根误差（RMSE 值）和平均绝对值误差（MAE 值）。RMSE 值表示模拟值和观测值之间差异（称为残差）的样本标准差，能够说明样本的离散程度，其值越小，表明模拟值与观测值之间的偏差就越小。MAE 值表示所有模拟值与观测值之间偏差绝对值的平均，可以避免误差相互抵消的问题，因而可以准确地反映实际模拟误差的大小。RMSE 值和 MAE 值都是值越接近 0，说明模拟结果越好。NSE 和 R^2 的计算公式见 2.2.5 节，RMSE 值和 MAE 值的计算公式如下。

$$\text{RMSE} = \sqrt{\frac{1}{n}\sum_{i=1}^{n}(S_i - O_i)^2} \tag{2-25}$$

$$\text{MAE} = \frac{1}{n}\sum_{i=1}^{n}|S_i - O_i| \tag{2-26}$$

式中：O_i——径流观测值，m^3/s；

$\quad\quad\ S_i$——径流模拟值，m^3/s；

$\quad\quad\ n$——观测数据的总个数。

2.5　本章小结

由于流域水文有着复杂的物理机制，很难通过一系列简单的公式对其内部的水文循环过程进行准确的描述，水文模型便成为研究流域内水文过程的一个重要手段。得益于计算机技术的进步，水文模型由最初的模拟流域内平均水文状况的概念性集总式模型发展到现在考虑物理机制及下垫面属性分布差异的分布式水文模型。本章主要介绍了 3 个应用较为广泛的水文模型，即 SWAT 模型、MIKE SHE 模型和 HSPF 模型，分别从模型的原理和结构、模型的输入与输出、模型的率定方法及评价指标等方面展开阐述。

（1）SWAT 模型是一个典型的分布式水文模型，能够结合流域内的下垫面属性，将整个流域划分成若干个水文响应单元，并进行独立计算，最终汇集到流域总出水口，能够实现长时间序列的水文过程模拟。针对 SWAT 模型的校准和验证，最常用的是 SUFI-2 算法，该算法能够对模型参数的敏感性以及模型的不确定性范围进行直观的展示。

（2）MIKE SHE 模型是一个具有模块化结构的分布式水文模型，用户可以根据需求选择不同的模块组合进行水文过程模拟。MIKE SHE 模型主要是以动量、质量或能量守恒的偏微分方程来刻画流域内部的水文物理过程。GLUE 方法常被用于 MIKE SHE 模型的校准和验证，该方法能够获取 1 万组以上的参数组合，充分考虑模型中参数之间的相互关系对模型结果的影响。

（3）HSPF 模型是一个优秀的半分布式水文模型，每个子流域之间独立进行水文响应单元划分以及径流模拟运算，但彼此之间又相互联系且承接，能够对时间尺度为小时或者更小尺度的水文水质进行连续模拟。HSPF 模型由一系列主模块和辅助模块组成，其构建和运行是基于 BASINS 系统。模型的校准过程结合了 PEST 自动率定程序，可以同时对多个参数进行调整，能够帮助用户快速地获得最优参数值。

第 3 章

南北方山区典型流域介绍

3.1　研究区概况

3.1.1　嘉陵江流域

嘉陵江古称阆水，是长江流域的第二大支流，全长共计 1 120 km，是长江上游面积最大的河流。其发源于秦岭南麓，为典型的树枝状水系，主要包括嘉陵江干流、涪江和渠江，其中涪江与渠江在重庆合川距离重庆主城区朝天门码头 100 km 处汇合后汇入嘉陵江干流，三大水系共同形成了扇形状的向心水系（图 3-1）。嘉陵江流域地理范围为东经 102°33′～109°00′，北纬 29°18′～34°30′，面积约 16 万 km²，流域东、北、西三面地势较高，自东南起地势呈逐渐降低的趋势，地势渐趋平缓。嘉陵江流域跨越了 4 个省（市），包括四川省、重庆市、甘肃省、陕西省，沿线流经广元、昭化、苍溪、阆中、南部、蓬安、南充（三区）、武胜、合川等地，昭化以上为上游，昭化至合川为中游，合川以下为下游。该流域内地质构造较为复杂，出露地层齐全，横跨三大构造单元：广元、旺苍以北的米仓山山区以古生界地层为主，以南的丘陵区以中生界地层为主，其余为侏罗系和白垩系地层（毛战坡等，2004）。

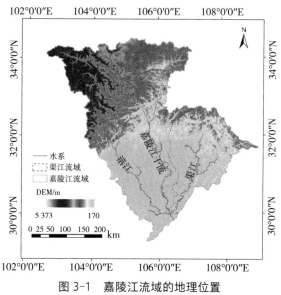

图 3-1　嘉陵江流域的地理位置

嘉陵江是川北和川东地区水上交通的主干线，对西南地区的综合交通运输体系意义重大，并被列为国家战备航道和水路交通基础设施的重点之一。2016 年 9 月，《长江经济带发展规划纲要》正式印发，确立了长江经济带"一轴、两翼、三极、多点"的发展新格局。其中，嘉陵江位于上游成渝经济区，在整个长江经济带的规划中有着举足轻重的地位。嘉陵江上游主要为山区，土地贫瘠，地区人口相对稀疏；中下游主要为川中盆地，地形平坦，地区人口较为集中，有着流域最为密集的典型农业区，以种植土豆、水稻等农作物为主。医药及医疗器械、新型建材能源、旅游、石油化工等产业是嘉陵江流域的支柱产业。在梯级水电站建成并实现干流渠化后，嘉陵江进一步合理利用水电资源，为支柱产业的发展提供了很大的帮助（张缓缓，2016）。

3.1.2 漓江流域

漓江，属珠江流域西江水系，为西江支流——桂江上游河段的通称，位于广西壮族自治区东北部，传统意义上发源于广西壮族自治区桂林市兴安县华江乡越城岭主峰猫儿山东北支老山界东南侧，曲折南流，河源高程为 1 400 m。漓江主源——乌龟江向南流经，分别与东、西黑洞江，龙塘江汇合后称为六洞河，继续往南流至司门前与黄柏江、川江汇合称为大溶江，至溶江镇附近与灵渠汇合，始称漓江。漓江是一条近南北流向的河流，全长约 214 km。

漓江流域地处南岭山系的西南部，湘桂走廊的南端，流域范围为东经110°5′～110°44′，北纬 24°38′～25°55′，面积约 5 400 km²（图 3-2）。整个流域地势由西北向东南倾斜，北高南低。中部及南部地势较低平，四周青山环绕；北部有猫儿山、越城岭；东部和中部有都庞岭、海洋山；西北部和西部有大南山、天平山；南部有架桥岭和大瑶山（黄春红等，2020）。地形以南方典型的丘陵、山地为主，城市主要分布在河流沿岸的冲积平原上。该流域是我国南方山地丘陵带的重要组成部分，是典型的国家生态保护重点领域和禁止开发区域，具有十分典型的喀斯特地貌特征（何毅，2021）。流域所在的桂北经济区，在广西壮族自治区内有明显优势的产业为农林、旅游及高新技术等，其中旅游业是漓江流域的支柱产业。流域内土地资源丰富，适宜农作物的生长，是重要的粮食和林业生产基地（傅梦嫣，2018）。

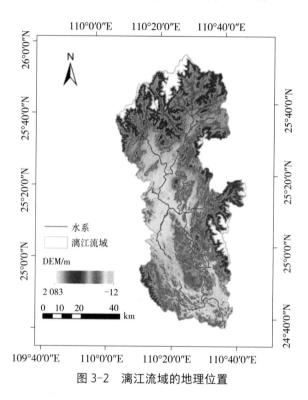

图 3-2　漓江流域的地理位置

3.1.3　密云水库流域

密云水库位于北京市东北部山区，处在潮河和白河中游偏下，库区跨越两河。密云水库水面面积约 180 km²，总库容 43.75×10⁸ m³，是北京最大且唯一的饮用水水源供应地（李明涛，2014）。密云水库流域，是指潮白河流域密云水库上游潮河、白河两大支流所控制的流域范围，位于东经 115°25′～117°45′、北纬 39°10′～41°49′，流域总面积约为 15 450 km²（图 3-3）。流域内有潮河、白河两大水系，其中潮河水系控制流域面积为 4 888 km²，白河水系控制流域面积为 9 884 km²。潮河发源于河北省丰宁满族自治县，在密云区古北口镇入北京境内，至主坝坝址长 220 km；白河发源于河北省张家口沽源县，在延庆区白河堡入北京境内，流经怀柔区、密云区，至主坝坝址长 248 km（高海伶，

2009）。潮、白两河经密云水库后，在密云区南的河漕村汇合而称潮白河（章燕喃，2014）。该地区经济不发达，主要是以种植业、牧业、林业为主的农业经济结构类型（刘丽敏，2014），工业不太发达，以重工业为主，轻工业缓慢发展。由于流域内自然条件及交通条件较差，为了追求农作物高产，人们大量使用除草剂、农药和化肥，严重污染了土壤和水体，非点源污染较为严重（温燕华，2020）。

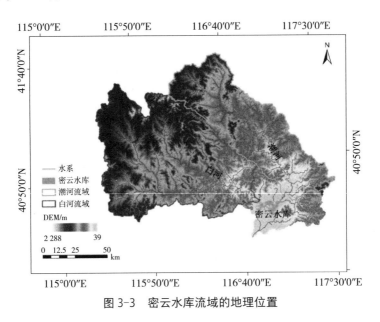

图 3-3　密云水库流域的地理位置

3.2　气候特征

3.2.1　气象数据

3.2.1.1　中国地面气候资料日值数据

中国地面气候资料日值数据集（V3.0）源于中国气象数据网的国家气象信息中心（http://data.cma.cn/），包含中国地面 839 个国家级基准，基本气象站 1951 年 1 月以来本站气压、气温、降水量、蒸发量、相对湿度、风向风速、日照时数和 0 cm 地温要素的日值数据，各要素项数据都经过了质量控制。其中，1951—2010 年的数据主要是基于"1951—2010 年中国国家级地面站数据更正后的月报数据文件（A0/A1/A）基础资料集"研制而成，对月报文件进行了反复检测和控制，纠正了错误数据，并补录缺失数据，相较于之前发布的地面同类数据产品在质量和完整性方面明显提高，各要素项数据的正确率接近 100%；2011 年 1 月至 2012 年 5 月数据在日常资料处理过程中经过严格的"台站—省级—国家级"三级质量控制；2012 年 6 月之后的数据基于国家气象信息中心实时库数据研制。

3.2.1.2　CMADS 大气同化数据

CMADS 大气同化数据集引入了世界各类再分析场以及中国气象局大气同化系统技术，利用多种技术手段建立，包括重采样、模式推算、数据循环嵌套及双线性插值等。CMADS 系列的数据来源包括中国 2 421 个国家自动化评估中心的近 4 万个区域自动化站，确保了 CMADS 数据集在国内具有广泛的适用性，并大大提高了数据的准确性。为了更方便地适用于 SWAT 模型，已经在东亚地区按照模型数据格式要求进行了整理与修正，所以该数据集可以直接输入模型中，并且不需要任何格式转换，使得 SWAT 模型的建模速度和输出精度得到了显著提高。本研究所用的 CMADS 数据集版本为 CMADS V1.0，源于该数据官网（http：//www.cmads.org/），时间段为 1979—2016 年，空间分辨率为 1/3°（Meng et al.，2017，2018）。

3.2.2　气候特征对比

基于中国地面气候资料日值数据集，整理 3 个流域内部及周边气象站点的降水数据，使用克里金（Kriging）插值方法对 3 个流域的多年平均降水进行插值处理，结果如图 3-4 所示。

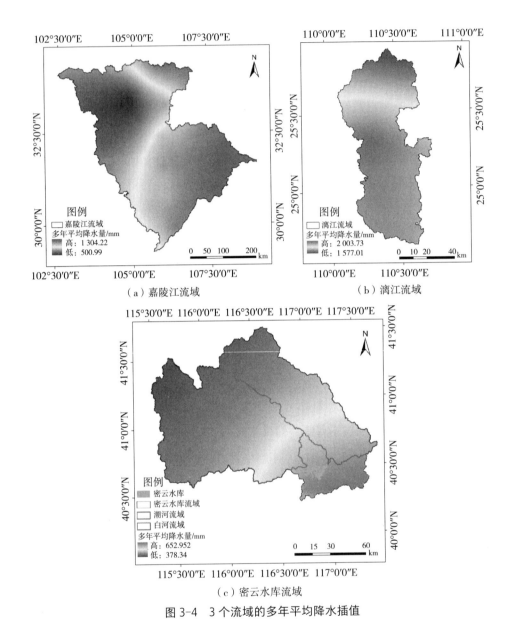

（a）嘉陵江流域

（b）漓江流域

（c）密云水库流域

图 3-4　3 个流域的多年平均降水插值

嘉陵江流域属于亚热带季风气候带，多年平均最高气温 19.4℃，最低气温 4.3℃。嘉陵江流域的多年平均水面蒸发量和陆面蒸发量的分布规律有所不同，多年水面蒸发量从中下游盆地地区的 800 mm 以下递增到上游山区的

1 000 mm。而多年陆面蒸发量则由中下游地区的 600～700 mm 递减到上游地区的 400 mm。流域降水分布规律在空间上是由东南向西北递减，年内分布规律则是降水主要集中在 6—9 月，降水量占全年的 66%。整个流域多年平均降水量为 935.2 mm，最大年降水量为 1 283 mm，最小年降水量为 643 mm。嘉陵江流域多年平均产水总量为 699 亿 m³，约占整个长江流域总量的 7.5%。

漓江流域位于广西壮族自治区的亚热带气候区，夏季降水丰富，冬季降水少，降水主要由太平洋的暖湿气流和印度洋的夏季季风所造成。整个流域年平均降水量约为 1 622.5 mm。夏季（5—7 月）平均日降水量大约为 10.8 mm。冬季（12 月至次年 2 月）平均日降水量大约为 2.2 mm。年平均气温为 19℃。夏季平均气温大约为 28℃。冬季平均气温大约为 10℃。

密云水库流域气候具有大陆性季风气候的特点，即四季分明，寒暑交替。该流域多年平均温度为 10～15℃，多年平均最低气温为 8℃，多年平均最高气温为 38℃，无霜期高达 176 d，整个流域多年平均降水量为 609 mm，其中 6—8 月降水占全年降水量的 65%～75%，雨热同期。密云水库流域光热资源较为丰富，多年平均日照时数为 256～2 826 h。复杂的区域地形使得该流域存在多样的气候类型，主要表现为昼夜温差大，南北温差大，平均温度由低向高、由南向北递减；雨量则表现为地区差异大，年际年内变化大。气候垂直分带较为明显，随着海拔高度的增加，气温和无霜期有规律地降低和减少，海拔每升高 100 m，气温约降低 0.68℃。

3.3　下垫面属性

3.3.1　地形地貌

数字高程模型是地表形态的数字化表达，蕴含了丰富的地学应用分析所必需的地形地貌信息。地形特征的差异导致了水文特征空间差异性，地形要素间的拓扑关系和几何形状直接影响着流域的性质（汤国安等，2007）。利用流域 DEM 数据构建数字水系模型并提取流域水文特征，是分布式水文过程模拟的重要基础（宋晓猛等，2015）。本章使用的 DEM 数据均源于中国科学院计算机网络信息中心地理空间数据云平台（http: //www.gscloud.cn/），分辨率为 90 m×90 m。各个子流域的 DEM 如图 3-1～图 3-3 所示。

嘉陵江流域的地貌类型复杂多样，其中西北部地势较高，主要地形是高山高原区，高程在 4 km 以上；而北部地势要稍微低一些，主要地形是中低山区；中部地势最低，主要是盆地和丘陵；东南部则是平行分布的岭谷。流域整个地形的海拔高度差约 4 800 m，而河道的落差约 2 300 m，整个嘉陵江水系的平均比降为 2.05‰。嘉陵江流域的上游属于山区河流，河谷宽度十分狭窄，河流的水流湍急，水量丰富；中游部分流经盆地和丘陵区，河谷逐渐变得宽广，其间的水流十分平缓，河道曲折；下游部分流经平行的岭谷区，河谷宽度不一，100～400 m 不等。

漓江流域上游总的地势为北高南低，东西两侧偏高。漓江的发源地就是位于越城岭主峰猫儿山的南麓，主峰均在千米以上，山体坡度大，但东、东南坡比西、西北坡小。这些山脉的走向由于受到构造控制，导致其呈现北东及南北方向的展布。绵亘于湘桂边界的由湘江河谷和漓江河谷相连而成的河谷盆地，呈北东走向，是横亘华南的南岭山系中少数几个贯穿山系的豁口之一。沿湘江、漓江两岸的阶地平坦宽阔，连续性较好，标高为 140～200 m，是良好的交通孔道（胡金龙，2016）。流域内整体坡度分布特征为：0°～15° 的占比为 30.8%，15°～30° 的占比为 20.7%，30°～45° 的占比为 22.5%，45°~75° 的占比为 22.7%，大于 75° 的占比为 3.3%。

密云水库流域位于华北平原与内蒙古高原的过渡地带，西部属太行山山脉，北部属于燕山山脉。地形西北高、东南低，以山地为主。地貌类型主要包括中山陡坡型，海拔 1 000～2 300 m，主要分布在区域西北部的深山区，中山带山高坡陡；低山陡坡型，海拔 400～800 m，主要分布在水库的西北、东北部的浅山区；丘陵缓坡性，海拔 150～400 m，集中分布在水库周围东南部，一般呈馒头状山丘和垅丘，坡度多为 7°～15°，丘体无明显脉络，丘谷交错，一般片蚀强烈，北山丘陵区由花岗岩组成，坡度较缓，而西山丘陵区多由灰岩组成；另有少量平原河滩地，海拔在 100 m 以下，分布在河流两侧及水库库北一带（李明涛，2014）。

3.3.2 土地利用数据

本研究使用的土地利用数据源于中国科学院资源环境科学数据中心（http://www.resdc.cn）下载的中国 21 世纪 10 年代 1∶10^6 土地利用数据，分辨率为 1 km。中国的土地利用分类体系将所有类型分为六大类 25 亚类，以数字为代码，本研究主要根据二级类型对其重新分类，分类规则见表 3-1。同时在二级类型分类的基础上建立了对应的 4 位英文字母代码索引表，得到可被水文模型调用的新的土地利用。嘉陵江流域、漓江流域和密云水库流域的土地利用类型分布如图 3-5 所示。

表 3-1 土地利用分类规则

编号	一级类型	二级类型	SWAT代码	编号	一级类型	二级类型	SWAT代码
11	水田	耕地	AGRC	45	滩涂	水域	WATR
12	旱地			46	滩地		
21	有林地	林地	FRST	51	城镇用地	城镇	URBN
22	灌木林			52	农村居民点		
23	疏林地			53	其他建设用地		
24	其他林地			61	沙地	未利用地	SWRN
31	高覆盖度草地	草地	PAST	62	戈壁		
32	中覆盖度草地			63	盐碱地		
33	低覆盖度草地			64	沼泽地		
41	河渠	水域	WATR	65	裸土地		
42	湖泊			66	裸岩石质地		
43	水库坑塘			67	其他		
44	永久性冰川雪地	—	—	—	—	—	—

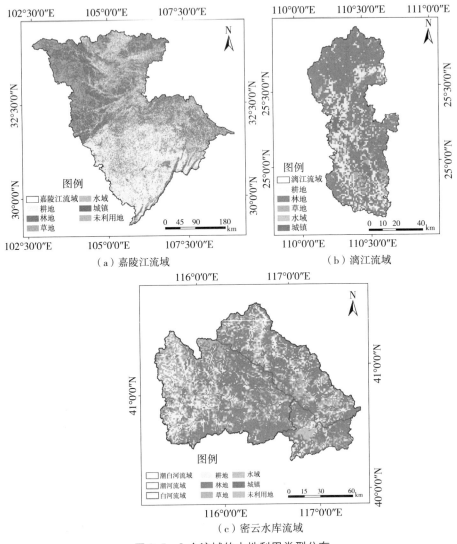

（a）嘉陵江流域　　　　　　　　　　（b）漓江流域

（c）密云水库流域

图 3-5　3 个流域的土地利用类型分布

　　根据该分类规则，对本研究中的 3 个流域的土地利用进行划分，主要分为 6 类：耕地、林地、草地、水域、城镇、裸土地。嘉陵江流域中下游部分为川中盆地，主要以农业为主，所以耕地占比较高，达到了 43.31%；林地次之，占总面积的 31.19%；草地略少于林地，占比为 23.04%；水域、城镇和裸土地占比较少，分别为 0.98%、1.08% 和 0.40%。漓江流域大部分土地利用为森林，面积占比达到了 56.55%；其次为耕地，面积占比为 39.41%。城镇、草地和水域的比例分别为 2.57%、0.59% 和 0.88%。密云水库流域主要分为潮河流域和白河流域两部分，但潮河流域和白河流域内各类土地利用的占比非常相近，林地都占有最大的比例，分别为 50.67% 和 46.78%；草地次之，分别占总面积的 26.82% 和 28.53%，耕地排第三位，分别占总面积的 20.40% 和 23.24%。3 种土地利用方式分别占流域总面积的 97.89% 和 98.55%，占据了潮河和白河流域内的绝大部分面积。研究区内其他土地利用方式占比均较小，水域占比分别为 1.35% 和 0.84%，城镇居民用地分别占 0.59% 和 0.46%，未利用地占比分别为 0.17% 和 0.15%。

3.3.3　土壤数据

本研究使用的土壤数据为基于世界土壤数据库（HWSD）的中国土壤数据集（V1.1），源于"黑河计划数据管理中心"（http://westdc.westgis.ac.cn）。土壤分类系统主要为 FAO-90，无须进行土壤粒径标准转换，只需要利用土壤水特性软件（Soil-Plant-Atmosphere-Water，SPAW）计算所需的相关数据，建立 SWAT 模型需要的土壤数据库。由于 HWSD 数据库中土壤被分为上、下两层，且厚度比为 3:7，建立土壤属性数据库的主要过程是根据不同土壤类型的上、下层土壤砾石含量，上、下层土壤含沙量，上、下层粉土质土壤含量，上、下层黏质土壤含量和上、下层土壤有机碳含量参数，通过 SPAW 软件，分别计算上层和下层的饱和导水率、饱和含水率、田间持水量和凋萎点，输入到 SWAT 固有的土壤属性数据库中。嘉陵江流域、漓江流域和密云水库流域的土壤类型分布如图 3-6 所示。

土壤在水文循环中起着非常重要的作用，土壤的物理特性影响着流域内坡面漫流、滞留、入渗以及地下水的再分配以及蒸散发。嘉陵江流域的下半部分基本被壤土覆盖，与土地利用类型中的耕地部分相对应，上半部分中壤土占据了大约 50% 的面积；流域的西北部边界主要以粉砂质土为主；其余部分主要被壤土、砂质黏壤土、砂质壤土和黏土所占据。密云水库流域内主要也是以壤土为主，其中潮河流域西北部分砂质壤土和壤土相间分布，其余部分主要为壤土和壤质砂土相间分布；白河流域内以壤土和壤质砂土为主，在西部砂质壤土与这两种土壤相间分布，而中、东部为砂质黏壤土。漓江流域的土壤类型不同于其他两个流域，主要以黏土为主，壤土和砂质黏壤土分散在流域北部和南部，粉砂质黏壤土分散在流域中部。

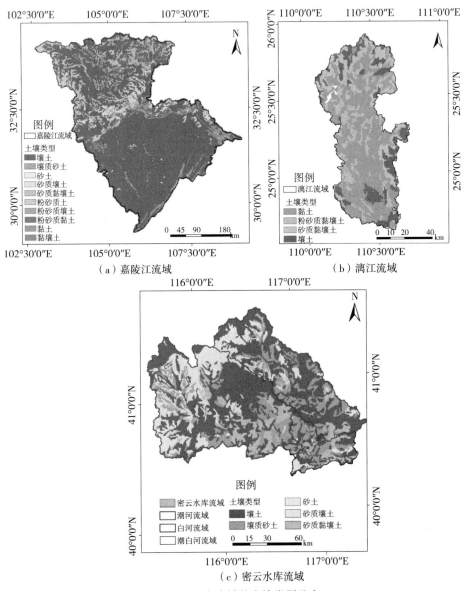

（a）嘉陵江流域

（b）漓江流域

（c）密云水库流域

图 3-6　3 个流域的土壤类型分布

3.4　本章小结

我国地域辽阔，水系错综复杂，很难对所有流域进行全方位的水文过程模拟，因此，本书主要在中国南北方选取了嘉陵江流域、漓江流域和密云水库流域 3 个典型流域进行研究，本章从研究区概况、气候特征及下垫面属性等方面对这 3 个流域进行了大致的介绍。

（1）嘉陵江位于我国西南地区，作为长江的第二大支流，在长江经济带的建设和发展中占据着举足轻重的地位。嘉陵江流域北部上游主要为山区，人类活动影响较小，南部中下游主要为四川盆地的一部分，为典型的农业区。流域多年平均降水量为 935.2 mm，降水分布规律在空间上呈现由东南向西北递减的特点。由于流域南部为以农业为主的川中盆地，在整个流域的土地利用中，耕地面积占 43.31%；林地和草地次之，主要分布在流域西北部和东部。流域内的土壤以各类壤土为主，它们占据了整个流域的绝大部分面积。

（2）漓江流域位于南岭山系的西南部，属珠江流域西江水系，是世界重要的喀斯特地貌地区。整个流域地势由西北向东南倾斜，呈北高南低。年平均降水量约为 1 622.5 mm，主要由太平洋的暖湿气流和印度洋的夏季季风所造成，由南部向北部逐渐减少。漓江流域内土地利用以林地居多，主要分布于山区，占总面积的 56.55%；耕地次之，主要分布在河谷盆地。流域中部土壤大多为黏土，与粉砂质黏壤土相间分布，砂质黏壤土和壤土主要分布在北部边界和东南部。

（3）密云水库流域位于北京市东北部山区，是指密云水库上游潮河、白河两大支流所控制的流域范围。密云水库流域位于华北平原与内蒙古高原的过渡地带，地形西北高、东南低，以山地为主。密云水库流域气候具有大陆性季风气候的特点，多年平均降水量为 609 mm，年际、年内变化大。潮河和白河流域内土地利用分布情况类似，林地面积占比都为 50% 左右，草地和耕地次之。白河流域内土壤类型主要为壤土和壤质砂土，潮河流域主要为壤土和壤质砂土，与其余土壤类型相间分布。

第 4 章

嘉陵江流域水环境模拟分析

4.1 MIKE SHE 模型水环境模拟

4.1.1 MIKE SHE 模型构建

本研究主要采用 MIKE SHE 模型与 MIKE 11 水动力模型耦合来模拟嘉陵江流域的径流过程。本研究使用的 MIKE SHE 模型主要包括蒸散发、坡面流、饱和流、不饱和流和河流与湖泊（通过与 MIKE 11 耦合实现）这 5 个模块。MIKE SHE 模型构建所需要的数据主要包括基础数据、气象数据、土地利用数据、坡面流数据、非饱和带数据和饱和带数据（表 4-1）。下面将介绍各类数据的处理和模型构建过程。模型的构建要求输入数据使用相同的坐标系，本章节将中基础数据、气象数据、土地利用分布和土壤分布的投影坐标系统一设置为 WGS_1984_UTM_Zone_48N。后文中关于模型数据在 MIKE SHE 中的表达均基于该投影坐标系进行展示。

表 4-1 MIKE SHE 模型建模所需的基本数据及参数

数据类型	内容	数据来源
基础数据	模型模拟边界、地形数据	中国科学院计算机网络信息中心
气象数据	降水、潜在蒸散发的空间分布和时间序列	国家气象信息中心、CMADS 数据
土地利用数据	土地利用分布、植被特性	中国科学院资源环境科学数据中心
坡面流数据	曼宁系数、滞蓄水深、初始水深	经验值
非饱和带数据	土壤分布、土壤水力特性曲线	黑河计划数据管理中心
饱和带数据	地下水位、地下水水库临界值、汇流时间和水库深度等	由参数率定得出

4.1.1.1 模拟边界和地形

MIKE SHE 模型是将模拟范围内的流域离散成相同大小的栅格后进行水文水力要素计算。在 MIKE SHE 模型内，可以选择两种不同的方式来定义流域边界内栅格：一种是直接导入模型特定格式的栅格数据（.dfs2）；另一种是导入 shp 格式文件，然后对网格进行定义，系统会自动处理、形成栅格。本章研究的区域为嘉陵江流域，在建立模型前已利用 ArcGIS 生成了流域边界 shp 文件，故采用第二种方法来定义栅格。将嘉陵江流域边界 shp 文件导入模型后，选取栅格大小为 1 000 m×1 000 m，最终在 X 方向上选取 630 个栅格，在 Y 方向上选取 585 个栅格。

MIKE SHE 模型的地形数据也可以通过两种方式来定义：一种是直接导入模型特定的 .dfs2 格式的文件；另一种是通过导入点数据再通过系统进行插值得到。本章使用的是第一种定义方法，首先将获取到的原始分辨率为 90 m×90 m 的 DEM 数据通过 ArcGIS 重新采样成分辨率为 1 000 m×1 000 m 的栅格数据，再由 MIKE Zero 中的 .dfs2 转换插件转换成模型特定的 .dfs2 格式的文件导入 MIKE SHE 模型，导入之后效果如图 4-1 所示。

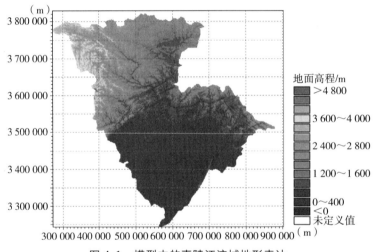

图 4-1　模型中的嘉陵江流域地形表达

4.1.1.2　气象数据

本章选取的气象数据包括中国地面气候资料日值数据集（V3.0）和 CMADS 数据。

中国地面气候资料日值数据集（V3.0）主要包括 MIKE SHE 模型所需的降水数据和参考蒸散发数据。通过在 ArcGIS 中进行站点筛选，共有 13 个地面气象站点分布在嘉陵江流域，根据这 13 个气象站点的位置来设置模型的降水空间分布。利用 ArcGIS 中的泰森多边形法将嘉陵江流域划分成 13 个区域，每个区域由一个对应的气象站点控制，区域内所有栅格的降水和参考蒸散发都等于控制站点的数据。地面观测气象站点在 MIKE SHE 模型中的分布情况如图 4-2 所示。考虑到收集的实测径流数据为 2009—2015 年的数据，故只选取了 2009—2015 年的实测站点数据作为模型的气象数据输入。

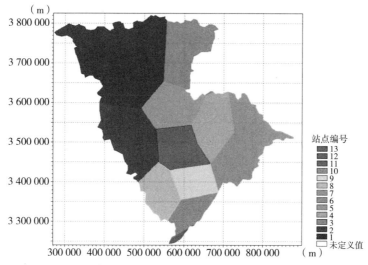

图 4-2　地面观测站点分布在 MIKE SHE 模型中的表达

根据 CMADS 数据的站点分布，结合嘉陵江流域的范围，选取了嘉陵江范围内及其周边的 182 个站点。同样将流域通过泰森多边形划分成 182 个区域，每个区域对应一个站点数据。其站点分布情况如图 4-3 所示。

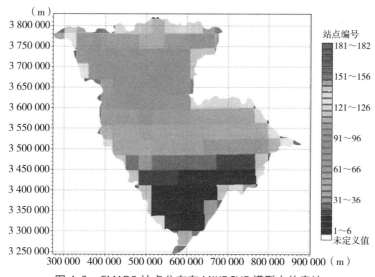

图 4-3　CMADS 站点分布在 MIKE SHE 模型中的表达

4.1.1.3　坡面流

　　本研究中坡面流模块采用的是有限差分法，其所需要的参数和数据包括曼宁系数、滞蓄水深和初始水深。根据 Vrebos 的研究，曼宁系数随着土地利用类型的不同而发生变化。因此本研究将对研究区内不同土地利用类型分别赋以不同的曼宁系数。首先提取出嘉陵江流域内 IGBP 分类的土地利用数据（采用的是第 2 版中国地区土地覆盖综合数据集），对其分类后赋予不同的曼宁系数值。土地利用分类结果如图 3-5（a）所示，曼宁系数赋值情况如图 4-4 所示。滞蓄水深，是指降雨发生后地表水流在流动前所需要达到的水深，统一设定为 0 mm；初始水深也设定为 0 mm。

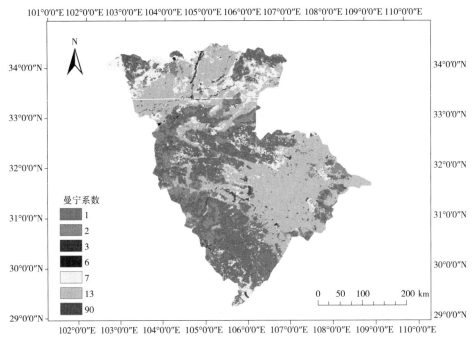

图 4-4　嘉陵江流域曼宁系数分布

　　在 MIKE SHE 模型的土地利用模块中，主要输入的土地参数包括叶面指数（LAI）、根系深度（Root）、作物系数（Kc）等，模型使用的参数值参考相关资料文献或根据经验值设定，见表 4-2。

表 4-2　不同土地利用类型的输入参数

类型	参数	31 d	59 d	90 d	120 d	151 d	181 d	212 d	243 d	273 d	304 d	334 d	365 d
耕地	LAI	0	0	0	0	0	0.5	2	3	3	2	0	0
	Root	200	200	200	200	200	300	450	600	600	200	200	200
	Kc	0	0	0	0	0	0.5	1	1.2	0.6	0.6	0	0
林地	LAI	1	2	3	3	3	3	3	3	3	3	2	1
	Root	1 000	1 000	1 000	1 000	1 000	1 000	1 000	1 000	1 000	1 000	1 000	1 000
	Kc	1	1	1	1	1	1	1	1	1	1	1	1
草地	LAI	1	1.50	2	2.67	3.33	4	4	4	3.25	2.50	1.75	1
	Root	300	300	300	433	566	700	700	700	600	500	400	300
	Kc	1	1	1	1	1	1	1	1	1	1	1	1
城镇	LAI	1	1	1	1	1	1	1	1	1	1	1	1
	Root	100	100	100	100	100	100	100	100	100	100	100	100
	Kc	1	1	1	1	1	1	1	1	1	1	1	1
水域	LAI	0	0	0	0	0	0	0	0	0	0	0	0
	Root	0	0	0	0	0	0	0	0	0	0	0	0
	Kc	0	0	0	0	0	0	0	0	0	0	0	0
未利用地	LAI	1	1	1	1	1	1	1	1	1	1	1	1
	Root	100	100	100	100	100	100	100	100	100	100	100	100
	Kc	1	1	1	1	1	1	1	1	1	1	1	1

4.1.1.4　非饱和带

MIKE SHE 模型中计算非饱和带常用的是 Richards 公式法（有限差分法），以及另外两种相对简便的方法，即重力流法和双层水量平衡法。本研究采用的是双层水量平衡法，所需提供的数据包括土壤类型的分布和相应土壤类型的水力特征参数。土壤数据为基于世界土壤数据库（HWSD）的中国土壤数据集

（V1.1）。通过裁剪后得到嘉陵江流域土壤类型的编号（分布在 11 000～11 927，共 104 种）。根据不同土壤类型的 T/S_SILT、T/S_SAND、T/S_GRAVEL、T/S_CLAY、T/S_SILT 的含量参数，分别按照 T 层占 30% 权重，S 层占 70% 权重来计算其加权参数，再通过 SPAW 软件分别计算上下层土壤的饱和含水量、田间持水量、凋萎系数和饱和水力传导系数等，并以此判断土壤结构。最后根据研究区内的土壤结构将研究区内的土壤重新分成 10 类，结果如图 3-6（a）所示，重新分类后土壤的特征参数值取该类型土壤下的水力特征参数的平均值，见表 4-3。

表 4-3　重新分类后土壤及其参数

编号	土壤类型	凋萎点	田间容量	饱和含水率	饱和导水率
1	壤土（Loam）	0.145 0	0.277 0	0.415 0	2.05×10^{-6}
2	砂质黏壤土（Sand Clay Loam）	0.169 0	0.281 0	0.409 0	1.56×10^{-6}
3	砂质壤土（Sandy Loam）	0.095 5	0.183 0	0.396 0	7.54×10^{-6}
4	粉砂质壤土（Silty Loam）	0.162 0	0.319 0	0.433 0	1.24×10^{-6}
5	黏土（Clay）	0.299 0	0.420 0	0.490 0	2.12×10^{-7}
6	粉砂质土（Silt）	0.063 0	0.316 0	0.482 0	5.30×10^{-6}
7	黏壤土（Clay Loam）	0.186 0	0.323 0	0.464 0	1.98×10^{-6}
8	壤质砂土（Loammy Sand）	0.086 8	0.153 0	0.392 0	8.52×10^{-6}
9	粉砂质黏土（Slity Clay Loam）	0.237 0	0.391 0	0.512 0	1.27×10^{-6}
10	沙土（Sand）	0.027 4	0.070	0.413 0	2.82×10^{-5}

4.1.1.5　饱和带

MIKE SHE 模型中可以选择两种不同的方法来进行饱和带模块的计算：有限差分法和线性水库法。嘉陵江流域地质情况复杂，流域相关的地质数据和材料缺少，概化地质层难度较大，用有限差分法得到的模拟效果难以保证。因此，本研究采用的是线性水库法进行饱和带模块的模拟。

线性水库法中，将整个流域划分成多个子流域（图 4-5），并且每个子流域中的饱和带是由一系列相互影响的浅层的壤中流水库以及一些独立的深层地下水库组成，这些深层地下水库可以补给河网的基流。根据嘉陵江流域相关资料，壤中流水库初始深度、底部深度、壤中流临界深度均设置为 5 m，渗流时间常数设为 14 d。第一基流水库初始深度、底部深度、基流的阈值深度、抽水阈值深度均设置为 20 m，死库容百分数为 0，非饱和带作用百分比为 0.1；第二基流水库初始深度、底部深度、基流的阈值深度、抽水阈值深度均设置为 50 m，死库容百分数为 0，非饱和带作用百分比为 0.1。其他参数设定为率定参数。线性水库法模拟饱和带时不进行地下水位的计算，但仍然需要对地下水位做出定义，作为非饱和带模块的下边界，本研究统一取值 -20 m。

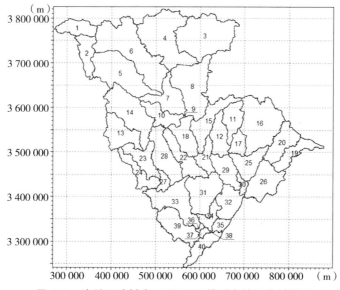

图 4-5　嘉陵江流域在 MIKE SHE 模型中的子流域划分

4.1.1.6　MIKE 11 水动力模型

MIKE 11 模型拥有研究一维水动力、水质、洪水预报、溃坝等方面的功能，本研究主要通过 MIKE 11 模型处理明渠流与 MIKE SHE 模型的耦合，从而参与整个流域的模拟。因此，本研究主要使用 MIKE 11 的水动力模型。MIKE 11 水动力模型需要的数据主要有河网文件（.nwk11）、断面文件（.xns11）、边界文件（.bnd11）以及水动力参数文件（.hd11）。

嘉陵江流域的河网是通过结合流域内的水系图，在 .nwk11 文件中通过软件自带的绘制工具绘制而成的：先将流域内的主要干支流点化绘制，然后通过连接点形成 MIKE 11 模型可以识别的河网，如图 4-6 所示。断面文件主要通过嘉陵江流域的水文年鉴结合 ArcGIS 提取 DEM 数据获得，结果如图 4-7 所示。

图 4-6　MIKE 11 模型中河网的表达

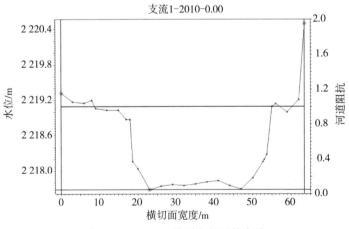

图 4-7　MIKE 11 模型中断面的表达

MIKE 11 模型中河网的入水口和出水口均需要设置边界条件，本研究在嘉陵江流域的 MIKE 11 模型中，将河网的入水口均设置为流量边界，且都设置成开边界。由于在 MIKE SHE 模型与 MIKE 11 模型耦合进行计算时，MIKE SHE 模型中单位网格通过计算得到的河道水量会自动参与到与之耦合的 MIKE 11 模型中河道的水量计算中，因此河网入水口的流量边界均设置为 0。河网的出水口也就是嘉陵江的下游出水口需设置水位边界（也是开边界），结合北碚水文站常年水位情况，下游水位边界设置为 170 m，河段曼宁系数设置为 30。

4.1.1.7　MIKE SHE 模型与 MIKE 11 模型耦合

当嘉陵江流域的 MIKE 11 文件构建完成后，在 MIKE SHE 模型中的河流与湖泊模块中添加相应的 MIKE 11 文件，同时在 MIKE 11 模型的河网编辑器中 MIKE SHE-MIKE 11 Coupling 的对话框中选择需要耦合的河道，同时和得到的演算方法选择 Kinematic Routing Method。耦合结果如图 4-8 所示。

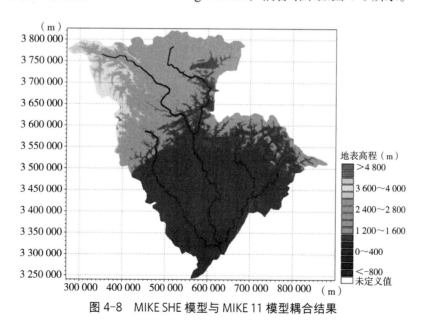

图 4-8　MIKE SHE 模型与 MIKE 11 模型耦合结果

4.1.1.8　MIKE SHE 运行

MIKE SHE 模型在构建完成后需要对模型中的参数进行率定以提高模型

的模拟精度，优化模拟效果。其一般步骤包括：①结合相应实测数据的情况，根据实测数据的时间序列将模型的模拟时间段分成率定期与验证期；②对模型的相关参数进行敏感性测试分析，选择其中敏感性较高的几个参数；③选择优化率定的目标函数，对所选的参数进行率定和验证。

根据本研究收集到的时序数据，选择 2009—2012 年作为模型率定期，2013—2015 年作为模型验证期。利用 Auto calibration 工具对嘉陵江流域水文模型中的 6 个模型参数进行敏感性分析，其简要描述和参数敏感性测试排名见表 4-4。目标函数选取均方根误差（RMSE 值）。

表 4-4　嘉陵江流域 MIKE SHE 模型参数

参数名称	描述	敏感性排名	取值范围
TCI	壤中流水库时间常数 /d	5	1～60
TCF1	第一基流水库基流时间常数 /d	1	5～365
SY	壤中流水库单位产水量	3	0.1～0.5
C_int	冠层截留 /mm	4	0.5～1
SY2	第二基流水库单位产水量	2	0.1～0.5
SY1	第一基流水库单位产水量	6	0.1～0.5

同时，本研究选取了流域内 4 个水文站点的日流量数据，其中北碚站位于流域出水口，武胜站位于嘉陵江干流，小河坝站和罗渡溪站分别位于支流涪江和渠江上，同时以 4 个站点的径流过程为目标来进行模型参数率定。

4.1.2　地面观测数据模拟结果

通过将地面观测站点的气象数据输入模型，对模型进行参数率定后得到的参数取值见表 4-5。地面观测站点数据驱动下的模拟评价指标见表 4-6，从表中的数据可以看出，北碚站在率定期和验证期的相关性系数（R^2）分别达到了 0.72 和 0.71，NSE 分别为 0.66 和 0.69，说明模型对北碚站水文站的日流量模拟效果较好，同时 PBIAS 值分别为 14.7% 和 1.8%，模拟偏差也较为合理。武胜站在率定期和验证期虽然略差于北碚站，但也取得了较好的模拟结果，R^2 分别为 0.70 和 0.64，NSE 均为 0.63，PBIAS 值分别为 13.6%

和 -4.8%。而在小河坝站和罗渡溪站的模拟结果不尽如人意，在率定期两个
站点的 R^2 和 NSE 都仅为 0.5 左右，PBIAS 值也在 18% 左右，偏差较大；在
验证期，罗渡溪站的模拟结果评价指标略有提升，但小河坝站的结果变得
更差。

表 4-5　地面观测数据驱动下的模型参数范围及率定值

参数名称	范围	多站点
C_int	0.5～1	0.819
SY	0.1～0.5	0.480
SY1	0.1～0.5	0.344
SY2	0.1～0.5	0.114
TCI	1～60	9.410
TCF1	5～365	98.40

表 4-6　地面观测站点数据驱动下的模拟评价指标汇总

地面观测站点	率定期（2009—2012 年）			验证期（2013—2015 年）		
	R^2	NSE	PBIAS/%	R^2	NSE	PBIAS/%
北碚	0.72	0.66	14.7	0.71	0.69	1.8
武胜	0.70	0.63	13.6	0.64	0.63	-4.8
小河坝	0.53	0.51	18.1	0.42	0.41	14.8
罗渡溪	0.57	0.49	18.9	0.60	0.55	1.9

　　4 个水文站点在率定期的日尺度径流模拟结果如图 4-9 所示，验证期的
模拟结果如图 4-10 所示。模拟的日径流变化过程总体上与观测径流相似，
径流过程中洪峰出现的时间基本一致，但对峰值径流量的模拟较差，尤其是
在验证期。模拟值在基流部分与观测值的拟合度较高，而在汇流和退水阶
段有些站点的模拟值存在低估的现象。结合模型结果的评价指标，MIKE
SHE 模型虽然在嘉陵江流域的径流日尺度径流模拟中存在不足，但基本能
满足需求。

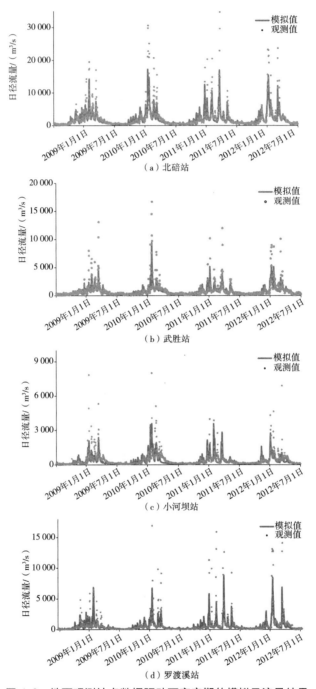

图 4-9　地面观测站点数据驱动下率定期的模拟日流量结果

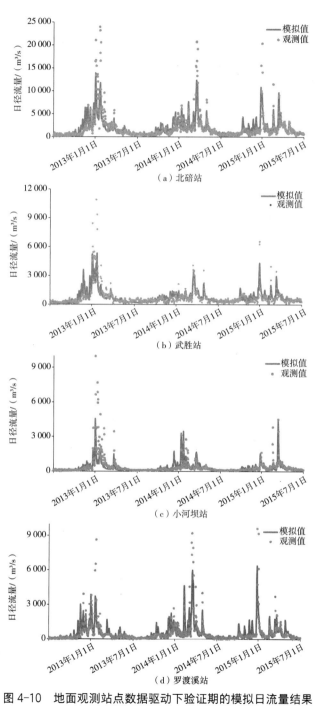

图 4-10　地面观测站点数据驱动下验证期的模拟日流量结果

4.1.3 CMADS 数据模拟结果

通过将 CMADS 的气象数据输入 MIKE SHE 模型，对模型进行参数率定后得到的参数取值见表 4-7。CMADS 数据驱动下的模拟评价指标见表 4-8，4 个站点在率定期和验证期的 R^2 都达到了 0.61 以上，NSE 都在 0.53 以上，PBIAS 值在 8.6%～32.5%，模拟偏差也较为合理。其中，北碚站在率定期和验证期的 R^2 分别为 0.69 和 0.72，NSE 分别为 0.63 和 0.72，说明 CMADS 数据驱动的 MIKE SHE 模型在北碚站能取得较好的模拟结果。与地面观测站点驱动 MIKE SHE 模型在北碚站的结果相比，该结果虽然在率定期略差，但在验证期表现得较好，PBIAS 值分别为 24.7% 和 10.0%，整体模拟偏差更大。其余 3 个站点也取得了令人满意的结果，在小河坝站和罗渡溪站的 R^2 和 NSE 都要高于地面观测数据的模拟结果，模拟值与观测值的拟合程度更好。相反地，武胜站的拟合程度有所降低，其余 3 个站点的模拟偏差有所增加。

表 4-7　CMADS 数据驱动下的模型参数范围及率定值

参数名称	范围	多站点
C_int	0.5～1	0.643
SY	0.1～0.5	0.474
SY1	0.1～0.5	0.237
SY2	0.1～0.5	0.101
TCI	1～60	9.070
TCF1	5～365	5.340

表 4-8　CMADS 数据驱动下的模拟评价指标汇总

地面观测站点	率定期（2009—2012 年）			验证期（2013—2015 年）		
	R^2	NSE	PBIAS/%	R^2	NSE	PBIAS/%
北碚	0.69	0.63	24.7	0.72	0.72	10.0
武胜	0.68	0.61	24.3	0.61	0.59	8.6

续表

地面观测 站点	率定期（2009—2012 年）			验证期（2013—2015 年）		
	R^2	NSE	PBIAS/%	R^2	NSE	PBIAS/%
小河坝	0.66	0.56	32.5	0.66	0.63	16.8
罗渡溪	0.61	0.53	21.4	0.70	0.67	3.2

　　4 个水文站点的率定期的日流量模拟结果如图 4-11 所示，验证期的模拟结果如图 4-12 所示。CMADS 数据驱动的 MIKE SHE 模型模拟的日径流结果值与观测值存在一定差异，变化过程总体上与实测流量过程线相似。径流过程中洪峰出现的时间基本一致，但模拟值较观测值偏小，模型存在普遍低估的现象。同时在率定期径流过程中的汇流和退水阶段的模拟都存在低估的现象，该现象也发生在验证期的退水阶段。

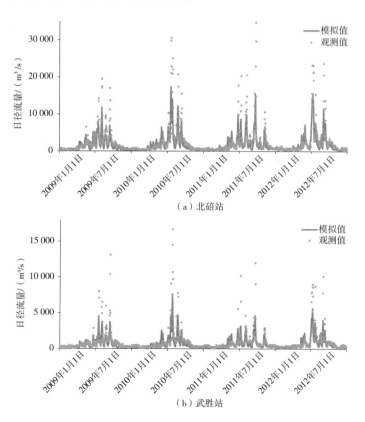

（a）北碚站

（b）武胜站

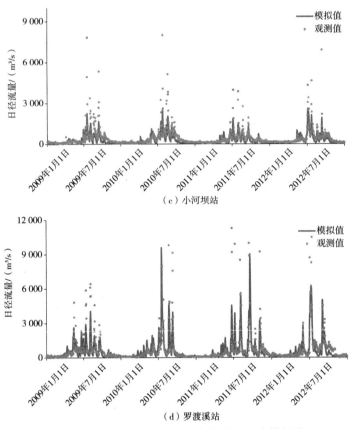

（c）小河坝站

（d）罗渡溪站

图 4-11 CMADS 数据驱动下率定期的日径流模拟结果

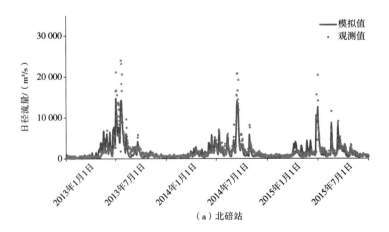

（a）北碚站

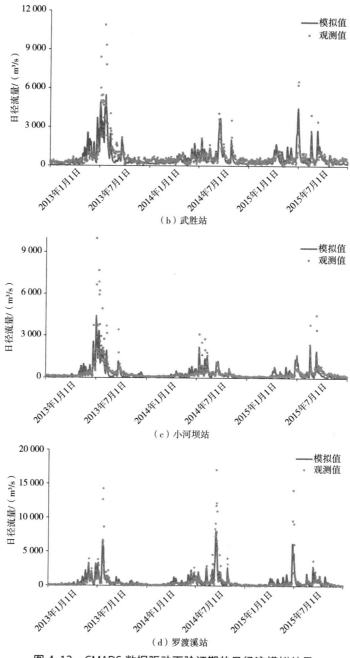

图 4-12　CMADS 数据驱动下验证期的日径流模拟结果

4.1.4　模拟不确定性

自然界的水文过程由于受到多重因素的影响，其过程通常表现为无序、不稳定的状态。而人类对水文过程的了解尚有不足，这就使得由人为设计、产生的应用于模拟水文过程的流域水文模型存在广泛的不确定性。水文模型的不确定性主要来自 3 个方面，即水文模型结构的不确定性、输入的气象要素的不确定性以及模型参数的不确定性等。其中，模型结构的不确定性主要是由水文模型在设计构造过程中本身设计原理的不同和复杂性导致的。输入的气象要素的不确定性主要是由输入的气象要素数据的测量误差以及气象要素的时空变异性导致的。模型参数的不确定性主要是由于模型参数之间可能存在互补性和相关性，造成模型参数存在的"异参同效"（Equifinality）的现象，即同一参数在不同取值下模型模拟的结果相似，具有相同的模拟效果的现象。若水文模型输入的水文资料数据具有较好的代表性且质量精度较高，则能得到最优参数值，最真实地反映出流域特征。因为 CMADS 数据驱动的 MIKE SHE 模型在整个嘉陵江流域的平均模拟效果更好，所以本研究主要通过 GLUE 方法对 CMADS 数据驱动的 MIKE SHE 模型中的 6 个参数进行模型参数不确定性分析，以及参数不确定性带来的模型不确定性讨论。

本研究采用 Monte Carlo 采样方法在 6 个参数的先验分布范围内共随机选取了 3 万组均匀分布的参数进行模拟，以 NSE 为目标似然函数，阈值设置为 NSE 大于 0.5，共有 7 243 组参数满足阈值条件，这些参数即"行为参数"。图 4-13 为以 NSE 为目标函数的 MIKE SHE 模型行为参数分布图，从图中可以看出，除参数 SY2 和 TCF1 的高似然值的取值范围主要集中在低值的区域外，其余参数的散点图趋势都比较小。

造成该现象的原因，一方面是模型参数不确定性分析中，均匀随机取样、人为阈值设定本身就具有一定的不合理性，而水文循环系统的随机性、线性、非线性关系是大量存在的，人为设定范围没有对各参数之间的关系进行区分，对于不确定性分析的结果影响较大；另一方面是流域本身的径流量描述采取线性水库法，比较注重流域降水产流响应，线性水库结构中的相关参数占主导地位。

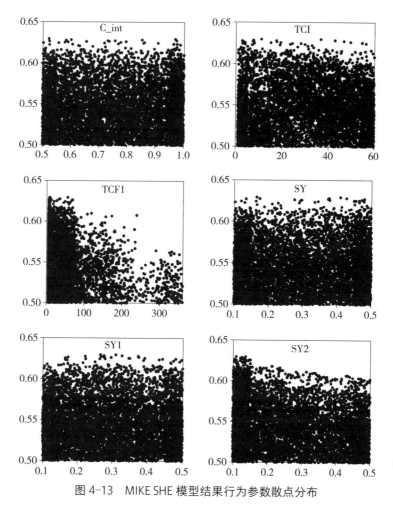

图 4-13　MIKE SHE 模型结果行为参数散点分布

　　GLUE 方法除了考虑模型参数本身的不确定性外，还间接考虑了参数之间的相关性。参数之间如果存在相关性，在模型调参的过程中将会增加模型的冗余度，加大模型率定的难度，同时也会对模型结果的不确定性造成影响。图 4-14 是以 NSE 为目标函数的模型行为参数相关性图。可以看出，在嘉陵江流域，本研究 MIKE SHE 模型中的 6 个参数之间没有明显的相关性，都相对独立。

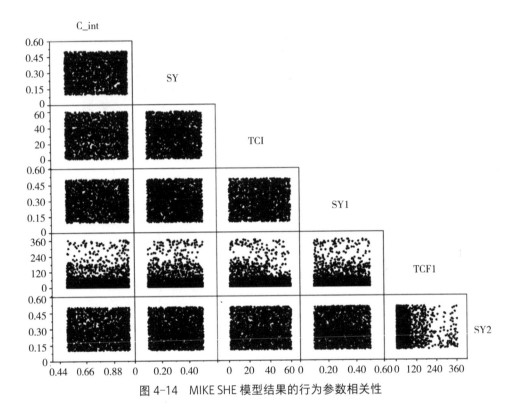

图 4-14 MIKE SHE 模型结果的行为参数相关性

　　图 4-15 是通过贝叶斯理论方法计算得到的以 NSE 为目标函数的参数后验分布。其中 C_int、SY、SY1、TCI 基本呈均匀化分布，不确定性较大；参数 SY2 和 TCF1 的概率密度分布具有一定的趋势性，都表现出取值越小，似然值越大。参数后验分布所展示出的结果与参数散点图分布基本一致。表 4-9 反映了在高似然值的区域内，存在很多组取值范围差别较大的参数组，即"异参同效"现象。可以看出，参数 C_int、SY、SY1、TCI 的波动较大，取值范围较广，不确定性较大；参数 TCF1、SY2 的取值相对集中，波动较小，不确定性较小。

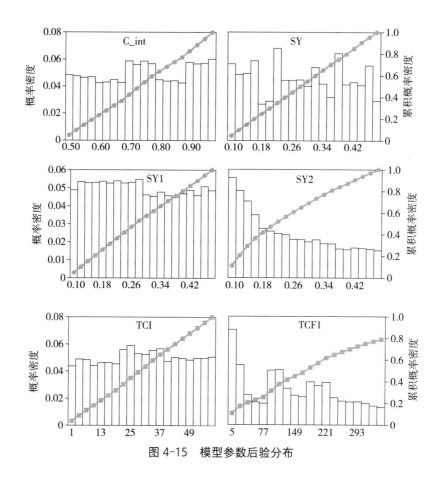

图 4-15　模型参数后验分布

表 4-9　嘉陵江流域模拟结果"异参同效"参数组

组别	C_int	SY	TCI	SY1	TCF1	SY2	NSE
1	0.969	0.165	36.464	0.265	55.364	0.135	0.629
2	0.521	0.409	10.868	0.309	7.428	0.109	0.629
3	0.600	0.375	7.474	0.275	9.123	0.125	0.628
4	0.852	0.427	42.659	0.327	9.733	0.127	0.628
5	0.971	0.173	17.319	0.373	34.835	0.127	0.628
6	0.583	0.479	2.663	0.221	6.022	0.121	0.628
7	0.730	0.372	7.220	0.272	9.999	0.128	0.627

组别	C_int	SY	TCI	SY1	TCF1	SY2	NSE
8	0.755	0.134	46.622	0.266	32.301	0.134	0.627
9	0.522	0.274	17.442	0.374	67.354	0.126	0.627
10	0.735	0.472	3.260	0.172	68.510	0.128	0.626

参数的不确定性最终表现为 MIKE SHE 模型模拟结果的不确定性。将行为参数组的似然值重新进行归一化处理后，根据似然值的大小进行排序，得到 90% 置信度下模型模拟预测的日径流量的不确定性区间，即置信区间。在率定期观测值与置信区间的关系如图 4-16 所示。所有的观测值中，有 53.4% 的点落在模拟径流量的不确定性范围内，有更多峰值部分以及低流量部分的数据落在区间外。结果说明，虽然 MIKE SHE 模型能基本满足嘉陵江流域的日尺度径流模拟需求，但不能完全模拟出观测径流的所有情况，仍有一定的局限性。

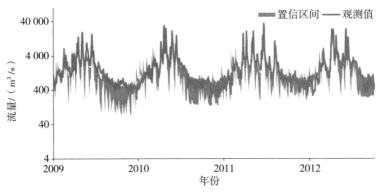

图 4-16　日径流模拟结果 90% 置信区间

4.2　SWAT 模型水环境模拟

4.2.1　渠江流域介绍

渠江是长江支流嘉陵江左岸的最大支流，其发源于四川省、陕西省交界处的大巴山南麓南江县，向西南方流动，流经陕西省、四川省、重庆市，于重庆市的合川区北 7.5 km 处汇入嘉陵江。流域概况如图 4-17 所示，所使用的 DEM 数据源于中国科学院计算机网络信息中心地理空间数据云平台，分辨率为 30 m × 30 m。渠江流域总面积约 3.89×10^4 km²，其位于四川盆地东北部，北靠四川省、陕西省交界米仓山，东临四川省、陕西省交界大巴山，米仓山和大巴山是渠江和汉水的分水岭，海拔高度在 1 400 m 以上，最高峰高达 2 615 m，地势由东北向西南倾斜，该盆周地形有利于产生暴雨。流域内河网均呈扇形分布，河道比降大，汇流时间短，容易产生灾害性洪水（陈光兰等，2008）。渠江流域四川辖区面积为 34 151 km²，2009 年流域总人口共 1 452 万人，GDP 为 1 248 亿元，耕地面积为 5.753×10^5 hm²，粮食总产量为 6.23×10^6 t，分别占四川省的 7%、16%、9%、14% 和 17%，是川东北粮仓（李学通等，2013）。据重庆市水利局统计，截至 2004 年，渠江流域已经建成各类水电站共有 375 座，装机总容量 37.23 万 kW，年发电量 14.43 亿 kW·h。2016 年我国确立了长江经济带的发展新格局，渠江流域作为成渝经济带连接关中的重要桥梁，对长江经济带上游的发展起着至关重要的作用。因此，需要结合流域自身的特点，对流域的水资源进行深入研究，为流域绿色发展管理决策制定奠定科学基础。

根据 1970—2015 年降雨数据，计算得出流域内年均降水量约为 1 193.54 mm，其中 5—9 月降水量占全年的 74.63% 左右，11 月至次年 2 月降水量仅占 5.79% 左右，年内降雨峰值多出现在 7 月和 9 月，并且呈现出西南少、东北多的情况，降雨时空分布十分不均；流域内多年平均气温在 16.6℃ 左右，最高气温可达到 41.2℃。降水量和气温均呈增加趋势。本节选取了渠江流域内上、中、下游 4 个水文站点：碧溪、七里沱、风滩、罗渡溪，4 个站点的径流数据源于 2008—2015 年的嘉陵江流域水文年鉴实录，数据时间分辨率为逐日。

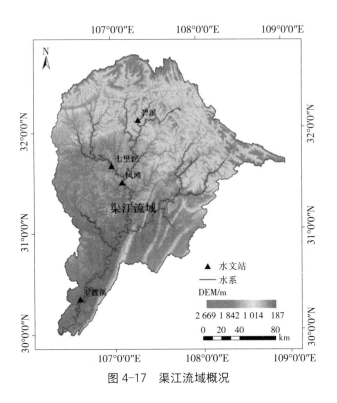

图 4-17　渠江流域概况

4.2.2　SWAT 模型构建

4.2.2.1　时间序列数据

（1）气象数据。本研究选取的气象数据包括中国地面气候资料日值数据集（V3.0）（地面观测站点数据）和 CMADS 数据。两种数据都包含了日降水量、日最高与最低温度、日太阳辐射、日相对湿度和日平均风速 5 项。地面观测数据和 CMADS 数据都是点数据，但地面观测站点的布设受多种因素影响，分布不均匀，在构建模型时，在流域内部 3 个站点的基础上加入了周边的站点，共选择了 16 个站点数据；而 CMADS 数据为再分析数据，分布均匀，空间分辨率为 1/3°，共选择了流域内部及周边共 110 个站点。两种数据的时间段也有所不同，考虑到收集的实测径流数据，两种降水数据均采用了2008—2015 年的日尺度数据来驱动 SWAT 模型。

（2）水文数据。本研究所使用的水文数据来自长江流域水文年鉴，共收集了碧溪站、七里沱站、风滩站和罗渡溪站 4 个水文站点的日径流数据。其中，碧溪站位于渠江流域上游，七里沱站和风滩站位于流域中游，罗渡溪站位于流域下游，最接近流域总出水口。4 个水文站点的径流数据时间段均为 2008—2015 年。

4.2.2.2 下垫面属性数据

下垫面属性主要是指 DEM、土地利用和土壤数据。该流域的 3 种数据情况在 2.3 节中均有相关介绍，此处不再赘述。

4.2.2.3 SWAT 模型构建

研究使用的是 ArcSWAT 2012 版本，基于 ArcGIS 10.2 平台运行、构建渠江流域的 SWAT 模型。首先加载 DEM 进行分析和预处理，SWAT 模型可根据设定的集水阈值提取流域的河网，河网的密度和分布特征由阈值的大小直接决定，经过多次实验对比，本研究将阈值设定为 3 000 Ha。选取与嘉陵江交汇处作为流域总出水口，并在碧溪、七里沱、风滩、罗渡溪 4 个水文站处增加子流域出水口点，将渠江流域划分成 28 个子流域，其中 4 个水文站分别位于 1 号、12 号、17 号、27 号子流域。4 个水文站在渠江流域的控制范围如图 4-18 所示，其控制面积分别占总流域面积的 5.17%、16.39%、42.28%、97.04%。

在对 SWAT 模型进行预处理之后，需要把处理之后的土地利用和土壤数据输入模型中，并设置流域内坡度范围，划分 HRU。通过 HRU 计算能够很好地反映流域内部不同下垫面的空间组合方式，提高模拟的精度（方玉杰等，2014）。设定土地利用、土壤和坡度阈值分别为 0、2% 和 5%，低于阈值的类型被划分到其他类型中，进行叠加分析之后整个流域被划分成 733 个 HRU。定义模型的 HRU 之后，需要导入所需要的气象数据。因为本研究使用了两种气象数据，所以创建了两份 SWAT 工程文件，保持 HRU 划分不变，分别导入整理之后的地面观测和 CMADS 数据。

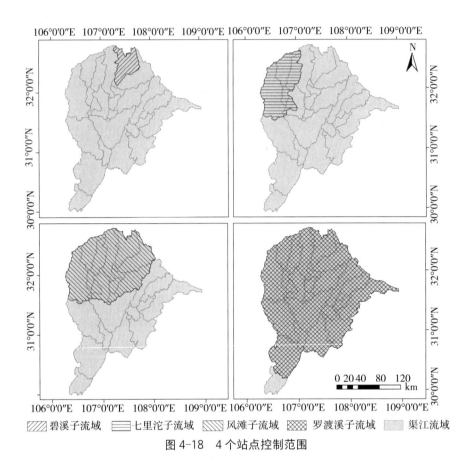

图 4-18 4 个站点控制范围

碧溪子流域　　七里沱子流域　　风滩子流域　　罗渡溪子流域　　渠江流域

4.2.3 模型及参数设置

两种气象数据均包括 2008—2015 年逐日的降水、最高和最低气温、风速和相对湿度，由于水文站的实测径流数据时段为 2008—2015 年，因此，选取 2008 年为预热期，2009—2012 年为率定期，2013—2015 年为验证期。完成数据的输入和设置之后，分别以日尺度和月尺度运行构建的 SWAT 模型。

根据以往研究的经验并结合实际情况利用 SWAT 模型对参数进行敏感性分析（Song et al.，2018），对日尺度和月尺度的模拟分别选择不同的参数。其中月尺度模拟时，确定的模型参数有 CN2、ALPHA_BF、SOL_AWC、SOL_K、ESCO、GW_REVAP、SFTMP、SMTMP、CH_K2、CH_N2 共 10

个，日尺度模拟时，除了前面的 10 个参数，还对 SURLAG、GW_DELAY 和 GWQMN 3 个参数，共 13 个参数进行调参。本研究使用了两种气象数据驱动 SWAT 模型，并设置多站点校准方案，将 4 个水文站同时在模型中进行校准。参数的敏感性将在后文中对两种气象数据对比分析时进行讨论。所涉及的参数介绍见表 4-10。

表 4-10 模型参数介绍

参数类型	参数名称	参数含义	调参方法	初始范围
常规管理变量（.mgt）	CN2	径流曲线数	r	−2～2
流域全局变量（.bsn）	SURLAG	地表径流滞后系数	v	0.05～24
	SFTMP	降雪温度 /℃	v	−20～20
	SMTMP	融雪基温 /℃	v	−20～20
地下水变量（.gw）	ALPHA_BF	基流消退系数 /（1/d）	v	0～1
	GW_DELAY	地下水滞后系数 /d	v	0～500
	GWQMN	浅层含水层产生基流的阈值深度 /mm	v	0～5 000
	GW_REVAP	地下水再蒸发系数	v	0～500
水文响应单元变量（.hru）	ESCO	土壤蒸发补偿系数	r	0～1
河道变量（.rte）	CH_K2	主河道河床有效水力传导度 /（mm/h）	v	0.01～500
	CH_N2	主河道曼宁系数	v	0.01～0.30
土壤变量（.sol）	SOL_AWC	土壤有效含水量 /（mm H_2O/mm soil）	r	0～1
	SOL_K	土壤饱和水力传导系数 /（mm/h）	r	0～2 000

在手动调整参数范围时，需注意 SWAT 模型中 3 种调整方式。第一种为"相乘"（multiplies，r），是指在原来的数值基础上乘以"1+ 给出值"；第二种为"相加"（add，a），是指在原来的数值基础上加上给出值；第三种为"替换"（replaces，v），是指用给出值替换掉原来的数值。但需要注意的是，当为土壤参数或者 CN2 等空间性参数选择"替换"方式进行参数调整时，会丢失参数的空间变异性。在本研究中所涉及的参数调整方式主要为"相乘"和"替换"。

4.2.4　地面观测数据模拟结果

4.2.4.1　日尺度模拟结果

　　根据收集到的日时序数据，本研究首先以日尺度运行 SWAT 模型。表 4-11 是以地面观测数据驱动的 SWAT 模型日尺度径流模拟的评价指标汇总结果，图 4-19 为 4 个水文站在率定期和验证期的日尺度径流模拟结果与观测值之间的流量过程线对比。在率定期，4 个站点中除碧溪站的结果没有达到令人满意的程度，NSE 仅为 0.35 外，其余 3 个站点的 NSE 分别为 0.56、0.74 和 0.65，模拟值与观测值之间的拟合度达到了模型要求。在模拟偏差方面，4 个站点的 PBIAS 值都在很高的区间，模拟结果较观测值的偏差大，尤其是罗渡溪站的 PBIAS 值达到了 -64.0%。在验证期，4 个站点的 NSE 都在 0.41 以下，拟合度较低，同时 PBIAS 值在 -81.6%～-38.0%，模拟结果较观测值偏差很大。从评价指标结果来看，模型对中下游的模拟能力要大于下游，造成该现象的原因很可能是日尺度径流模拟对降水的精度要求较高，而中国气象数据网的站点数据在渠江流域分布稀疏，难以完全代表整个流域的降水情况，并且在上游碧溪子流域内没有降水观测站点，从而导致 SWAT 模型对上游的模拟能力明显不如中下游流域。

表 4-11　地面观测数据驱动的 SWAT 模型日尺度径流模拟评价指标汇总

站点	率定期（2009—2012 年）			验证期（2013—2015 年）		
	R^2	NSE	PBIAS/%	R^2	NSE	PBIAS/%
罗渡溪	0.62	0.56	−64.0	0.52	0.39	−81.6
凤滩	0.76	0.74	−45.2	0.49	0.41	−57.7
七里沱	0.69	0.65	−35.8	0.34	0.27	−47.2
碧溪	0.52	0.35	−26.8	0.32	0.21	−38.0

　　在流量过程线方面，罗渡溪站的模拟值与观测值之间的峰值部分差异非常大，模拟结果存在明显的低估现象，而在退水阶段，又略微高于观测值，

模型中退水时间要长于实际情况。在中游风滩站和七里沱站的峰值部分模拟值与观测值的差距较罗渡溪站明显缩小，退水阶段也更加符合实际情况。在最上游的碧溪站，模拟结果的有些峰值大于观测值，并且在 4—5 月由于融雪引起的小峰值部分阶段，模型的结果要明显高于观测值。结合前文评价指标的结果，地面观测数据驱动的 SWAT 模型能基本满足中下游的径流模拟要求，而对上游的模拟能力较差。同时对比 4 个站点的峰值发生时间，可以看到，在中上游产生的洪水汇集到下游出水口处有 2～4 d 的滞后时间。

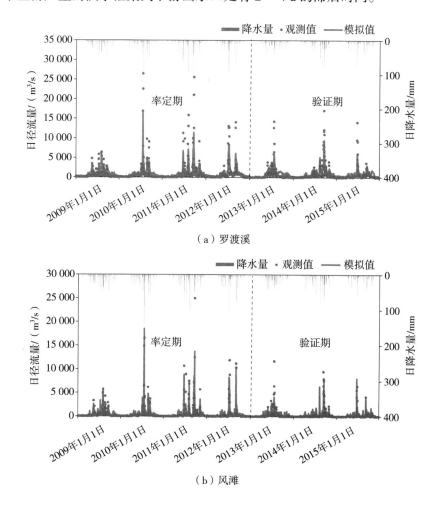

（a）罗渡溪

（b）风滩

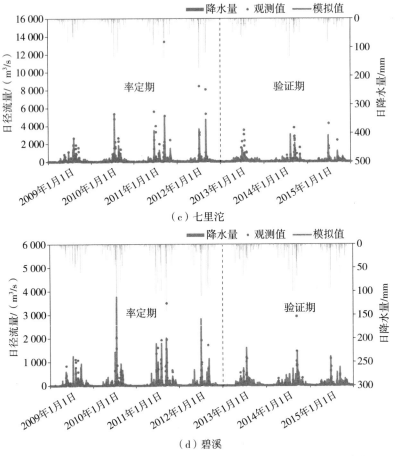

图 4-19　地面观测数据驱动的 SWAT 模型日尺度径流模拟结果对比

4.2.4.2　月尺度模拟结果

　　由于日尺度模拟的结果没有取得很好的结果，本研究还将地面观测数据驱动的 SWAT 模型以月尺度运行，并与换算得出的实测月尺度径流结果进行比较。表 4-12 是以地面观测数据驱动的 SWAT 模型月尺度径流模拟的评价指标汇总结果，图 4-20 为 4 个水文站在率定期和验证期的月尺度径流模拟结果与观测值之间的流量过程线对比。4 个水文站率定期和验证期的 R^2 和 NSE 都达到了 0.75 及以上，罗渡溪水文站的率定期甚至达到了 0.95，并且 PBIAS 值在 -10% 附近。随着向上游推移，评价指标值有所降低。最上游的碧溪站在率定期的结果最差，R^2 和 NSE 的值都小于风滩和七里沱站结果的 0.1 以上，在验证期则与风滩站的结果基本一致。模拟偏差方面，除了在七里沱站取得了非常小的 PBIAS 值以外，其余几个站点的偏差都超过了 ±10%，但在 ±25% 以内。

表 4-12　地面观测数据驱动的 SWAT 模型月尺度径流模拟评价指标汇总

站点	率定期（2009—2012 年）			验证期（2013—2015 年）		
	R^2	NSE	PBIAS/%	R^2	NSE	PBIAS/%
罗渡溪	0.95	0.95	-10.3	0.94	0.90	17.0
风滩	0.94	0.92	-15.7	0.82	0.81	-17.6
七里沱	0.91	0.89	-1.0	0.75	0.75	-3.1
碧溪	0.80	0.77	-12.2	0.83	0.81	-21.9

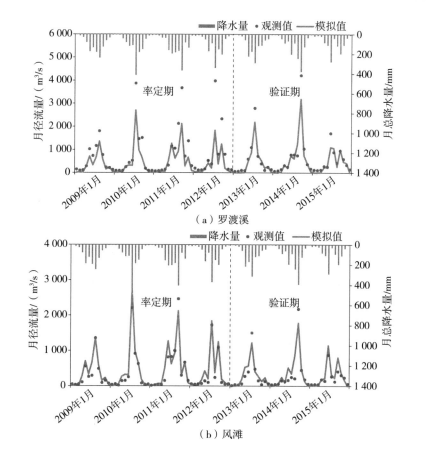

（a）罗渡溪

（b）风滩

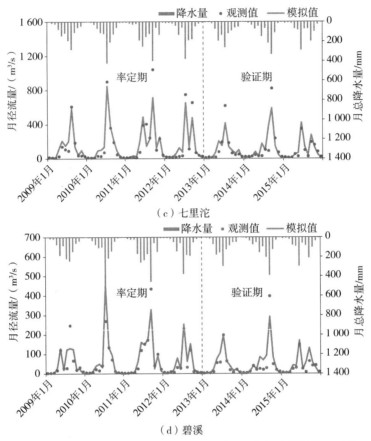

（c）七里沱

（d）碧溪

图 4-20　地面观测数据驱动的 SWAT 模型月尺度径流模拟结果对比

从流量过程线可以看出，模型对渠江流域的 4 个站点的径流过程模拟较好，基本能够成功捕捉到真实的径流变化趋势。尤其是中下游 3 个站点，对基流部分的还原度很高，模拟值与观测值之间的偏差很小。4 个站点的模拟结果与观测值的差异主要在于峰值部分，特别是流量较大的日期。在月尺度和日尺度的模拟中都没能很好地模拟 2011 年 9 月、2013 年 7 月和 2014 年 9 月出现的径流峰值，查阅资料可知，渠江流域在这 3 个月的中旬都出现了暴雨，从而引发了大洪水。已有研究表明，SWAT 模型对降雨异常时段的径流峰值模拟效果较差（宋艳华，2006）。综合结果表明，地面观测数据驱动的 SWAT 模型在渠江流域的月尺度径流模拟的效果非常好。

4.2.5　CMADS 数据模拟结果

4.2.5.1　日尺度模拟结果

CMADS 数据驱动的 SWAT 模型也分别以日尺度和月尺度运行，表 4-13 是 4 个站点的日尺度径流模拟评价指标汇总结果。因为 CMADS 数据的空间分辨率较高，在整个渠江流域内均匀分布，没有出现类似地面观测数据驱动的 SWAT 模型结果中的上游模拟结果明显较差的情况。相反地，率定期 4 个站点中碧溪站的 R^2 和 NSE 相较于其他 3 个站点更高，分别为 0.70 和 0.69，同时 PBIAS 值也仅为 -5.8%，模拟结果偏差很小。中上游的七里沱站、风滩站和罗渡溪站在率定期的结果相近，R^2 和 NSE 都在 0.6 左右，风滩站和罗渡溪站的 PBIAS 值都为 -19.5%，七里沱站的 PBIAS 值略小，为 -13.4%。4 个站点的率定结果都达到了令人满意的程度，模拟值与观测值有较好的拟合程度，模拟偏差也在可接受范围内。在验证期，中上游的 3 个站点的结果都仍保持在较好的水平，碧溪站的评价指标值有所减小，但也能满足流域的模拟要求。

表 4-13　CMADS 数据驱动的 SWAT 模型日尺度径流模拟评价指标汇总

站点	率定期（2009—2012 年）			验证期（2013—2015 年）		
	R^2	NSE	PBIAS/%	R^2	NSE	PBIAS/%
罗渡溪	0.56	0.52	-19.5	0.63	0.60	-36.2
风滩	0.68	0.66	-19.5	0.68	0.66	-36.0
七里沱	0.65	0.57	-13.4	0.71	0.70	-23.6
碧溪	0.70	0.69	-5.8	0.54	0.50	-20.2

图 4-21 为 CMADS 数据驱动的 SWAT 模型在 4 个水文站点的日尺度径流模拟结果与观测值之间的流量过程线对比。从图中可以看出，模型在 4 个站点的峰值部分都有明显的低估现象，尤其是在 2011 年 9 月、2013 年 7 月和 2014 年 9 月 3 种方案下对突发洪水的模拟效果都比较差。而在流量过程线的其他部分，模型结果值与观测值的差异很小，只有罗渡溪站个别年份的退水阶段稍长于实际情况。CMADS 数据驱动的 SWAT 模型对于渠江流域的日尺度径流有着较好的模拟能力。

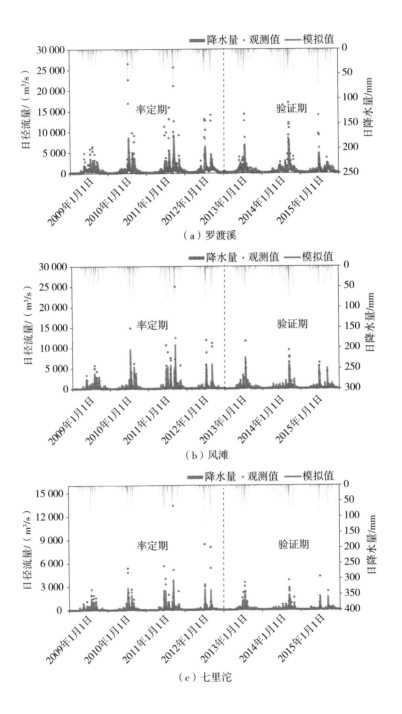

（a）罗渡溪

（b）凤滩

（c）七里沱

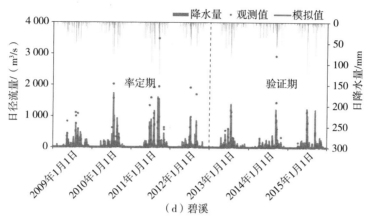

图 4-21　CMADS 数据驱动的 SWAT 模型日尺度径流模拟结果对比

4.2.5.2　月尺度模拟结果

表 4-14 是 CMADS 数据驱动的 SWAT 模型月尺度的径流模拟评价指标汇总结果。模型在 4 个水文站都得到了非常好的结果，率定期的 R^2 都在 0.94 以上，NSE 都在 0.92 以上，PBIAS 值在 -19.6% ～ -4.4%；验证期的 R^2 都在 0.86 以上，NSE 都在 0.84 以上，PBIAS 值在 -26.7% ～ -10.6%。模拟值在整个时段与观测值的拟合程度较高，模型结果偏差也在合理范围内。

表 4-14　CMADS 数据驱动的 SWAT 模型月尺度径流模拟评价指标汇总

站点	率定期（2009—2012 年）			验证期（2013—2015 年）		
	R^2	NSE	PBIAS/%	R^2	NSE	PBIAS/%
罗渡溪	0.96	0.92	−19.6	0.94	0.89	−26.7
凤滩	0.98	0.96	−18.3	0.94	0.91	−25.5
七里沱	0.95	0.92	−12.6	0.93	0.90	−14.0
碧溪	0.94	0.94	−4.4	0.86	0.84	−10.6

在流量过程线方面，模型对峰值部分的模拟能力有所增加，模拟值与观测值之间的差距较小，如图 4-22 所示。模型对流域的产汇流和退流阶段的还原度较高，模拟值与观测值基本一致或略有偏高；而在基流部分，4 个站点的模拟结果都有偏高的现象，从上游到下游该部分误差逐渐增加。结合评价指标值结果来看，CMADS 数据驱动的 SWAT 模型在渠江流域有着非常好的适用性，能够满足渠江流域的月尺度径流模拟需求，只是在基流部分的模拟需要加以注意。

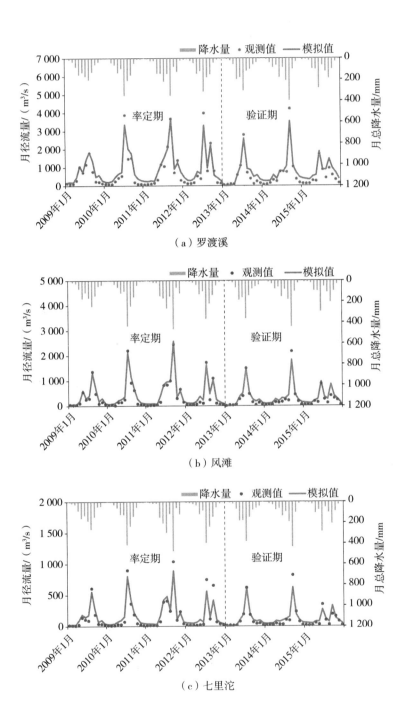

（a）罗渡溪

（b）凤滩

（c）七里沱

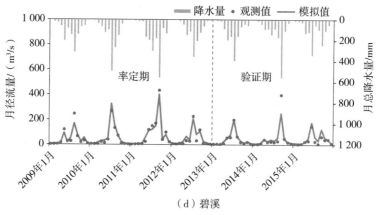

图 4-22　CMADS 数据驱动的 SWAT 模型月尺度径流模拟结果对比

4.2.6　参数敏感性分析

SWAT 模型径流模拟模块主要包括地下水、土壤水、地表径流以及河道汇流等，每一部分都对应不同的参数，每一个参数对于流域的产汇流过程计算都有着特定的实际意义。参数的取值会根据研究区的空间、地表、土壤类型等因素的差异性而变化，因此，在模型率定校准过程中需要对相关参数的取值进行调整，以达到最佳的模拟效果。但模型所涉及参数众多，很难对每一个参数都进行调整，这会产生大量的时间和精力成本，因此，需要考虑各个参数在模拟中的重要性及敏感性，舍弃一些对研究区影响较小的参数，提高模型调参的效率。SUFI-2 算法中，可以通过 LH-OAT 敏感性分析方法来对所有选取的参数进行敏感性排序，找出对该研究区的 SWAT 模型率定较为重要的参数，为研究者的进一步调参提供参考。这是水环境模拟和校正模型中非常重要的一步，也是模型不确定性的部分原因。

为了便于分析整个渠江流域的参数敏感性，本书选取了模拟效果更好的 CMADS 数据驱动的 SWAT 模型的敏感性结果。表 4-15 和表 4-16 分别是月尺度和日尺度的参数取值范围的最适值和敏感性排序，t-Stat 的绝对值越大，p-Value 值越小，参数的敏感性越大，显著性越高。

表 4-15　月尺度径流模拟结果参数最适值和敏感性排序

参数名称	最小值	最大值	最适值	t-Stat	p-Value	排序
CN2	−1	2	0.18	−2.97	0	2
ALPHA_BF	0	1	0.94	6.20	0	1
SOL_AWC	0	1	0.28	−0.42	0.68	9
SOL_K	0	5	1.01	1.05	0.30	4
ESCO	0	1	0.58	−0.28	0.78	10
GW_REVAP	0.02	0.2	0.17	0.45	0.65	7
SFTMP	−5	5	−2.52	−0.86	0.41	5
SMTMP	−5	5	−4.97	0.42	0.68	8
CH_K2	0	50	17.38	−1.22	0.23	3
CH_N2	0	0.3	0.26	−0.49	0.62	6

表 4-16　日尺度径流模拟结果参数最适值和敏感性排序

参数名称	最小值	最大值	最适值	t-Stat	p-Value	排序
CN2	−1	1	0.21	0.27	0.82	9
ALPHA_BF	0	1	0.85	0.47	0.67	7
SOL_AWC	0	1	0.96	−0.68	0.52	5
SOL_K	0	2 000	1 175	0.04	1.01	12
ESCO	0	1	0.26	0.25	0.81	10
GW_REVAP	0.02	0.2	0.15	−0.45	0.66	6
SFTMP	−20	20	8.50	0.78	0.45	4
SMTMP	−20	20	8.30	−1.01	0.34	3
CH_K2	0	1	0.19	1.12	0.27	2
CH_N2	0	0.3	0.28	20.85	0	1
GW_DELAY	30	450	163.35	−0.19	0.87	11
GWQMN	0	2	0.83	−0.44	0.68	8
SURLAG	0.05	24	4.90	0.01	1.02	13

从表 4-15 中可以看出，在月尺度径流模拟中，敏感性最大的前 3 个参数为 ALPHA_BF、CN2 和 CH_K2。其中 ALPHA_BF 指降水对地下径流补给的影响程度，其值越大，降水对地下径流的影响越大，该模拟中最终取值为 0.94，可见渠江流域的地下径流和降水有着较强的相关性。CN2 是 SWAT 模型产流过程中重要的参数之一，其值越大，模拟的径流量越大，反映流域内土地利用、土壤类型等空间下垫面条件下前期含水量。CH_K2 表示主河道河床的有效水力传导度。其次，SOL_K、SFTMP 和 CH_N2 在渠江流域的敏感性也较大。CH_N2 是指主河道的曼宁系数，反映主河道粗糙度对水流的影响。Zhao 等（2018）在中国泾川河流域的月尺度径流模拟结果也显示，相对于其他参数，CN2、SOL_K 和 ALPHA_BF 最为敏感，这几个参数在月尺度径流模拟中起到了重要的作用。尤其是 CN2 对径流的影响最大，在许多研究中，该参数的敏感性都排在前列（Singh et al.，2013；Cao et al.，2018）。

从表 4-16 中可以看出，在日尺度径流模拟中敏感性最大的前三为 CH_N2、CH_K2 和 SMTMP。其次，SFTMP、SOL_AWC 和 GW_REVAP 的敏感性也较强。SFTMP 和 SMTMP 分别代表降雪温度和融雪基温，说明雪水补给也是流域径流的主要来源之一，流量过程线中 3 月、4 月出现的小峰值就是流域内雪水融化补给河流形成的。在月尺度和日尺度模拟中，敏感性在前六的参数都包括了 CH_K2、CH_N2 和 SFTMP，在以后利用 SWAT 模型对渠江流域进行径流模拟时应着重考虑这几个参数。

4.2.7　模拟不确定性

SUFI-2 中用 95PPU 来表示模型结果的不确定性。95PPU 是在拉丁超立方采样中把所有随机参数得出的输出变量累积分布的 2.5% 和 97.5% 进行水平计算得到的。p-factor 表示 95PPU 所包含的观测值的百分比，r-factor 表示 95PPU 的平均宽度。首先，参数的取值范围会影响模拟结果的分析，参数的范围越小，模拟结果的不确定性区间就越窄，即 95PPU 的平均宽度（r-factor）越小，并且能提高模拟的置信水平，但也会导致越多的观测值落在不确定性区间之外，即 p-factor 更小；反之，参数的范围越大，r-factor 越大，p-factor 越小。理论上，p-factor 的范围是 0～100%，而 r-factor 的

范围是 $0 \sim \infty$。$p\text{-factor}$ 接近 1，$r\text{-factor}$ 接近 0 是完全接近于实测数据的模拟。

根据 4.2.6 节的参数敏感性分析，本节将只选取月尺度和日尺度模拟时敏感性排在前六的参数进行分析。图 4-23 和图 4-24 分别是 SUFI-2 算法中月尺度和日尺度模拟率定期的参数与目标函数 NSE 之间的散点图，可以从散点分布的集中程度看出不确定性的大小，并为参数的率定提供一定的参考。图 4-23 表明，当 CN2 参数值在 $-1 \sim 0.3$ 时，NSE 集中在 $0.85 \sim 0.95$；当参数值在 $0.3 \sim 0.8$ 时，NSE 与参数值呈负相关关系；当参数值在 $0.8 \sim 2$ 时，NSE 集中在 $0.75 \sim 0.85$。其余 5 个参数对应的 NSE 在参数范围内主要在集中在 $0.75 \sim 0.95$。图 4-24 显示敏感性最高的 CH_N2 参数在取值范围内与 NSE 大致呈指数关系，参数值越大，NSE 就越大。其余 5 个参数对应的 NSE 虽然主要分布在 $0.4 \sim 0.6$，但在 $-0.5 \sim 0.4$ 也有分布。

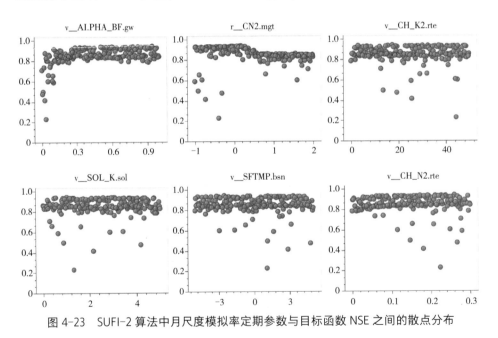

图 4-23　SUFI-2 算法中月尺度模拟率定期参数与目标函数 NSE 之间的散点分布

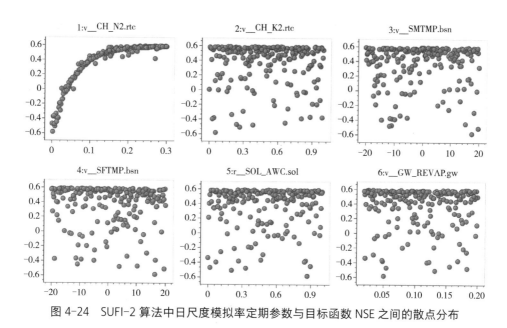

图 4-24　SUFI-2 算法中日尺度模拟率定期参数与目标函数 NSE 之间的散点分布

可以看出，模型的最佳参数组的值不仅仅有一组，不同的模型参数值组合有可能达到非常相近的模拟效果，这就是所谓的"异参同效"现象。为了更直观地展示该现象，分别从月尺度和日尺度的模拟结果中选取了 NSE 非常接近的几组参数值，并选出敏感性前六的参数进行分析（表 4-17、表 4-18）。

表 4-17　渠江流域月尺度模拟中部分"异参同效"参数组

组别	CN2	ALPHA_BF	SOL_K	SFTMP	CH_K2	CH_N2	NSE
1	-0.068	0.721	2.185	11.88	18.543 7	0.147 2	0.936 2
2	0.228	0.965	1.045	-14.92	28.345 7	0.160 8	0.935 6
3	0.116	0.939	2.175	-4.68	0.440 1	0.286 7	0.935 5
4	0.092	0.781	2.325	15.32	41.148 2	0.098 2	0.934 7
5	0.132	0.683	4.055	-17.48	21.744 4	0.193 7	0.934 4
6	-0.092	0.583	3.395	-1.72	32.246 4	0.206 7	0.935 9
7	-0.084	0.547	2.585	-19.96	37.547 5	0.263 7	0.935 5

表4-18 渠江流域日尺度模拟中部分"异参同效"参数组

组别	SOL_AWC	GW_REVAP	SFTMP	SMTMP	CH_K2	CH_N2	NSE
1	0.772 5	0.050 1	−2.1	−19.1	0.257 5	0.224 3	0.426 1
2	0.812 5	0.040 2	0.1	15.5	0.977 5	0.240 7	0.426 8
3	0.427 5	0.069	−0.5	11.3	0.107 5	0.213 8	0.426 6
4	0.802 5	0.114 1	−16.5	−5.5	0.782 5	0.255 8	0.426 7
5	0.967 5	0.175 2	−16.3	13.7	0.432 5	0.266 3	0.426 3
6	0.027 5	0.095 2	−17.3	19.3	0.847 5	0.263 2	0.426 2
7	0.042 5	0.178 8	13.1	−8.3	0.642 5	0.288 7	0.426 2

表4-17和表4-18反映了不同参数对模型"异参同效"现象的影响，可以看出在相同的NSE下，不同的参数变化范围明显不同。在月尺度模拟时，SFTMP参数的波动大于其他参数，表明该参数相对不敏感，对NSE的影响较小，对模型的不确定性影响较小，在日尺度模拟时，GW_REVAP参数也是如此。而月尺度模拟中的CN2、ALPHA_BF和日尺度模拟中的CH_N2的波动较小，尤其是CH_N2，说明这几个参数相对敏感，参数的微小改变都会引起NSE和模拟结果的较大变化，对模型的不确定性影响较大。"异参同效"现象使得参数不确定性分析变得困难，同时也表现出了模型的不确定性和参数的敏感性。

在多种不确定性因素的影响下，月尺度和日尺度率定期径流模拟结果的不确定性见表4-19，图4-25列出了月尺度模拟时由SUFI-2生成的四个站点的95PPU图。除风滩站和碧溪站在日尺度模拟时仅有68%和51%的观测值落在了95PPU区间内，其余都有71%以上的观测值落在95PPU区间内，尤其是月尺度模拟时的罗渡溪站高达92%，可见由CMADS数据驱动的SWAT模型在渠江流域的不确定性较小。该结果与Zhao等的结论相近，泾川河流域模拟中SUFI2的95PPU在率定期和验证期分别包含83%和71%的测量值，比GLUE方法得到的结果更好（Zhao et al., 2018）。

表4-19 月尺度和日尺度率定期径流模拟结果的不确定性指标

指标	月尺度				日尺度			
	罗渡溪	风滩	七里沱	碧溪	罗渡溪	风滩	七里沱	碧溪
p-factor	0.92	0.75	0.67	0.65	0.80	0.67	0.74	0.51
r-factor	1.06	0.66	0.59	0.31	0.77	0.46	0.40	0.29

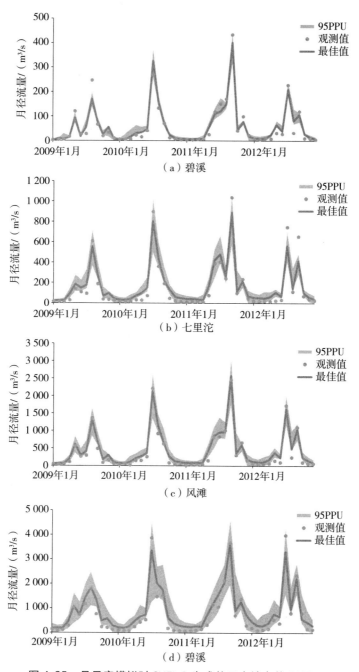

图 4-25　月尺度模拟时 SUFI-2 生成的四个站点的 95PPU

4.3　本章小结

　　根据收集的嘉陵江流域相关的气象数据、下垫面数据以及其他基础数据，本章首先在嘉陵江流域构建了 MIKE SHE 模型，选取模型中的蒸散发、坡面流、饱和流、不饱和流、河流与湖泊 5 个模块与 MIKE 11 水动力模型耦合来模拟嘉陵江流域的径流过程。在模型构建时气象数据来源分别选取了地面观测数据和 CMADS 数据，且选择流域内的四个水文站点同时进行日尺度的模型校准。两种气象数据驱动的 MIKE SHE 模型达到了令人满意的结果，其中 CMADS 数据驱动的模型模拟效果要优于地面数据，在四个水文站点也都能取得相近的结果。还使用 GLUE 方法对 CMADS 驱动的 MIKE SHE 模型进行了参数不确定分析，以及参数不确定性带来的模型不确定性讨论。

　　渠江是嘉陵江流域的三大支流之一，是成渝经济带连接关中的重要桥梁，本研究在渠江流域构建了 SWAT 模型。与嘉陵江流域构建 MIKE SHE 模型时类似，选取了地面观测和 CMADS 两种气象数据来驱动 SWAT 模型，并选择了流域内的四个水文站点同时进行日尺度和月尺度的模型校准。CMADS 数据驱动的 SWAT 模型在渠江流域有着更好的表现，在日尺度和月尺度径流模拟结果中，四个站点的 NSE 分别能达到 0.52～0.69 和 0.94～0.98。对 CMADS 数据驱动的 SWAT 模型进行参数敏感性分析发现，在月尺度中敏感性最大的前三个参数为 ALPHA_BF、CN2 和 CH_K2；在日尺度中敏感性最大的前三个参数为 CH_N2、CH_K2 和 SMTMP。通过 SUFI-2 方法对模型的不确定性分析可知，由 CMADS 数据驱动的 SWAT 模型在渠江流域的不确定性较小。

第 5 章

漓江流域水环境模拟分析

5.1　SWAT 模型水环境模拟

5.1.1　SWAT 模型构建

5.1.1.1　时间序列数据

（1）气象数据。本研究的气象数据也选取了中国地面气候资料日值数据集（V3.0）和 CMADS 数据。因为地面观测站点分布稀疏，漓江流域内部仅有 2 个地面观测站点，而且周边站点与流域的距离较远，不具有可利用性。CMADS 数据为均匀分布的再分析数据，在漓江流域内部及周边共选择了 8 个站点。所包含的气象数据有日降水量、日最高与最低温度、日太阳辐射、日相对湿度和日平均风速五项。两种气象数据都采用了 2005—2016 年的日尺度数据来驱动水文模型。

（2）水文数据。径流数据源于珠江流域水文年鉴，其中阳朔水文站的位置最靠近漓江流域的总出水口，故本研究只收集了阳朔水文站的日尺度径流数据。由于资料获取途径受限，数据的时间序列长度为 2006—2016 年。

（3）水质数据。泥沙数据源于珠江流域水文年鉴，收集了阳朔水文站的月尺度泥沙数据。时间序列长度同径流数据一致为 2006—2016 年。氨氮（NH_3-N）、溶解氧（DO）等水质相关数据源于中国环境监测总站，时间序列长度为 2008—2016 年，时间尺度为月尺度。

5.1.1.2　下垫面属性数据

下垫面属性主要是指 DEM、土地利用和土壤数据。该流域的三种数据情况在 2.3 节中均有相关介绍。

5.1.1.3　SWAT 模型构建

本研究使用的是 ArcSWAT 2012 版本，基于 ArcGIS 10.2 平台上运行、构建漓江流域的 SWAT 模型。首先加载 DEM 进行分析和预处理，对 DEM 中的平地和洼地进行处理，使得小平原和洼地变成斜坡的延长部分。SWAT 模型可根据设定的集水阈值提取流域的河网，选取平乐县与恭城河交汇处附近的河网节点为流域总出水口，将整个流域划分为 35 个子流域（图 5-1）。将处理后的土地利用和土壤数据输入模型中，并设置流域坡度范围，进行叠加处理划分 HRUs，漓江流域共被划分了 370 个 HRU。分别将收集到的地面观测气象数据和 CMADS 气象数据按照格式要求导入 SWAT 模型中，完成构建两个由不同气象数据驱动的 SWAT 模型。

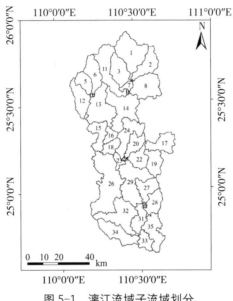

图 5-1　漓江流域子流域划分

5.1.2　模型及参数设置

针对漓江流域的径流模拟，由地面观测数据和 CMADS 数据驱动的 SWAT 模型均以日尺度运行，选择 2005 年作为模型的预热期，2006—2011 年作为模型的率定期，2012—2016 年作为模型的验证期。两种数据驱动的 SWAT 模型都是利用阳朔水文站的日尺度径流数据进行模拟校准。

在漓江流域建立的 SWAT 模型的校准过程也是在 SWAT-CUP 软件中进行。根据以往研究的经验以及在 SWAT-CUP 中的敏感性分析，针对漓江流域的日尺度径流模拟选择了 10 个相关参数，见表 5-1，对于参数调整方式的介绍在前文中已有所提及。

表 5-1　漓江流域选用的 SWAT 模型校准参数

参数类型	参数名称	参数含义	调参方法	初始范围
常规管理变量（.mgt）	CN2	径流曲线数	r	-2～2
地下水变量（.gw）	ALPHA_BF	基流消退系数 /（1/d）	v	0～1
	GW_DELAY	地下水滞后系数 /d	v	0～500
	GWQMN	浅层含水层产生基流的阈值深度 /mm	v	0～5 000
	REVAPMN	浅层地下水再蒸发的阈值深度 /mm	v	0～500
	RCHRG_DP	深蓄水层渗透系数	v	0～1
水文响应单元变量（.hru）	ESCO	土壤蒸发补偿系数	r	0～1
	OV_N	地表水流的曼宁值	v	0.01～30
河道变量（.rte）	CH_K2	主河道河床有效水力传导度 /（mm/h）	v	0.01～500
土壤变量（.sol）	SOL_Z	土壤深度 /mm	v	0～3 500

5.1.3　地面观测数据模拟结果

　　针对地面观测数据驱动的 SWAT 模型，在 SWAT-CUP 软件中进行反复参数范围调整和迭代之后，阳朔水文站的日尺度径流模拟取得的评价指标值结果见表 5-2，SWAT 模型在漓江流域得到了比较好的结果。在率定期，NSE 能达到 0.73，R^2 能达到 0.74，可见模型的模拟结果与观测值的拟合度较高。PBIAS 值为 -6.9%，远远小于 ±25%，模拟结果的偏差在非常小的范围内。在验证期，NSE 和 R^2 也分别达到了 0.74 和 0.76，PBIAS 值和率定期相当，仅为 -6.7%，表明地面观测数据驱动的 SWAT 模型在漓江流域的日尺度径流模拟中具有可信度。

表 5-2　阳朔水文站径流模拟指标结果

时期	R^2	NSE	PBIAS/%
率定期	0.74	0.73	-6.9
验证期	0.76	0.74	-6.7

阳朔水文站的日尺度径流模拟结果值与观测值的水文过程线对比如图 5-2 所示。流域内降水和径流之间存在明显的相关性。漓江流域地处亚热带季风气候，2005—2016 年流域的日均降水量达到了 210 mm，阳朔水文站的最大日径流量达到了 5 000 m³/s。流量变化特点是夏季流量丰富，冬季河流流量偏低。由水文过程线可以看出，在全时段的峰值部分，模拟结果有着明显的低估现象，即 SWAT 模型未能成功地模拟出每年雨季的径流峰值，对峰值的模拟能力有所不足。在模拟时段的其他部分，模拟值与观测值之间的差距很小，有着较高的拟合度，即 SWAT 模型基本能有效地还原出漓江流域的日尺度水文过程。

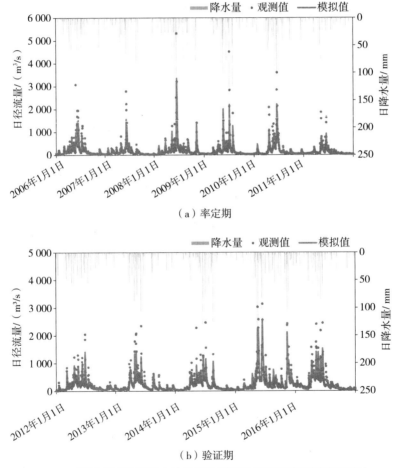

图 5-2　地面观测数据驱动的 SWAT 模型日尺度径流模拟结果对比

5.1.4　CMADS 数据模拟结果

　　以 CMADS 数据驱动的 SWAT 模型同样以日尺度运行，利用 SWAT-CUP 软件校准模型得到的最终评价指标结果见表 5-3。从评价指标来看，由 CMADS 数据驱动的 SWAT 模型的模拟结果要优于由地面观测数据驱动的 SWAT 模型。本次模拟中，率定期的 NSE 和 R^2 都达到了 0.78，模拟偏差也相对较低，仅为 3.7%；验证期的 NSE 和 R^2 分别为 0.76 和 0.78，模拟偏差和率定期基本相当，为 3.4%。可见，CMADS 数据驱动的 SWAT 模型对漓江流域的径流模拟也具有较高的可信度。

表 5-3　阳朔水文站径流模拟指标结果

时期	R^2	NSE	PBIAS/%
率定期	0.78	0.78	3.7
验证期	0.78	0.76	3.4

　　从水文过程线来看，由 CMADS 数据驱动的 SWAT 模型对漓江流域的峰值部分模拟效果仍然不够理想，同样普遍存在低估的现象（图 5-3）。但相较于地面观测数据驱动的 SWAT 模型，低估现象有所改善，模拟值与观测值之间的差距变小，尤其是在验证期的某些年份，模拟值与观测值基本一致或略大于观测值。对于非峰值部分，CMADS 数据驱动的 SWAT 模型能较为准确地还原出漓江流域日尺度的真实水文过程。

5.1.5　参数敏感性分析

　　水文模型在应用的过程中最棘手的问题便是模型参数的率定和验证。确定出最优的参数并对其进行敏感性和不确定性分析，影响着模型的模拟效率，更影响着未来的研究工作。SUFI-2 程序可以利用全局灵敏度分析法快速、高效地得出模型率定时参数的敏感性，参数的敏感性主要用 t-Stat 和 p-Value 表示，p-Value 越小，同时 t-Stat 的绝对值越大，参数的敏感性就越高。本研究对漓江流域的参数敏感性分析是基于 CMADS 数据驱动的 SWAT 模型的日尺度校准中最后一次迭代结果，表 5-4 为日尺度的参数最适值和敏感性排序。

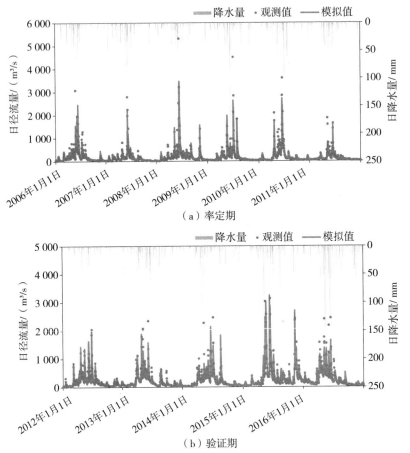

图 5-3　CMADS 数据驱动的 SWAT 模型日尺度径流模拟结果对比

表 5-4　日尺度模型的参数最适值和敏感性排序

参数名称	最适值	t-Stat	p-Value	排序
ALPHA_BF	0.926	14.725	0	1
OV_N	5.071	3.083	0.002	2
CH_K2	142.175	−2.497	0.013	3
SOL_Z	0.196	−2.295	0.022	4
GW_DELAY	0.953	1.875	0.062	5
ESCO	0.068	−1.785	0.075	6
CN2	43.224	−1.743	0.082	7

参数名称	最适值	t-Stat	p-Value	排序
RCHRG_DP	0.467	-1.671	0.095	8
REVAPMN	9.125	1.058	0.291	9
GWQMN	0.413	-0.289	0.772	10

从表 5-4 中可以看出，参数 ALPHA_BF 的 t-Stat 的绝对值最大，p-Value 的绝对值最小，敏感性排在第一位；参数 GWQMN 排在最后一位，敏感性最弱。在所选的 10 个参数中，最敏感的 5 个参数依次为 ALPHA_BF、OV_N、CH_K2、SOL_Z、GW_DELAY。ALPHA_BF 代表基流消退系数，反映基流的大小和快慢；而基流是指有地下水外渗入水系中的那部分。漓江流域是典型的岩溶区，地下水比较丰富，使得基流部分比较活跃，进而影响着径流的变化过程，因此该参数有较高的敏感性。OV_N 代表坡面流曼宁系数，反映着坡面粗糙程度对水流的影响。粗糙程度越大，水流的沿程能量损失越大，汇入河道的流量就越小。OV_N 的变化会对径流过程产生明显的影响，是一个非常敏感的参数。CH_K2 是指主河道河床的有效水力传导度。当 CH_K2 的值大于 127 mm/h 时，表明从河道到地下水的损失比较大。漓江流域有较高的 CH_K2 值（142.175 mm/h），这与该流域是特殊的岩溶地貌有密切关系。SOL_Z 表示土壤表层到底层的深度，主要与土壤水分相关，决定着土壤水分的分布和渗透，潜在地调节了土壤水分的流失，也是一个比较敏感的参数。GW_DELAY 代表地下水的滞后时间，表征水分进入浅层含水层时间与水分流出非饱和含水层的时间差，描述了地表水向地下水转化的过程。在岩溶区，岩石孔隙率较大，地表水向地下水转化十分活跃，这就意味着 GW_DELAY 对径流的响应过程比较敏感。

5.1.6　不确定性分析

本章针对 SWAT 模型不确定性的讨论也主要是讨论参数的不确定性对日尺度模型的影响。图 5-4 显示了不同参数之间的相关性，参数之间的相关性是表示它们冗余度的一个指标，相关性越高说明参数之间的冗余度越高，在调参过程中所带来的不确定性就越大。从图中可以看出，参数之间存在一定的相关性，两两参数之间的相关性均在 0.40 以下。参数之间的相互影响比较小，"异参同效"现象不是很明显。45 对参数（不包含自身）中，有 22 对参数呈正相关，23 对参数呈负相关。参数相关性绝对值在 0.01～0.40 范围内。相关性最大的 2 个参数为 OV_N 和 GW_DELAY，呈负相关，相关性为 -0.40。这也印证了参数 OV_N 比较敏感，由前文可知 OV_N 敏感性排第二。ALPHA_BF 和 RCHRG_DP 的相关性也比较强，为 -0.28。这与 ALPHA_BF 是第一敏感参数相符。GWQMN 和 REVAPMN 的相关性也很强，为 -0.3。相关性较强的参数或者是敏感性较大，如 ALPHA_BF、OV_N 参数，或者是参数与地下水联系紧密，如 GW_DELAY、GWQMN、REVAPMN 参数。这或许与该流域是特殊的岩溶地貌有关。其余参数之间的相关性较低，总体来看，本研究选取的各水文参数之间的相关性比较小，参数的不确定性也比较小。

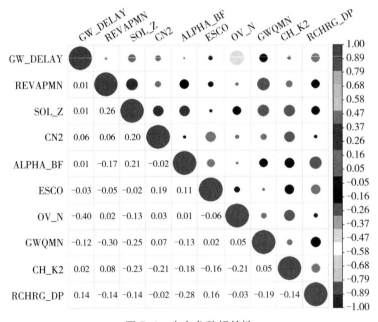

图 5-4　水文参数相关性

图 5-5 是模型水文参数与 NSE 之间的散点图。从图中可以观察到参数点的分布集中程度影响 NSE 的大小，进而具体分析每个参数的不确定大小。参数 ALPHA_BF 在其取值范围内与 NSE 大致呈底数大于 1 的对数函数关系，即随

着 ALPHA_BF 值的增大，NSE 也在增大。这说明参数 ALPHA_BF 的不确定性
很大，也印证了 ALPHA_BF 是最敏感的参数。参数 OV_N 和 CH_K2 与 NSE
也具有一定的增函数关系，OV_N 值和 CH_K2 值越大，NSE 越大，但斜率相
较于参数 ALPHA_BF 十分平缓，所以这 2 个参数的不确定性较小，敏感性也
排在 ALPHA_BF 之后。其他参数的散点分布十分均匀，对模型结果的不确定
性影响较小。

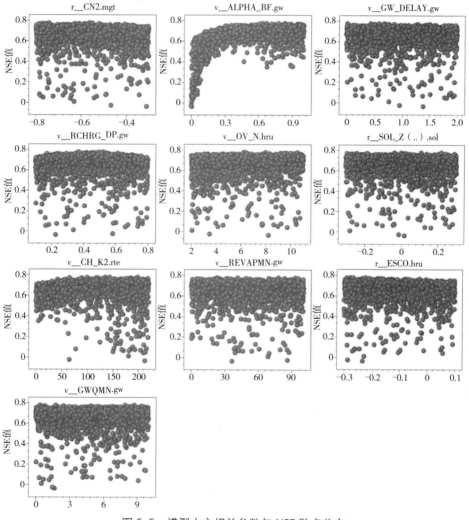

图 5-5　模型水文相关参数与 NSE 散点分布

从参数与 NSE 之间的相关性图中也可以看出，模拟中存在"异参同效"现象，不同的模型参数组合能取得几乎相同的 NSE。从所有的模拟结果中选取了 5 组能够体现"异参同效"现象的参数组合值进行讨论，见表 5-5。按照模型指标结果讨论中的保留两位小数，这 5 组参数组合值对应的 NSE 均为 0.70，但每组的各参数取值有着明显的差异。

表 5-5　漓江流域 SWAT 模型模拟结果"异参同效"参数组

组别	ALPHA_BF	GW_DELAY	RCHRG_DP	OV_N	SOL_Z	CH_K2	NSE
1	0.993	0.278	0.251	4.783	0.270	112.255	0.700
2	0.408	0.850	0.738	10.116	0.107	79.805	0.701
3	0.610	0.083	0.730	4.743	0.113	208.835	0.700
4	0.270	0.502	0.608	5.616	0.215	71.005	0.700
5	0.495	0.282	0.165	6.435	0.187	70.565	0.700

SUFI-2 算法中对于模拟结果的不确定性用 p-factor 和 r-factor 表示，在漓江流域的 CMADS 数据驱动的 SWAT 模型日尺度径流的模拟过程中，由参数不确定性及其他因素共同造成的模拟结果不确定性结果表现见表 5-6，95PPU 如图 5-6 所示。在率定期，p-factor 和 r-factor 分别为 0.91 和 0.81，说明在本次研究中，有 91% 的观测值落在宽度为 0.81 的 95PPU 区间内，在 95% 置信区间内捕捉到了大部分观测值。在验证期，p-factor 和 r-factor 分别为 0.96 和 0.77，与率定期的不确定性结果相差不大。综合而言，CMADS 数据驱动的 SWAT 模型对漓江流域的日尺度径流模拟不确定性较小。

表 5-6　桂林站径流模拟不确定性分析结果

时期	p-factor	r-factor
率定期	0.91	0.81
验证期	0.96	0.77

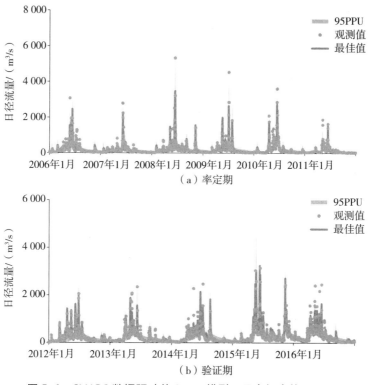

图 5-6　CMADS 数据驱动的 SWAT 模型日尺度径流的 95PPU

5.2　HSPF 模型水环境模拟

5.2.1　HSPF 模型构建

5.2.1.1　时间序列数据

（1）气象数据。与构建 SWAT 模型相同，构建 HSPF 模型时也选取中国地面气候资料日值数据集（V3.0）和 CMADS 数据作为模型的气象输入数据。但是构建 HSPF 模型所需的气象数据类型除了日降水量、日最高与最低温度、日太阳辐射、日相对湿度和日平均风速，还需要日蒸发数据，而 CMADS 数据集中缺少此类型数据，所以在构建 HSPF 模型时，日蒸发数据均采用中国地面气候资料日值数据集中的数据。本章所选取的气象站点分布及时间段与 5.1 节中一致，均为 2005—2016 年。

（2）水文数据。与构建 SWAT 模型相同，本章使用的径流数据为阳朔水文站 2006—2016 年的日尺度数据。

（3）水质数据。水质数据与构建 SWAT 模型相同，为 2006—2016 年的月尺度泥沙数据，以及 2008—2016 年的月尺度氨氮、溶解氧数据。

5.2.1.2　下垫面属性数据

下垫面属性主要是指 DEM、土地利用和土壤数据。该流域的 3 种数据情况在 2.3 节中均有相关介绍，此处不再赘述。

5.2.1.3　HSPF 模型构建

HSPF 模型在构建的过程中，首先会依据流域内的地形地貌等空间属性特征对流域空间进行离散，进而划分子流域，相对应的河道会被包含在子流域内部，经过空间离散的子流域之间的空间拓扑关系清晰，能够充分体现河网的空间结构。半分布式水文模型 HSPF 模型的最小模拟单元也是基于地形、土地利用和土壤等下垫面属性特性对流域划分的水文响应单元。模型基于地形、土地利用和土壤类型的特性将各个子流域划分为更小的单元，这些水文响应单元与相应的河段共同组成整个流域。这种划分水文响应单元的模拟方式，能够将流域内的空间异质性考虑在内。HSPF 模型首先是对每一个水文响应单元进行径流模拟，在每个子流域的出口处得出总径流量，汇入流域的河段内，最终通过河段之间的水力联系汇总出整个流域出口断面一段时间内的总径流量。

本章基于 ArcView 软件，利用 BASINS 软件构建漓江流域的 HSPF 模型。在运行 HSPF 模型之前，利用创建好的脚本将收集的气象和水文时序数据导入 WDMUtil 工具中，生成相应的 WDM 格式文件。此外，还需要准备流域的边界和水系矢量文件。考虑到构建 SWAT 模型时，已经对漓江流域进行了流域边界和水系的提取，故本节直接使用 SWAT 模型中的流域边界和水系矢量文件进行 HSPF 模型的构建。

将漓江流域的 DEM 数据、流域边界、水系以及流域总出水口文件加载到
BASINS 软件中，利用 BASINS GIS 流域自动划分工具（Automatic Delineation）
对漓江流域进行子流域划分。流域出水口的设置需要结合实际情况手动添加
出水口节点，本研究同样是选取平乐县与恭城河交会处为流域总出水口。将
划分后的子流域与 DEM、土地利用类型叠加处理，进一步划分水文响应单
元，并跳转到 WinHSPF 软件中，如图 5-7 所示，生成 HSPF 模型的工程文
件。在模型的构建中同样使用了地面观测和 CMADS 两种气象数据，因此本
研究也构建了两个由不同气象数据驱动的 HSPF 模型。

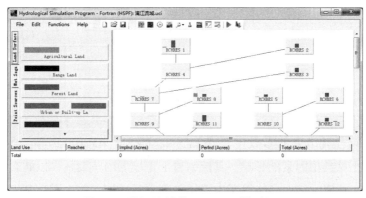

图 5-7　漓江流域的 WinHSPF 模型界面

HSPF 模型的运行时间尺度以及时段划分与 SWAT 模型中保持一致，模
型以日尺度运行，以 2006—2011 年为率定期，以 2012—2016 年为验证期。两
种数据驱动的 HSPF 模型都是利用阳朔水文站的日尺度径流数据进行模拟校准。

5.2.2　模型及参数设置

HSPF 模型的参数校准方法采用的是人工率定和 PEST 自动率定相结合，
既能根据人工经验缩小参数取值范围，又能采用数学方法快速、高效地得出
最优参数值。首先在人工给出合适的初始参数范围的前提下，运用 PEST 工
具自动率定参数，确定新的参数值，然后根据模拟结果对参数值进行人工调
整。如此反复，不断地重复调试和检验，直至模型达到最优的模拟效果。本
研究对漓江流域的参数率定按照年径流量、月径流量、日径流量的顺序进行，

根据需求共选择了 10 个相关参数进行率定，见表 5-7。

表 5-7　HSPF 模型水文参数

序号	参数名称	参数含义	初始参数范围
1	LZSN	额定下土壤层蓄积 /mm	2～15
2	UZSN	额定上土壤层蓄积 /mm	0.05～5
3	INFILT	土壤渗透率 /（mm/h）	0.001～0.5
4	KVARY	地下水消退速率 /（1/mm）	0～1
5	AGWRC	地下水消退系数 /（1/d）	0.85～1
6	INTFW	壤中流出流系数	1～10
7	IRC	壤中流消退系数 /（1/d）	0.3～0.85
8	BASETP	基流的蒸散发系数	0.01～0.2
9	DEEPFR	深层地下水入渗系数	0～0.5
10	SLSUR	坡面漫流平均坡度	0.01～0.5

影响年径流结果的参数主要是 LZSN、UZSN、DEEPFR 等。参数 LZSN 受降水、土壤类型因素的影响，其控制着下土壤层的蒸发量，以此影响全年的水量平衡，其值的增加会使得下土壤层的蓄水量增加，加大潜在蒸发量，进而使得地表径流减少。参数 UZSN 与流域地表特征、地形和 LZSN 等因素有关，其值的增加会使得上土壤层的蒸发能力增强，进而减少坡面流的产生。

月径流量的率定主要是通过调节浅层地下水和壤中流的分配进行，主要参数有 INFILT、AGWRC、BASETP、KVARY 等。参数 INFILT 控制着地表径流、壤中流和地下径流等各层水的分配比例，增加 INFILT 值会减小地表径流量，增加下渗量，造成下土壤层蒸发量的增加，进而减小年径流量。参数 AGWRC 与流域的气候、地形、土壤和土地利用等特征紧密联系，增加其值可减小夏季的产流量，增大冬季的产流量。参数 BASETP 与径流量成反比。参数 KVARY 主要是用来描述非线性地下水下降速率，一般取值为 0；当取非零值时表明地下水下降的季节性变化差异较大。

最后对日径流的径流水文过程进行模拟校正，主要参数有 UZSN、INTFW、IRC 等。参数 UZSN 主要代表流量曲线的线型，参数 INTFW 和 IRC 则影响着地表水中壤中流的时间和流量大小。参数 INTFW 控制地下水转变成壤中流量的大小，用来调整峰值流量，对基流及总水量无影响。参数 IRC 反映峰值水量消退的快慢，增大该值可使壤中流退水加快，影响基流部分。

5.2.3　径流模拟结果

在漓江流域使用了两种气象数据——地面观测数据和 CMADS 数据，分别构建了 HSPF 模型，两个模型除了气象数据不同，其余基础数据以及建模过程保持一致，所涉及的参数及初始范围也保持一致，分别进行两个模型的调参，得出各自的模拟结果。但两个模型的最终校准结果相近，为更直观地展示两个结果之间的差异，本研究将两个模型的模拟结果放在了一起。

模型评价指标选取了 R^2、NSE、RMSE 值和 MAE 值。RMSE 值会加大观测值与模拟值差距较大时的误差比重，受异常值的影响更大。MAE 值为模拟值与观测值之间误差绝对值的平均，能更好地反映模拟值误差的实际情况。经过人工率定和 PEST 自动率定的反复调整，最终由地面观测数据和 CMADS 数据驱动的 HSPF 模型在漓江流域的径流模拟结果见表 5-8。

表 5-8　HSPF 模型径流模拟结果

驱动数据	时期	NSE	R^2	RMSE 值 / (m³/s)	MAE 值 / (m³/s)
地面观测	率定期（2006—2011 年）	0.73	0.74	184.19	77.46
	验证期（2012—2016 年）	0.74	0.76	167.33	82.67
CMADS	率定期（2006—2011 年）	0.75	0.76	177.62	72.68
	验证期（2012—2016 年）	0.76	0.77	154.29	79.98

由表 5-8 可知，两种数据驱动的 HSPF 模型在漓江流域的模拟结果非常相近，验证期和率定期的 NSE 和 R^2 都达到了 0.73 以上，RMSE 值在 154.29～184.19 m³/s，MAE 值在 72.68～82.67 m³/s。其中，CMADS 数据驱动的 HSPF 模拟结果要略优于地面观测数据驱动的 HSPF 模拟结果。

在 CMADS 数据驱动 HSPF 模拟结果中，率定期的 NSE 和 R^2 分别为 0.75 和 0.76，RMSE 值和 MAE 值分别为 177.62 m³/s 和 72.68 m³/s；验证期的 NSE 和 R^2 分别为 0.76 和 0.77，RMSE 值和 MAE 值分别为 154.29 m³/s 和 79.98 m³/s。

验证期的拟合度相对于率定期略有增加，RMSE 值也有缩小，MAE 值有所增加，说明对高流量部分的模拟效果有所提高，但整体的误差有所增大。在整个时期，模拟值与观测值之间有不错的拟合度，考虑到漓江流域流量较大，均方根误差和平均绝对误差也都在可接受的范围内。

在地面观测数据驱动的 HSPF 模型的模拟结果中，率定期的 NSE 模型和 R^2 分别为 0.73 和 0.74，RMSE 值模型和 MAE 值模型分别为 184.19 m^3/s 和 77.46 m^3/s；验证期的 NSE 模型和 R^2 分别为 0.74 和 0.76，RMSE 值模型和 MAE 值模型分别为 167.33 m^3/s 和 82.67 m^3/s。整体的模拟结果要略差于 CMADS 数据驱动的 HSPF 模型模拟结果，但率定期和验证期之间的结果差异与其基本一致。

图 5-8 为两种数据驱动的 HSPF 模型的模拟结果流量过程线。可以看出，两种结果在流量过程线上的表现差异非常小，对于基流及退水部分两者的流量过程线几乎重叠，都与实际流量过程线比较接近，两者之间的拟合度比较高。同时对于峰值部分，两者都无法准确地模拟出实际的径流峰值，存在低估的情况。在率定期的大多数年份，地面观测数据驱动的 HSPF 模型的峰值结果更为接近观测值；而在验证期，两个模型对峰值部分的模拟差距很小，也都更接近观测值。因为 RMSE 值会加大观测值与模拟值差距较大时的误差比重，而两个模型在验证期对峰值部分的模拟要优于率定期，所以验证期 RMSE 值的值要略小于率定期。

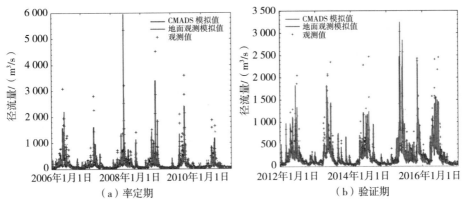

图 5-8　地面观测数据和 CMADS 数据驱动的 HSPF 模型模拟结果的流量过程线对比

图 5-9 为两种数据驱动的 HSPF 模型模拟结果在不同时期模拟值与观测值之间的散点图。该图主要用来观察模拟值与观测值之间的，相关性与 R^2 有关。4 组结果中的模拟值与观测值之间的相关性都比较高，R^2 在 0.74～0.77，CMADS 数据驱动的 HSPF 模拟结果要略高于对应时期地面观测数据驱动的 HSPF 模拟结果。在中低流量部分，图中散点基本平均分布在直线 $y=x$ 两侧；而在高流量部分，图中散点主要分布在直线 $y=x$ 下方，表明模拟值普遍低于观测值，模型对峰值部分的模拟能力存在不足。

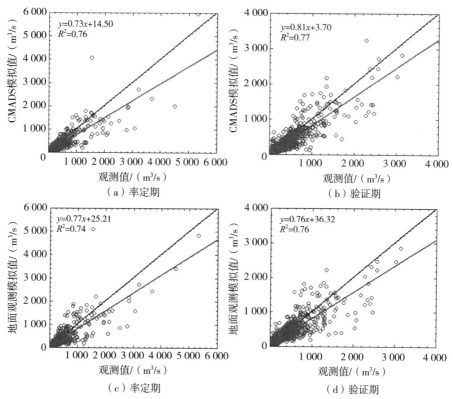

图 5-9　地面观测数据和 CMADS 数据驱动的 HSPF 模型模拟值与观测值之间的散点

综上所述，由地面观测数据和 CMADS 数据驱动的 HSPF 模型在漓江流域都能取得令人满意的结果，模拟值与观测值之间的拟合度较高，误差也在合理的范围内，也能基本还原真实的流量过程线，即 HSPF 模型在漓江流域的适用性较高，能够满足探究该流域水文过程等问题的需要。

5.3　漓江流域水质模拟

5.3.1　模型及参数设置

由前文中漓江流域的水环境模拟结果分析可知，CMADS 数据驱动的 SWAT 和 HSPF 模型在漓江流域的适用性都要高于地面观测数据驱动的模型，所以本研究使用 CMADS 数据驱动的 SWAT 模型及 HSPF 模型进行水质模拟。考虑收集的泥沙等水质数据的时间尺度为月尺度，SWAT 模型和 HSPF 模型将以月尺度运行。选取 2006—2011 年为率定期，选取 2012—2016 年为验证期。

SWAT 模型中对于水环境模拟和水质模拟所涉及的参数有所不同，本研究针对漓江流域的水质情况，选取了与泥沙、氨氮等相关的共 13 个参数，见表 5-9。表中的参数调整方法所指代含义与表 4-1 中一致。参数的调整在 SWAT-CUP 软件中进行，根据初始范围设置迭代次数，利用 SUFI-2 算法计算出最优模拟结果，并给出下一次的参数调整范围，用户可结合实际情况，设置新一轮迭代的参数范围，直至模型取得最令人满意的结果。

表 5-9　SWAT 模型水质参数

参数类型	参数名称	参数含义	调参方法	初始范围
常规管理变量（.mgt）	USLE_P	USLE 水土保持措施因子	r	0～1
流域全局变量（.bsn）	SPEXP	泥沙输移指数系数	r	1～1.5
	N_UPDIS	氮吸收分布参数	v	0～100
	NPERCO	氮渗透系数	v	0～3
水文响应单元变量（.hru）	HRU_SLP	平均坡度	r	0～1
	POT_NSED	洼地正常含沙量 /（mg/L）	r	0～100
	LAT_SED	侧向流和地下流中的含沙量 /（mg/L）	v	0～5 000

续表

参数类型	参数名称	参数含义	调参方法	初始范围
土壤变量（.sol）	USLE_K	土壤侵蚀因子	r	0～0.65
河道变量（.rte）	CH_COV1	河道覆盖系数	r	−0.05～0.6
	CH_ERODMO	河道冲刷系数	r	0～1
河道水质变量（.swq）	BC1	氨氮生物氧化速度 /（1/d）	r	0.1～1
	BC3	有机氮水解制氨的速率常数 /（1/d）	r	0.2～0.4
植被覆盖变量（crop.dat）	USLE_C	植物覆盖因子最小值	r	0.001～0.5

HSPF 模型中关于径流模拟所调整的参数主要涉及含水层蓄水量、蒸发及入渗等相关参数项。在水质模拟阶段，HSPF 模型所涉及的参数主要与泥沙、氨氮等水质要素的运移有关，本研究主要选取了 13 个相关的参数，见表 5-10。和径流模拟的参数调整过程类似，采用人工率定和 PEST 自动率定相结合的方式进行，在初始范围的基础上，反复调整参数至模型的结果达到最优。

表 5-10 HSPF 模型水质参数

序号	参数名称	参数含义	初始范围
1	KRER	泥沙分离方程系数	0.1～0.5
2	KSER	泥沙冲刷方程系数	0.1～1
3	JSER	泥沙冲刷方程指数	0.1～5
4	KEIM	固定颗粒冲刷方程系数	1～10
5	ACCSDP	固定颗粒堆积速度 /［t/（hm²·d）］	0～1
6	KGER	泥沙冲蚀方程系数	0.001～0.5
7	KSAND	砂粒运动幂函数系数	0～0.1
8	EXPSND	砂粒运动幂函数指数	0～5
9	KNO3 20	20℃以下硝酸盐反硝化率 /（1/h）	0～0.1
10	KTAM 20	20℃时氨的硝化速率 /（1/h）	0～0.1
11	KBOD 20	20℃时生化需氧量的衰减速率 /（1/h）	0～0.1
12	KODSET	生化需氧量的沉降速率 /（m/h）	0.01～0.1
13	CFSEAX	太阳辐射修正系数	0～5

5.3.2　水质模拟结果分析

针对漓江流域的水质模拟，分别在 CMADS 数据驱动的 SWAT 模型和 HSPF 模型中进行，利用相对应的观测数据对模型完成校准。虽然模型的校准过程不一样，但从模型得出的模拟结果具有高度可比性，本研究将两个模型的水质模拟结果放在一起进行讨论分析，分别从泥沙、NH_3-N、DO 3 个方面展开。选取 NSE、R^2、RMSE 值和 MAE 值作为评价模拟结果的主要指标。

SWAT 模型中对 NH_3-N 和 DO 的模拟输出单位为吨（t），而 HSPF 模型的输出单位为 mg/L，为了方便两个模型之间进行结果对比，本书将 NH_3-N 和 DO 观测值的单位从 mg/L 转换成了 t，其转换公式如下。

$$L=\rho QT \qquad\qquad (5-1)$$

式中：L——某月对应断面上 NH_3-N、DO 的输出总量，t；

ρ——NH_3-N 和 DO 的月平均浓度，即观测值，mg/L；

Q——对应断面的月平均径流量，m^3/s；

T——时间，s。

5.3.2.1　泥沙模拟结果

因为流域的水质要素时空变化与径流之间有着很好的相关性，泥沙的模拟都是在水文模型率定完成的基础上进行的。泥沙是地表冲刷中的一种常见污染物质，在输运过程中可能传输、携带营养物质和有毒物质。在 WinHSPF 工具中，SEDMNT 模块能够模拟在透水面上的泥沙的产生与运移。水体中泥沙冲刷的模拟过程主要可以分为泥沙与土壤基质之间的吸附与分离过程和泥沙在透水面上的运移过程。

基于径流的模拟结果，分别用 SWAT 模型和 HSPF 模型对漓江流域的泥沙进行模拟，率定期和验证期的结果见表 5-11。两个模型在漓江流域都取得了令人满意的结果，SWAT 模型在率定期的 NSE 和 R^2 分别达到了 0.74 和 0.75，HSPF 模型都达到了 0.70，模拟值与观测值之间有着较好的拟合度。在误差方面，SWAT 模型在率定期的 RMSE 值和 MAE 值分别为 5.89 mg/L 和

3.74 mg/L，相对应的 HSPF 模型的 RMSE 值和 MAE 值分别为 10.10 mg/L 和 5.32 mg/L，误差均在可接受的范围内。

表 5-11　泥沙模拟结果评价指标汇总

时期	模型	NSE	R^2	RMSE 值 /（mg/L）	MAE 值 /（mg/L）
率定期 （2006—2011 年）	SWAT	0.74	0.75	5.89	3.74
	HSPF	0.70	0.70	10.10	5.32
验证期 （2012—2016 年）	SWAT	0.62	0.70	12.87	8.86
	HSPF	0.61	0.70	13.04	8.25

对比两个模型，SWAT 模型模拟结果的拟合度要大于 HSPF 模型模拟结果，同时与观测值之间的误差值也要略小，尤其是 SWAT 模型模拟结果的 RMSE 值要远小于 HSPF 模型模拟结果，说明 SWAT 模型对于泥沙数值较大的时期模拟效果更好。

图 5-10 和图 5-11 分别为两种模型泥沙模拟结果的时序变化对比图及与观测值之间的散点图。在时序变化方面，两个模型基本都能还原出真实的泥沙变化过程。其中，SWAT 模型的模拟结果值与观测值更为一致，尤其是率定期的高泥沙值部分；HSPF 模型对高泥沙值部分的模拟在率定期表现出明显的高估，而在低泥沙值部分的模拟又表现出明显的低估。

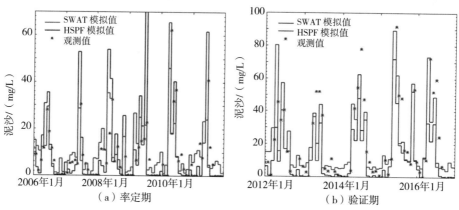

图 5-10　SWAT 模型和 HSPF 模型的泥沙模拟结果对比

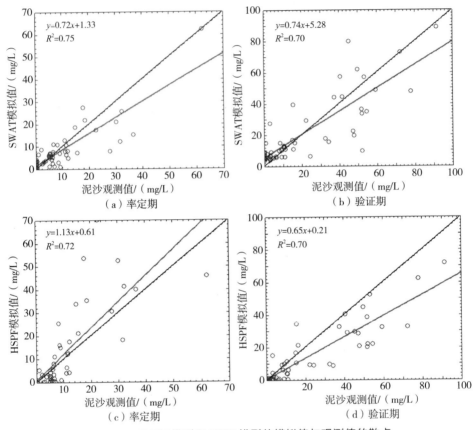

图 5-11　SWAT 模型和 HSPF 模型的模拟值与观测值的散点

　　观测值与模拟值之间的散点图能够展示出值的分布以及两者之间的相关性，相关性与 R^2 有关。由图 5-11 可知，SWAT 模型在率定期和验证期的散点主要分布在直线 $y=x$ 以下，整体表现出低估；HSPF 模型在率定期高泥沙值部分的散点主要分布在直线 $y=x$ 以上，低泥沙值部分的散点与之相反，与图 5-10 中所表现出的现象一致，在验证期的散点主要分布在直线 $y=x$ 以下，整体表现出低估。

　　综合模型评价指标结果、时序变化对比图及散点图来看，CMADS 数据驱动的 SWAT 模型和 HSPF 模型对于漓江流域的泥沙模拟虽然存在一定的误差，但都取得了较好的拟合度，能够满足实际工作的需要，其中 SWAT 模型的适用性要优于 HSPF 模型。

5.3.2.2　氨氮模拟结果

氨氮是水体中的营养素，能够导致水体产生富营养化现象，是水体中的主要耗氧污染物，对鱼类及某些水生生物有严重的危害性。本研究利用 SWAT 模型和 HSPF 模型对 NH_3-N 进行模拟，表 5-12 为两个模型的模拟结果评价指标汇总。虽然两个模型的模拟效果都不如泥沙模拟，但 NSE 和 R^2 都达到了 0.60 以上，能够满足模型模拟的要求。在误差方面，两个模型的 RMSE 值都在 47.49～72.09 t，MAE 值在 32.73～48.40 t，误差相对较小。

表 5-12　NH_3-N 模拟结果评价指标汇总

时期	模型	NSE	R^2	RMSE 值 /t	MAE 值 /t
率定期 （2008—2011 年）	SWAT	0.63	0.71	47.49	32.73
	HSPF	0.61	0.66	56.92	37.26
验证期 （2012—2016 年）	SWAT	0.60	0.70	69.86	47.19
	HSPF	0.60	0.68	72.09	48.40

对于 NH_3-N 的模拟，SWAT 模型仍然表现出了优于 HSPF 模型的能力，模拟结果不仅与观测值之间有更好的拟合度，整体的模拟误差也相对较小。

图 5-12 和图 5-13 分别为两种模型 NH_3-N 模拟结果的时序变化对比图以及与观测值之间的散点图。从图 5-12 中可以看出，NH_3-N 与径流的变化呈现高度相关性，SWAT 模型和 HSPF 模型基本都能模拟出 NH_3-N 的月际变化，SWAT 模型对高值部分的模拟更为准确，HSPF 模型模拟的结果与低值部分的观测值有更高的拟合度。从图 5-13 中可以看出，两个模型在率定期和验证期的散点都分布在直线 $y=x$ 以下，说明两个模型模拟的结果在整个时期都表现出低估的情况。SWAT 模型模拟结果的低估现象主要出现在低值部分，HSPF 模型模拟结果的低估现象主要出现在高值部分，该情况与图 5-12 表现出的结果一致。

综合模型评价指标以及模拟值与观测值的对比图来看，CMADS 数据驱动的 SWAT 模型和 HSPF 模型对漓江流域的 NH_3-N 有着一定的模拟能力，SWAT 模型在拟合度和模拟误差方面都略优于 HSPF 模型，有着更高的适用性。此外，模拟结果 NH_3-N 的平均浓度为 0.16 mg/L，《地表水环境质量标准》（GB 3838—2002）Ⅱ类水质要求 NH_3-N 浓度≤0.5 mg/L，符合国家Ⅱ类水质标准。

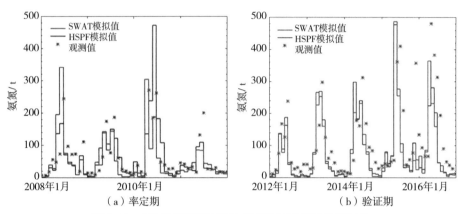

图 5-12　SWAT 模型和 HSPF 模型的氨氮模拟结果对比

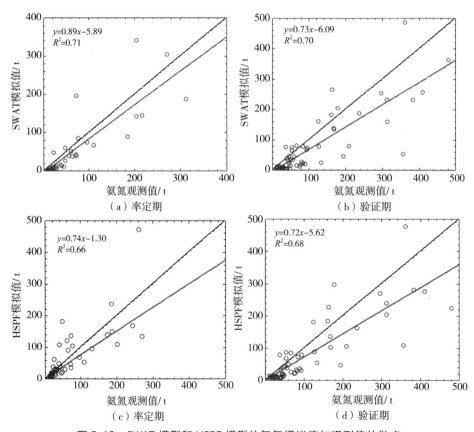

图 5-13　SWAT 模型和 HSPF 模型的氨氮模拟值与观测值的散点

5.3.2.3　溶解氧模拟结果

空气中的分子态氧溶解在水中称为溶解氧（DO），水中 DO 含量的多少是衡量水体自净能力的一个指标。本研究利用 CMADS 数据驱动的 SWAT 模型和 HSPF 模型对漓江流域的 DO 进行了模拟，表 5-13 为两个模型的模拟结果评价指标汇总。SWAT 模型和 HSPF 模型在率定期和验证期都取得了较高的 NSE 和 R^2，说明模拟值与观测值之间的拟合度非常高。在误差方面，考虑在率定期和验证期的 DO 平均值分别为 4 193 t 和 5 502 t，RMSE 和 MAE 的值虽然都达到了 1 000 t 以上，但也在可接受的范围内。与前几节的模拟结果一致，SWAT 模型得出的模拟结果指标要明显优于 HSPF 模型，有着更高的拟合度和更低的模拟误差。

表 5-13　DO 模拟结果评价指标汇总

时期	模型	NSE	R^2	RMSE 值 /t	MAE 值 /t
率定期 （2008—2011 年）	SWAT	0.85	0.90	1 721.60	1 210.50
	HSPF	0.73	0.81	1 736.00	1 382.00
验证期 （2012—2016 年）	SWAT	0.88	0.91	1 494.64	1 066.30
	HSPF	0.80	0.83	1 556.20	1 150.82

图 5-14 和图 5-15 分别为两种模型 DO 模拟结果的时序变化对比图及与观测值之间的散点图。从图 5-14 中可以看出，DO 与径流的时序过程基本一致，DO 的月际变化主要与径流有关。在率定期，SWAT 模型对高值部分的模拟不如 HSPF 模型，在更多的情况下，HSPF 模型与观测值之间的差距更小，但 SWAT 模型模拟结果的整体拟合度要高于 HSPF 模型。在验证期，SWAT 模型更能还原出真实的 DO 变化过程，对高值部分的模拟也更为准确。

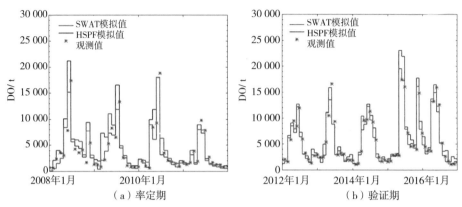

图 5-14 SWAT 模型和 HSPF 模型的 DO 模拟结果对比

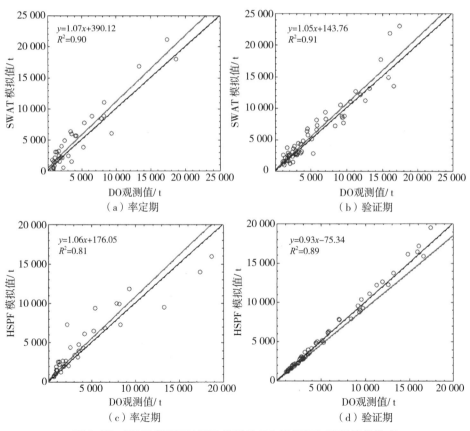

图 5-15 SWAT 模型和 HSPF 模型的 DO 模拟值与观测值的散点

SWAT 模型在率定期和验证期的 R^2 分别达到了 0.90 和 0.91，HSPF 模型也分别达到了 0.81 和 0.83，在图 5-15 中表现为散点图的拟合曲线非常接近直线 y=x，散点较均匀地分布在直线 y=x 两侧。除 HSPF 模型在验证期整体表现出低估外，SWAT 模型在整个时期及 HSPF 模型在率定期都表现出了高估情况。

综上所述，CMADS 数据驱动的 SWAT 模型和 HSPF 模型对漓江流域的 DO 都有很好的模拟能力，能够较为准确地捕捉到 DO 值的变化。SWAT 模型的模拟结果在评价指标以及与观测值的对比方面都取得了更优的模拟效果，在漓江流域有着更高的适用性。此外，模拟结果 DO 的平均浓度为 8.56 mg/L，《地表水环境质量标准》（GB 3838—2002）Ⅱ类水质要求 DO 浓度≥6 mg/L，符合国家Ⅱ类水质标准。

5.3.3　参数敏感性分析

根据前文 SWAT 模型和 HSPF 模型对漓江流域的水质模拟对比情况可知，SWAT 模型的模拟效果要优于 HSPF 模型，有着更高的准确性，因此对参数敏感性分析以及下文的模型不确定性分析都是基于 SWAT 模型进行讨论的。

表 5-14 是模型水质参数敏感性排序表。根据 t-Stat 和 p-Value 的绝对值大小可知，在所选的参数比较敏感的前 6 个参数依次为 BC1、SPEXP、USLE_K、N_UPDIS、BC3、USLE_C。其中，SPEXP、USLE_K、USLE_C 主要与泥沙有关，BC1、N_UPDIS、BC3 主要与 NH_3-N 和 DO 等营养物质有关。SPEXP 代表挟沙能力幂指数，与泥沙的输移能力密切相关，是很敏感的泥沙参数。USLE_K 表示土壤侵蚀因子，USLE_C 表示植物覆盖因子最小值，这 2 个参数是通用土壤流失方程的系数，直接影响泥沙的冲蚀搬迁过程。BC1 是指氨氮生物氧化速度，也就是水中微生物对氨氮的氧化分解速率。N_UPDIS 表示氮吸收分布参数，主要是指植物吸收氮的能力。BC3 指有机氮通过水解作用转化为氨的能力，此参数影响着氨氮和 DO。这 3 个参数都是重要的水质参数，敏感性也都比较高。

表 5-14 模型水质参数敏感性排序

参数名称	最优值	t-Stat	p-Value	排序
BC1	−0.066	3.109	0.002	1
SPEXP	−0.433	−1.386	0.166	2
USLE_K	0.284	−1.101	0.271	3
N_UPDIS	7.073	0.949	0.343	4
BC3	−0.211	0.918	0.359	5
USLE_C	0.535	0.869	0.385	6
CH_COV1	−0.264	0.858	0.391	7
HRU_SLP	0.093	−0.704	0.481	8
POT_NSED	−0.100	−0.536	0.592	9
LAT_SED	11.469	−0.278	0.781	10
NPERCO	2.216	0.155	0.877	11
CH_ERODMO	−0.056	−0.084	0.933	12
USLE_P	0.108	−0.044	0.965	13

5.3.4 模型不确定性分析

图 5-16 是模型水质参数之间的相关性图。本研究所选取的参数主要为影响泥沙、NH_3-N 和 DO,一共 13 个,可以分为 78 组(不包含自身),有 41 组参数呈正相关,33 组参数呈负相关,4 组参数不相关。参数的相关性绝对值在 0~0.27。其中,相关性最大的两组参数为 USLE_P 和 CH_COV1、N_UPDIS 和 CH_COV1,相关性均为 0.27。USLE_P 和 CH_COV1 主要与泥沙有关,N_UPDIS 主要与 NH_3-N 有关。BC1 和 CH_ERODMO 以及 USLE_K 和 CH_ERODMO 的相关性也较高,为 0.21。其他参数之间的相关性较小,均在 0.21 以下。总体而言,水质参数之间相关性比较低,对模型不确定性的影响较小,模型调参过程中的冗余度较低。

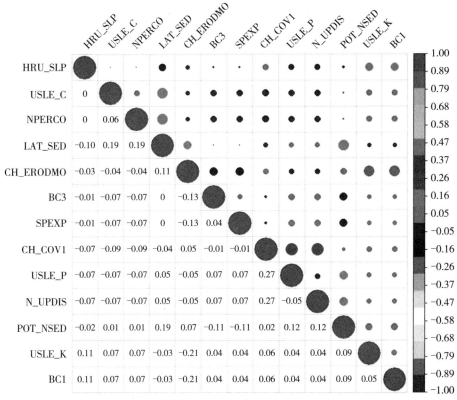

图 5-16　水质参数相关性

表 5-15 是水质模拟不确定性 p-factor 和 r-factor 指标值的结果。从表中可以看出对于泥沙和 NH_3-N 的模拟，仅有 57% 和 50% 的观测值落在了 95PPU 置信区间内；对于 DO 的模拟，有 83% 的观测值落在了 95PPU 置信区间内。泥沙结果的 r-factor 值较大，也就是不确定性范围较大，而 NH_3-N 和 DO 的 r-factor 值分别为 0.58 和 0.61，不确定性范围相对较小。综合 3 个模拟结果来看，泥沙模拟结果的不确定性较大，DO 的不确定性最小，更有可能被准确地模拟到。

表 5-15　水质模拟结果的不确定性指标

参数	泥沙	NH_3-N	DO
p-factor	0.57	0.50	0.83
r-factor	0.92	0.58	0.61

5.4　本章小结

　　本研究在漓江流域分别构建了分布式水文模型（SWAT 模型）和半分布式水文模型（HSPF 模型）。两个模型都选取了地面观测和 CMADS 两种气象数据分别输入，选择阳朔水文站的日尺度径流数据进行模型的校准。经过对模型的调参和校准，两种模型在漓江流域都取得了非常不错的结果，NSE 都达到了 0.73 以上，模拟偏差也在非常小的范围内，其中 CMADS 数据驱动的模拟结果要略优于地面观测数据。对 CMADS 数据驱动的 SWAT 模型进行了参数敏感性和模型不确定性分析，在所有参数中 ALPHA_BF、OV_N 和 CH_K2 参数的敏感性最高，模拟结果的不确定性较小。

　　流域的水质要素时空变化与径流之间有着很好的相关性，因此，基于对漓江流域径流模拟的结果，对 CMADS 数据驱动的 SWAT 模型和 HSPF 模型进行了参数等相关调整，模拟了漓江流域包括泥沙、NH_3-N 和 DO 在内的水质情况。在泥沙方面 SWAT 模型和 HSPF 模型结果的 NSE 都达到了 0.61 以上，在 NH_3-H 模拟方面能达到 0.60 以上，在 DO 模拟方面能达到 0.73 以上，流域内水质整体符合国家 II 类水质标准。综合几类水质要素的模拟结果来看，在漓江流域 SWAT 模型的模拟效果要优于 HSPF 模型，进而对 SWAT 模型进行了参数敏感性、不确定性结果分析。在所选的参数中比较敏感的前 3 个参数依次为 BC1、SPEXP、USLE_K；泥沙模拟结果的不确定性较大，DO 模拟结果的不确定性最小。

第 6 章

密云水库流域水环境模拟分析

密云水库流域中潮河流域与白河流域都属于相对闭合的流域，两者之间相对独立，因此，本章针对密云水库流域的水文水质模拟分别在潮河流域和白河流域进行。

6.1　潮河流域 SWAT 模型水环境模拟

6.1.1　SWAT 模型构建

6.1.1.1　时间序列数据

（1）气象数据。在潮河流域，中国地面气候资料日值数据集（V3.0）只有 1 个气象站点，其中降水数据无法满足模型的精度需求，故本研究在国家地球系统科学数据中心收集到包括小坝子、大阁、古北口和下会在内的 4 个雨量站的数据作为补充。其数据时间段均取 1978—1991 年。

（2）水文数据。本研究使用的水文数据来自海河流域水文年鉴，共收集了大阁、古北口和下会 3 个水文站 1978—1991 年的日流量数据。其中，大阁水文站位于潮河流域中上游，古北口水文站和下会水文站均位于流域下游，相对位置较近。

6.1.1.2　下垫面属性数据

下垫面属性主要是指 DEM、土地利用和土壤数据。该流域的 3 种数据情况在 2.3 节中均有相关介绍，此处不赘述。

6.1.1.3　SWAT 模型构建

本研究使用的是 ArcSWAT 2012 版，基于 ArcGIS 10.2 平台运行、构建潮河流域的 SWAT 模型。该插件能够完成 SWAT 模型的完整建模，以及手动调参，或者将工程文件导入其他软件中进行调参。

将 DEM 数据导入 ArcSWAT 2012 模型构建界面并进行填注之后，需要根据实际需求调整集水阈值完成河道河网的勾绘。集水阈值是决定河网划分的一个重要参数，其大小直接决定着河网的密度和分布特征。设置的集水阈值越大，根据 DEM 数据提取的河网越稀疏，反之提取的河网越密集。合理的集水面积阈值是提取数字流域的关键，对水文模型的模拟结果也有所影响。根据研究区实际情况及研究需求，本研究将集水面积阈值设置为 10 000 hm²。添加水文站点所在位置为子流域出水口，因为本研究中下会水文站至密云水库段之间没有实测数据，故选取下会水文站所在位置出水口为流域总出水口，最终将潮河流域划分为 33 个子流域，子流域划分情况如图 6-1 所示。

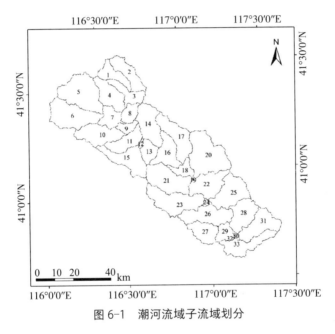

图 6-1　潮河流域子流域划分

完成子流域的划分之后，模型需要进行水文响应单元的定义。HRU 是 SWAT 模型中的最小单元，SWAT 模型通过界定不同的土壤类型、土地利用类型和坡度来定义 HRU，每个 HRU 具有唯一的土壤类型、土地利用类型和坡度，因此能够很好地反映流域内部不同下垫面的空间组合方式。SWAT 模型运行时，会计算每一个 HRU 的水文响应过程，在每一个子流域出口处将内部所有的 HRU 产出的水文要素进行叠加处理，最终得到子流域的径流产出。SWAT 模型划分的水文响应单元数量直接决定着模拟过程的速率。

在划分 HRU 时需要设定土地类型、土壤类型和坡度面积占比的阈值，当流域内某一种土地类型、土壤类型或坡度的面积占比低于设定阈值时将被归于其他类型。根据流域的实际情况和相关文献,本研究取土地利用类型、土壤类型、坡度等级的面积阈值均为 5%。最终,潮河流域被划分成 1 097 个 HRU。

SWAT 模型的构建还需要输入气象数据,气象时序数据的精度与空间分布对模拟的结果有着很大的影响。本研究将收集到的 3 个雨量站的降水数据和 1 个气象站的最高最低气温、太阳辐射、相对湿度和风速加载到模型中,自动生成相应的气象输入文件,完成 SWAT 模型的基础构建。

6.1.2　模型及参数设置

本研究收集到的实测径流数据有限,大阁水文站和古北口水文站的时间段只有 1979—1986 年,故选择下会水文站附近的流域出水口进行 SWAT 模型的径流模拟及分析,大阁水文站和古北口水文站的径流数据用来验证。根据下会水文站的径流时间段以及气象数据时间段,将 1978—1980 年设为模型的预热期,将 1981—1986 年设为模型率定期,将 1987—1991 年设为模型验证期,选择月尺度运行,最终完成潮河流域在月尺度的 SWAT 模型构建。

模型参数的率定是通过调整、估算或优化参数,使得模型输出的模拟值与实际观测值的误差达到最小,这一步是水文模型模拟水文过程中不可缺少的重要环节。但由于 Arc SWAT 2012 插件中的模型参数只能进行手动调整,并且每次只能赋予参数单个固定值,调参效率较低。本研究的 SWAT 模型调参过程是在 SWAT-CUP 中完成的,采用的是 SUFI-2 算法来校准模型,能够实现半自动参数调整,以及完成模型的参数敏感性和不确定性分析。该算法的原理以及评价指标在 3.2 节有相关介绍。

本研究根据各参数的物理意义及经验,共选取了 SWAT 模型中跟径流有关的 18 个参数。具体参数详见表 6-1。其中,CN2 是 SCS 径流曲线系数,是流域降水—径流过程中研究流域内土壤类型、土地利用等空间下垫面前期含水量的综合反映。ALPHA_BF 指基流系数(α),反映地下径流对降水补给的响应程度,ALPHA_BF 的取值越大,地下径流对降雨的响应越大,反之越小。ESCO 是土壤蒸发补偿系数,土壤深度不同,蒸发水分的能力也不同。ESCO 取值越大,蒸发的水分越少,径流量越大,反之越小。SOL_K 是土壤饱和水力传导系数,表示不同土壤类别的导水能力。随着 SOL_K 值的增大,土壤的下渗能力增大，地表水下渗到土壤再下渗到地下水的能力也加大。SOL_AWC 表示土壤有效容水量，SOL_AWC 值越大，土壤的持水能力越强，反之越弱。

表 6-1　潮河流域选用的 SWAT 校准参数

参数名称	文件类型	定义	初始范围
CN2	mgt	SCS 径流曲线系数	−2～2
ALPHA_BF	gw	基流系数（α）	0～1
ESCO	hru	土壤蒸发补偿系数	0～1
SOL_K	sol	土壤饱和水力传导系数	0～2 000
SOL_AWC	sol	土壤有效容水量 /（mmH$_2$O/mm Soil）	0～1
GWQMN	gw	浅层含水层产生基流的阈值深度 /mm	0～5 000
EPCO	hru	植物蒸腾补偿系数	0～1
REVAPMN	gw	浅层地下水再蒸发系数	0～500
RCHRG_DP	gw	深蓄水层渗透系数	0～1
SFTMP	bsn	降雪温度 /℃	−20～20
SMTMP	bsn	融雪基温 /℃	−20～20
GW_REVAP	gw	地下水再蒸发系数	0.02～0.20
SURLAG	bsn	地表径流滞后系数	0.05～24
GW_DELAY	gw	地下水滞后系数 /d	0～500
SOL_Z	sol	土壤深度 /mm	0～3 500
CH_N2	rte	主河道曼宁系数	0.01～0.30
ALPHA_BNK	rte	河道基流系数（α）	0～1
CANMX	hru	最大冠层截留量 /mm	1～100

　　参数调整方式为手动调整与自动调整相结合。研究者根据指导文件以及相关经验为选取的各个参数设定迭代范围，选择迭代运行的次数，然后 SWAT-CUP 软件通过拉丁超立方采样方法，在设定的参数范围内进行分层采样选取参数值，并将所有参数进行组合，代入模型中进行径流模拟，最终给出最优的运行结果，包括径流结果、参数敏感性和模型不确定性等。设定参数迭代范围时，可先对重要参数进行合理分段处理，再依次对各个分段进行尝试，可以很好地提高调参的效率，获得更精确的范围。

6.1.3　径流模拟结果

通过多次参数范围调整和迭代，最终取得的模拟结果评价指标值见表 6-2。模型率定所用的数据为下会水文站 1981—1986 年的径流数据，模型验证不仅使用了下会水文站 1987—1991 年的径流数据，还使用了大阁水文站和古北口水文站 1979—1986 年的径流数据作为辅助验证。该验证方式也可以检验在流域出水口的模型校准参数在流域内部子流域的适用情况。

表 6-2　径流模拟结果指标值

时期	站点	R^2	NSE	PBIAS/%
率定期	下会水文站（1981—1986 年）	0.88	0.87	16.23
验证期	下会水文站（1987—1991 年）	0.84	0.83	-9.42
	大阁水文站（1979—1986 年）	0.68	0.53	-23.12
	古北口水文站（1979—1986 年）	0.63	0.55	11.38

　　该节的模型校准是以下会水文站的评价指标为目标函数进行的，该站点在率定期的 R^2 和 NSE 最高分别达到了 0.88 和 0.87，取得了非常好的结果。PBIAS 值为 16.23%，处于 ±25% 的可接受范围内。在验证期，下会水文站的评价指标仍在较高水平，相较于率定期模拟偏差有所减小。由于大阁水文站和古北口水文站都位于潮河流域的内部，其中大阁水文站位于潮河流域的中上游，古北口水文站位于潮河流域靠近出水口的位置。这两个水文站的模型验证指标结果相较于下会水文站有明显的减小，R^2 都在 0.7 以下，NSE 分别为 0.53 和 0.55，大阁水文站的 PBIAS 值也达到了 -23.12%，模拟结果有着较大的偏差。可见，当潮河流域的 SWAT 模型仅在流域出水口进行模型校准时，虽然在内部子流域的站点也能取得令人满意的结果，但模拟值与观测值的拟合度和准确度都有所降低。

　　模型的评价指标数是对整个时间段的评价，将每年的模拟值与观测值单独进行对比，并与流量过程线相结合，可以更清晰地分析 SWAT 模型在潮河流域针对不同特征年份的模拟情况。潮河流域每年的径流量主要集中在 6—10 月的雨季，12 月至次年的 3 月为旱季，径流量相对较小。表 6-3 和图 6-2 分别为率定期下会水文站的年尺度径流模拟结果及月尺度流量过程线。从年径流量来看，1982 年和 1986 年的年径流量最高，1985 年次之，均为丰水年；1984 年的年径流量在率定期的年份中最低，为枯水年。通过年径流量模拟值与观测值对比可以看出，不管在丰水年还是枯水年，模型在大部分年份都出现了高估，只有 1981—1982 年出现了略微的低估。其中，1983—1984 年拟合结果最差，相对误差达到 64.67% 和 51.47%，是整个率定期模拟偏差较大（PBIAS=16.23%）的主要来源，产生该现象的原因可能是下会水文站 1983 年降水数据的缺失。流量过程线方面，在率定期内的大部分月份模型都能较为准确地捕捉下会水文站的流量过程，除了缺失降水数据的 1983 年。峰值部分只有在 1982 年有着明显的低估，其他年份的雨季误差较小。整体来看，SWAT 模型在率定期的 R^2 为 0.88，NSE 为 0.87，取得了很好的模拟效果。

表 6-3 模型率定期下会水文站径流模拟结果评价

参数	1981 年	1982 年	1983 年	1984 年	1985 年	1986 年
观测值 /10^8 m^3	1.33	2.98	1.50	0.68	2.01	2.76
模拟值 /10^8 m^3	1.27	2.87	2.47	1.03	2.23	3.22
相对误差 /%	−4.51	−3.69	64.67	51.47	10.95	16.67
R^2	0.88					

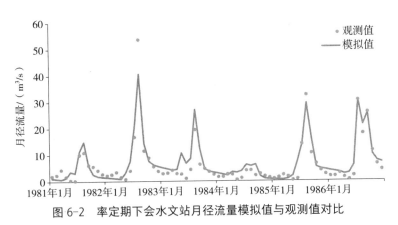

图 6-2 率定期下会水文站月径流量模拟值与观测值对比

表 6-4 和图 6-3 分别为验证期下会水文站的年尺度径流模拟结果及月尺度流量过程线。在验证期内，1991 年的年径流量明显高于其余年份，1990 年

次之，均为丰水年；1989 年的年径流量最低，1987—1991 年属于枯水年；其余年份为平水年。通过模拟值与观测值对比发现，1987 年、1988 年和 1990 年的相对误差较小，尤其是 1987 年，仅为 0.44%，3 个年份模拟结果的流量过程线与观测值也更为拟合，而 1989 年和 1991 年的相对误差非常大。其中，1989 年 7—10 月出现了高估，年相对误差达到了 42.24%，可能由于该年份是枯水年，8 月的降水明显小于其他年份的同期，但 7 月和 9 月的降水又和其他年份同期相持平，导致模型未能准确地捕捉到径流的变化。1991 年的模拟误差主要是由于在 6 月对峰值的低估引起的，达到了 -30.91%。经查资料可知，1991 年北京地区遭受了 "91·6" 雨洪灾害事件，造成流域内径流突然增加，而 SWAT 模型虽然捕捉到了洪水的发生，但其模拟值与观测的洪水峰值之间仍有不小的误差。在验证期内，SWAT 模型在下会水文站的 R^2 也达到了 0.84，NSE 达到了 0.83，结合率定期的结果，可以认为 SWAT 模型能够很好地还原潮河流域下会水文站的径流过程。

表 6-4　模型验证期下会水文站径流模拟结果评价

参数	1987 年	1988 年	1989 年	1990 年	1991 年
观测值 /10^8 m³	2.26	1.91	1.16	3.15	4.27
模拟值 /10^8 m³	2.27	1.65	1.65	3.04	2.95
相对误差 /%	0.44	-13.61	42.24	-3.49	-30.91
R^2	0.84				

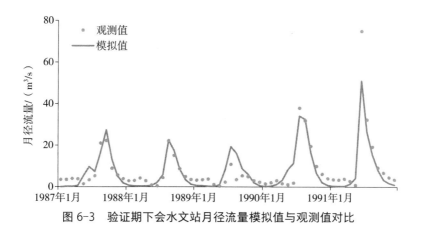

图 6-3　验证期下会水文站月径流量模拟值与观测值对比

　　除了单独在下会水文站进行完整的模型验证之外，本研究对大阁水文站和古北口水文站 1979—1986 年的径流模拟值与观测值的流量过程线进行了对比（图 6-4、图 6-5）。由于 SWAT 模型只在下会水文站进行了率定，目标函数只与下会水文站的径流数据有关，这就导致了模型在大阁水文站和古北口水文站的评价指标结果值均低于下会水文站的结果。但由于两个站点与下会水文站的相对位置有较大差异，模拟值与观测值的差异体现在不同的地方。古北口水文站的降水和径流年内分配与下会水文站基本一致，主要集中在 6—10 月，该站点模拟结果的流量过程线在基流部分与观测值拟合度较高，模拟偏差主要体现在中高流量部分，尤其是峰值部分。除 1979 年和 1982 年的极端降水引起的洪水事件出现低估以外，其他年份的峰值都有着明显的高估，这可能是造成模拟结果的评价指标值较低的主要原因。大阁水文站的降水和径流年内分配与下会水文站和古北口水文站都有些不同，非雨季月份的降水量占比要高于另两个站点，造成该站点的基流相对较大，且与峰值之间的差距很小，模型在模拟径流时，未能准确地还原出该站点的基流，普遍存在低估的现象，这是模型结果偏差较大的主要来源。在峰值部分，除了 1982 年的洪水事件，模型结果与观测值的拟合度相对较高。虽然在大阁水文站和古北口水文站的模拟效果差于下会水文站，但在两个站点的 NSE 也分别达到了 0.53 和 0.44，R^2 分别达到了 0.68 和 0.63，能够基本满足流域径流模拟的要求。

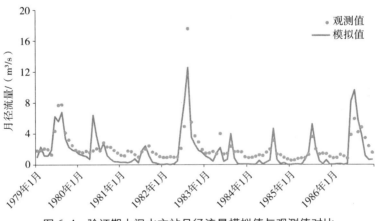

图 6-4　验证期大阁水文站月径流量模拟值与观测值对比

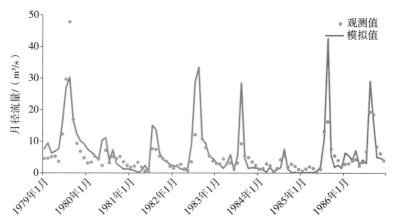

图 6-5　验证期古北口水文站月径流量模拟值与观测值对比

6.1.4　参数敏感性分析

由于本研究只在下会水文站进行模型率定，因此只对该站点的结果进行参数敏感性讨论，迭代后的 t-Stat 值、p-Value 值、最优范围及最优取值见表 6-5。敏感性分析结果表明，各参数对径流均有不同程度的相关性，最为敏感的参数为 CN2，该参数是流域下垫面属性的综合反映，直接决定着径流量的大小，CN2 值越大，下垫面的不透水性越强，越容易产生径流。其次是关于土壤的两个参数 SOL_K 和 SOL_Z，分别代表土壤饱和水力传导系数和土壤表面到底层的深度，表明潮河流域的径流产生与土壤的下渗能力及深度有着很大的关系。CANMX 表示最大冠层截留量，能够明显影响流域内的下渗、表面径流和蒸发，主要与一定范围内的植被覆盖密度以及植被形态有关，该参数的较强敏感性说明潮河流域内植被覆盖是影响径流的主要因素之一。

表 6-5　SUFI-2 算法参数敏感性分析结果及取值范围

参数名称	最优范围	最优取值	t-Stat	p-Value	敏感性排序
CN2	−0.5～0.3	−0.45	−13.41	0	1
SOL_K	−0.5～0.8	−0.10	−6.25	0	2
SOL_Z	0.5～700	536.84	3.13	0	3
CANMX	20～100	21.70	2.92	0	4

参数名称	最优范围	最优取值	t-Stat	p-Value	敏感性排序
ALPHA_BNK	0～1	0.39	2.49	0.01	5
SURLAG	0.05～24	1.68	2.27	0.02	6
GW_DELAY	20～500	102.44	−1.76	0.08	7
ESCO	0.2～1	0.92	−1.32	0.19	8
REVAPMN	120～200	178.62	1.20	0.23	9
SOL_AWC	0～0.50	0.09	0.72	0.47	10
RCHRG_DP	0.15～0.50	0.44	−0.35	0.72	11
SFTMP	−15～−5	−12.19	−0.27	0.78	12
SMTMP	−5～5	−4.41	−0.26	0.80	13
ALPHA_BF	0～0.30	0.25	0.22	0.83	14
GWQMN	10～5 000	3 277.20	−0.18	0.86	15
EPCO	0.50～0.80	0.79	0.16	0.87	16
GW_REVAP	0.02～0.20	0.14	−0.10	0.92	17
CH_N2	0.01～0.30	0.14	−0.03	0.97	18

6.1.5 不确定性分析

本研究主要讨论参数的不确定性对模型不确定性的影响。本研究在调参阶段最后一次迭代运行了 2 000 次，以求得最多的参数组，尽可能模拟各种不同参数组情况下的径流情况。绘出模拟过程中敏感性排在前六的参数进行分析，如图 6-6 所示。它们表示 NSE 大于 0 时，每次模拟对应的取值，它的横坐标是参数的取值范围，纵坐标是目标函数，即 NSE。根据散点的分布情况，可以通过散点分布的集中程度看出不确定性的大小，找出不同参数范围区间与目标函数之间的关系。

在潮河流域下会水文站，敏感性最高的 CN2 在取值为 0～0.2 时，与 NSE 呈现明显的负相关，而在小于 0 的范围内两者相关性较低，但模型在该范围

区间取得了最高的纳什系数值（NSE=0.87）；ALPHA_BNK 参数在 0～0.2 与
NSE 表现出了正相关性，在 0.2～1 分布比较均匀，但最大 NSE 有减小的趋
势，因此模型在参数取值 0.39 时，NSE 取得了最高的结果值。其余参数没有
呈现出与目标函数明确的相关性，但 NSE 的取值也都主要集中在 0.5 以上，虽
然这表示参数的置信区间较高，模型的不确定性相对较小，但参数和 NSE 之
间的无相关性也相应地增加了模型结果的不确定性。

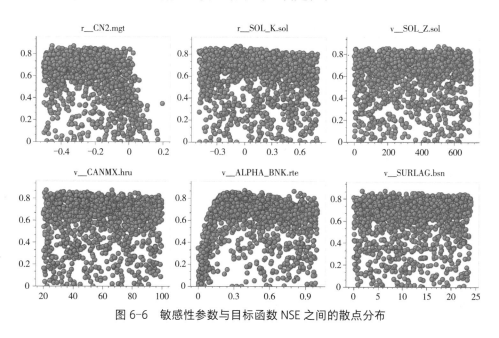

图 6-6　敏感性参数与目标函数 NSE 之间的散点分布

通过参数与目标函数的相关图也可以看出，模型的最佳参数组的值不仅
仅有一组，不同的模型参数值组合也可能达到非常相近的模拟效果，这就
是所谓的"异参同效"现象。为了更直观地展示该现象，从月尺度的模拟
结果中选取了 NSE 非常接近的 6 组参数值进行讨论（表 6-6）。当保留三位
小数时，可以看到 NSE 有 2 组最优值完全一致，其余 3 组的 NSE 也非常接
近，但参数组合的取值有着明显的差异。参数敏感性和参数的变化幅度没有
直接联系，最敏感的 CN2 的变化幅度虽然较小，但不如 REVAPMN、EPCO 和
RCHRG_DP 等参数的变化幅度小，而 SOL_K 在所有参数中变化幅度最大。

表6-6 潮河流域月尺度模拟结果 "异参同效" 情况

组别	CH_N2	CN2	ALPHA_BF	GW_DELAY	GWQMN	SOL_Z	CANMX	REVAPMN	EPCO	RCHRG_DP
1	0.14	-0.45	0.25	102.44	3277.2	536.84	21.7	178.62	0.79	0.44
2	0.1	-0.33	0.15	47.96	819.63	500.82	66.02	182.34	0.79	0.19
3	0.06	-0.34	0.02	444.2	1178.91	549.08	33.42	196.22	0.62	0.38
4	0.11	-0.22	0.11	459.8	4622.01	203.53	31.58	154.98	0.53	0.39
5	0.25	-0.26	0.25	87.8	3072.61	187.44	42.42	142.9	0.58	0.29
6	0.14	-0.26	0.03	469.88	1351.06	84.27	49.3	131.82	0.65	0.48

组别	SURLAG	SOL_AWC	ALPHA_BNK	SOL_K	ESCO	GW_REVAP	SFTMP	SMTMP	NSE
1	1.68	0.09	0.39	-0.1	0.92	0.14	12.19	4.41	0.868
2	6.35	0.13	0.8	-0.04	0.46	0.04	-8.72	4.08	0.868
3	8.07	0.23	0.29	-0.08	0.89	0.06	-6.42	2.62	0.853
4	13.26	0.22	0.24	-0.13	0.23	0.15	-13.15	-3.89	0.851
5	12.57	0.11	0.53	-0.22	0.91	0.18	-5.33	-4.44	0.851
6	13.92	0.24	0.31	-0.38	0.8	0.14	-6.6	4.55	0.85

　　模型的不确定性不仅要分析单个参数与目标函数之间的关系，参数之间的相关性也会对模拟的不确定性结果造成影响。目前，大多数不确定性分析方法多是以参数之间没有相关性，是相互独立作为前提的。因此，参数间的相关性会导致参数相互影响，这就造成了参数的不确定性。水文模型中的参数往往都有实际的物理意义，因此为了研究参数的不确定性，选择了敏感性较强的 8 个参数，对参数两两生成散点图，参数相关性如图 6-7 所示。由图可见，8 个参数中，只有参数 CN2 在 -0.1～0 与参数 CANMX 在 20～50 有负相关性，以及参数 CN2 在 0～0.2 与参数 ALPHA_BNK 在 0～0.2 有正相关性。其他参数之间没有明显的相关性，都相对独立。

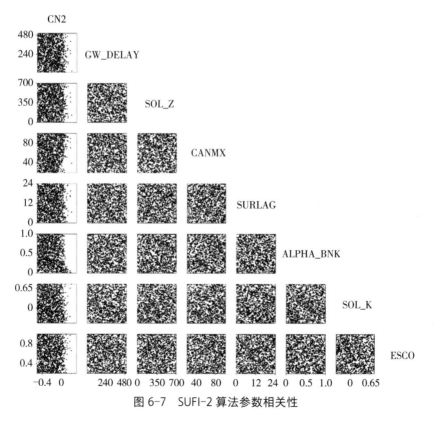

图 6-7　SUFI-2 算法参数相关性

　　SUFI-2 算法中用 95PPU 以及 p-factor 和 r-factor 参数来表示模型结果的不确定性。在多种不确定性因素的影响下，SWAT 模型在潮河流域下会水文站的不确定结果见表 6-7 和图 6-8，其展示的为所有模拟次数中行为参数组的结果。在率定期，p-factor=0.71，r-factor=0.93，表明本次模拟率定期 95PPU 的宽度为 0.93，在下会水文站有 71% 的观测值落在了 95PPU 区间内；在验证期，p-factor=0.80，r-factor=0.90，表明本次模拟验证期 95PPU 的宽度为 0.90，在下会水文站有 80% 的观测值落在了 95PPU 区间内。在整个模拟时期有较多的观测值被包含在 95PPU 区间内，并且 95PPU 的宽度也都小于 1，根据参数的判定标准，该模型的不确定性在可接受的范围内。

表 6-7　下会水文站径流模拟不确定性分析结果

时期	p-factor	r-factor
率定期	0.71	0.93
验证期	0.80	0.90

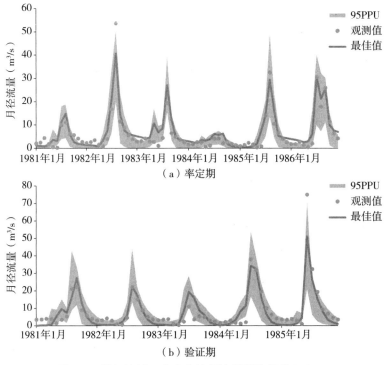

（a）率定期

（b）验证期

图 6-8　潮河流域下会水文站径流模拟结果的 95PPU

6.2　潮河流域 HSPF 模型水环境模拟

6.2.1　HSPF 模型构建

6.2.1.1　时间序列数据

（1）气象数据。本研究使用的气象数据为大阁气象站的日时序数据，包括日时序的降水、气温、风速等数据。时间序列为 1975—2000 年。

（2）水文数据。与潮河流域的 SWAT 模型数据来源和站点一致，都是使用了大阁、古北口和下会 3 个水文站的日流量数据。但时间有所不同，本研究所使用的大阁水文站的时间序列为 1975—1990 年，古北口水文站的时间序列为 1987—1989 年，下会水文站的时间序列为 1986—1990 年。

6.2.1.2　下垫面属性数据

下垫面属性主要包括 DEM、土地利用和土壤数据。该流域的 3 种数据情况在 2.3 节均有相关介绍。

6.2.1.3　HSPF 模型构建

潮河流域的 HSPF 模型的构建在 BASINS 软件中完成，借助 GIS 集成分析工具（BASINS GIS）、工具分析软件（WDMUtil）和流域水文模型（WinHSPF）3 个工具。

首先将所收集的气象和水文等时序数据导入 WDMUtil 工具中，生成相应的 WDM 格式文件，建立模型的属性数据库。将 DEM、流域边界、河网、土地利用等空间数据加载到 BASINS 系统中，利用 BASINS GIS 工具划分出潮河流域的子流域和河道。因为本研究对大阁、古北口和下会 3 个水文站都进行径流模拟分析，在划分子流域时考虑了 3 个水文站点的位置分布，在相应的位置添加出水口节点，选取下会水文站为潮河流域的总出水口，完成潮河流域的子流域划分。潮河流域 HSPF 模型中子流域划分情况如图 6-9 所示。

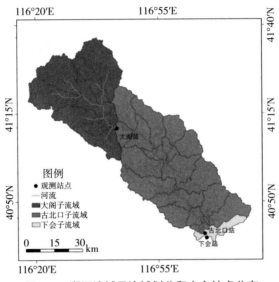

图 6-9 潮河流域子流域划分和水文站点分布

在 BASINS 软件中激活集水区图层,选择潮河流域内的所有子流域,打开内嵌于 BASINS 的 HSPF 模型,在子流域划分的基础上对流域的 DEM、土地利用及气象数据进行叠加分析,计算出水文响应单元,模型会生成 HSPF 模型的工程文件,并自动跳转到 WinHSPF 操作界面,如图 6-10 所示。在 WinHSPF 界面,用户可以编辑流域内各个河段的属性、调整土地利用对相应河段产流贡献的面积大小,以及选择 HSPF 需要模拟的功能参数等。

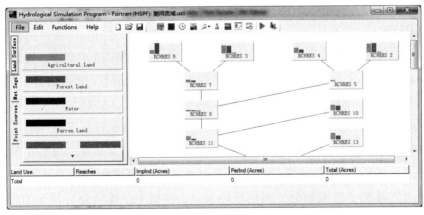

图 6-10 潮河流域的 WinHSPF 模型界面

6.2.2　模型及参数设置

本研究构建的 HSPF 模型以月尺度运行，根据所收集的站点径流数据，
选择大阁水文站 1975—1985 年的径流数据来率定模型，选择大阁水文站
1986—1990 年、古北口水文站 1987—1989 年以及下会水文站 1986—1990 年
的径流数据来验证模型。

模型的参数调整以人工率定和 PEST 自动率定相结合的方式进行，反复
尝试使结果达到最优。在参数校准前，需要根据大量相关文献的研究来确定相
关参数及其取值范围，本研究选取了 AGWRC、IRC、LZSN、UZSN 等 11 个
较为敏感的参数作为径流的校准参数（表 6-8）。参数率定的过程非常重要且复
杂，在对参数进行手动调整时，要结合流域的降雨和土地利用情况，通过对比
模拟结果与观测值之间的差异，反复调试和检验，当前一阶段的校准满足标准
之后，才能进行下一阶段的率定。本研究按照年径流量、月径流量、流量曲线
形状的顺序对参数进行率定，每一阶段都有相对应的主要参数可供调整。

表 6-8　HSPF 模型水文模块的主要参数

序号	参数名称	参数含义	初始范围
1	LZSN	额定下土壤层蓄积 /mm	2～15
2	UZSN	额定上土壤层蓄积 /mm	0.05～5
3	DEEPFR	深层地下水入渗系数	0～0.5
4	INFILT	土壤渗透率	0.01～0.5
5	IRC	壤中流消退系数 /（1/d）	0.3～0.85
6	AGWRC	地下水退水系数 /（1/d）	0.85～1
7	BASETP	基流蒸发系数	0.01～0.2
8	INTFW	壤中流出流系数	1～10
9	CEPSC	植被截留系数 /mm	0.01～0.4
10	LZETP	下土壤层潜在蒸发	0.1～0.9
11	AGWETP	地下水蒸发系数	0.01～0.2

6.2.3　径流模拟结果

以大阁水文站的径流模拟结果为目标，经过多次的参数调整，最终得出

最满意的月尺度径流模拟结果的评价指标结果，见表 6-9。模型验证用来分析在流域内降雨等输入数据改变的情况下，模型是否也能获得较好的模拟结果，也可以用来检验在不同位置子流域得出的校准模型参数是否适用于其他子流域及整个子流域，模型验证是研究模型适用性必不可少的环节。

表 6-9 径流模拟结果

时期	站点	NSE	R^2	RMSE 值 /（m³/s）	MAE 值 /（m³/s）
率定期	大阁（1975—1985 年）	0.80	0.80	0.81	0.53
验证期	大阁（1986—1990 年）	0.59	0.65	1.23	0.86
	古北口（1987—1989 年）	0.48	0.71	3.49	2.78
	下会（1986—1990 年）	0.56	0.69	5.62	3.49

在大阁水文站的径流校准结果的 NSE 和 R^2 都达到了 0.80，RMSE 值为 0.81 m³/s，MAE 值为 0.53 m³/s，模拟值与观测值之间的拟合度较高，两者之间的误差也很小。在模型验证阶段，大阁水文站的模拟结果差于率定期，NSE 仅为 0.59，R^2 为 0.65，RMSE 值为 1.23 m³/s，MAE 值为 0.86 m³/s，虽然在拟合度方面有所减小，但在误差方面还有着不错的表现。在下游的古北口水文站和流域总出水口处的下会水文站的模型验证，模拟值与观测值的拟合度表现与大阁水文站相近，两个站点的 NSE 分别为 0.48 和 0.56，R^2 分别为 0.71 和 0.69，但误差方面有所增加，结果离散度较高，RMSE 值分别为 3.49 m³/s 和 5.62 m³/s，MAE 值分别为 2.78 m³/s 和 3.49 m³/s。可见在潮河流域以中上游站点径流为 HSPF 模型校准目标时，虽然无法在 3 个站点都有很理想的模拟效果，但偏差也在可接受的范围内，基本上能准确地反映潮河流域的降雨—径流过程。

图 6-11 为大阁水文站点在率定期的流量过程线和散点图。在模型的率定期，HSPF 模型基本能模拟出大阁水文站的流量过程，对基流及高流量峰值的还原尤为突出，在退水期也有不错表现。但对于径流峰值较低的雨季，模拟能力尚有不足。从散点图来看，模拟值与观测值的整体拟合度较高。图 6-12 为 3 个水文站点在验证期的流量过程线和散点图。在大阁水文站的验证期，HSPF 模型对峰值部分的模拟普遍偏低，而在退水和基流部分又明显高于观测值。散点图中低流量部分的点主要分布于参考曲线 y=x 以下，在中流量及高流量部分的点在参考曲线 y=x 两侧基本平均分布，整体的拟合曲线低于曲线

$y=x$，即模拟值普遍大于观测值。从整个时期来看，HSPF 模型能基本满足大阁水文站的径流模拟需求，但也需要加强峰值部分的模拟能力。

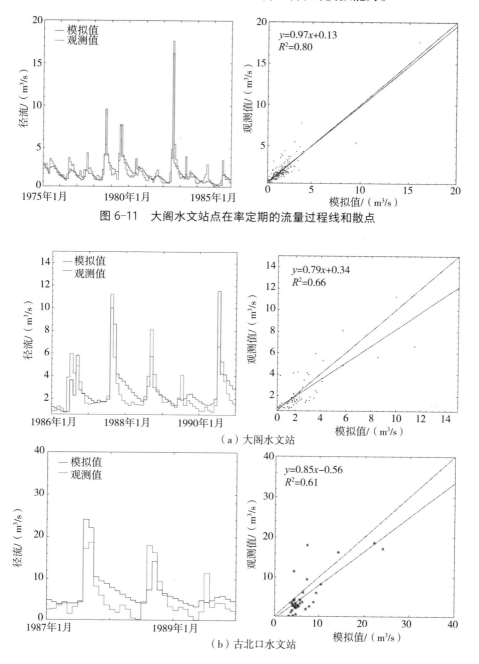

图 6-11　大阁水文站点在率定期的流量过程线和散点

（a）大阁水文站

（b）古北口水文站

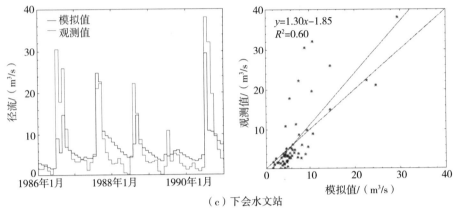

（c）下会水文站

图 6-12　3 个水文站点在验证期的流量过程线和散点

由于收集的古北口水文站径流数据有限，本研究仅针对 1987—1989 年的径流进行了 HSPF 模型的验证。而针对下会水文站的模型验证使用了 1986—1990 年的径流数据。这两个站点的 HSPF 模型表现与大阁水文站的验证期有所相同，在退水和基流部分的模拟值要明显高于观测值。除了 1987 年的径流峰值期间 HSPF 模型得出了偏高的结果，在其余年份的峰值部分模型都得出了偏低的结果。从散点图来看，整个时期的散点绝大部分位于曲线 $y=x$ 以下，模型整体存在高估的情况。

对比分析 3 个站点的模拟结果，可以发现大阁水文站的模拟效果较好，而古北口水文站和下会水文站模拟误差较大，特别是在峰值时。这是因为模型是以大阁水文站的水文数据进行参数校准的，尤其是影响洪峰流量的参数 INTFW 的取值，会使得雨季期间古北口水文站和下会水文站的模拟流量低于观测流量。此外，由于潮河流域内只有 1 个气象站的数据，这使得降雨分布空间异质性较差，而流域的降雨在空间分布上呈现西北部降水偏少、东南部降水偏多的特点，这也会使古北口水文站和下会水文站的模拟效果不如大阁水文站。

6.2.4　参数敏感性分析

参数敏感性的分析是用定量化的指标来评估模型输出项对模型输入项改

变的响应程度的方法，参数的改变对模型输出结果的影响越大说明该参数的敏感性越强。参数敏感性分析的目的就是找出这些敏感性较强的参数，进而在模型的调参过程中有针对性地对敏感参数进行调节和分析，对于相对不敏感的参数采取经验值，以此来降低模型调节过程中的复杂度，提高模型调参的效率。此外，模拟时段的长度及尺度、实际模拟区域、敏感性评估方法、目标函数和似然值等的选择对参数敏感性有很大的影响。

在本章的研究中，参数调整是基于 PEST 方法，其中对参数敏感性的分析类似于扰动分析法，即通过给定参数一个微小的增量或减量，计算其引起的模型输出结果的变化，选出较敏感的参数。但 PEST 方法所选择的评价标准与扰动分析法不同。PEST 方法中对参数敏感度的计算公式为

$$S_i = (J^T Q J)_i^{1/2} / m \qquad (6-1)$$

式中：S_i——参数 i 的敏感系数；

　　J——雅克比矩阵，其中的每个元素都记录了参数变化引起的目标函数的变化率；

　　T——矩阵转置符号；

　　Q——权重系数；

　　m——观测值个数。

参数敏感性分析的目标函数选取纳什系数，随着参数值的变化，纳什系数的变化越明显，表明该参数的敏感性越大；若在参数的整个取值区间内纳什系数没有明显变化，则表明该参数不敏感。PEST 程序可以对参数敏感性排序，而 GLUE 方法可以直观地体现参数的敏感区间、纳什系数随参数取值变化的规律。这两种方法相辅相成、互为补充。对于某些在固定区间较敏感的参数来说，GLUE 方法在敏感性的体现上可能略差于 PSET 方法，因为 PEST 是基于算法对参数进行逐步优化的，所以能获得最优参数组，而这个参数组并不一定包含在随机选取的若干组参数中。

参数的敏感性在每一次的参数调整迭代过程中都有所不同，在本章的研究中潮河流域最终模拟结果对应的参数取值及相对应的参数敏感性排序见表 6-10。其中，AGWRC、INFILT、LZSN 和 UZSN 参数较为敏感。最敏

感的参数 AGWRC 主要与流域内下垫面及气候有关，控制着地下水退水速度，影响着蒸发量；INFILT 控制着地表径流、土壤含水量、地下径流的分配，与基流成正比；UZSN 和 LZSN 分别与上、下土壤层的额定储存量有关，影响着土壤层的蒸发量，UZSN 的取值又与 LZSN 的取值有关，前者可根据后者的值并结合经验确定（董严军，2009）。总体来说，参数敏感性分析的结果与其他 HSPF 模型的研究中分析的结果相似（蔡红娟等，2005）。

表 6-10　参数敏感性排序

参数名称	参数取值	敏感性排序
LZSN	15	3
UZSN	0.902 57	4
INFILT	0.069 97	2
BASETP	0.000 01	7
INTFW	10	6
IRC	0.588 66	5
AGWRC	0.980 03	1
DEEPFR	0.000 46	9
CEPSC	0.1	10
LZETP	0.1	11
AGWETP	0.000 01	8

6.2.5　模型不确定性分析

由于水文水质过程较为复杂、模型参数间具有相关性等，导致在用模型进行水文过程模拟过程中，不同的参数值组合会得出相近或相等的目标函数值，这就是"异参同效"现象，但这些参数值的组合得出的模拟值之间有着一定的差异，"异参同效"现象是导致水文模型不确定性的一个重要原因。和目前多数不确定性分析方法一样，GLUE 方法认为不同参数会对模型模拟效果产生相互抵消的现象，即模型的模拟结果并非受单一参数影响，而是由参数组合的取值确定。实际上水文水质模型的参数间具有复杂的相关性，参数间的相关性会导致参数冗余及参数取值的不确定性，因此 GLUE 方法分析的是参数组合对模型的影响，是一种有效的估计方法。本研究采用 GLUE 方法对潮河流域的 HSPF 模型不确定性进行分析。主要通过大阁水文站 1978—1980 年的径流模拟过程中不同参数与目标函数 NSE 的散点图、不同参数之间的相关性以及"异参同效"现象等来讨论模拟结果的不确定性。在运行 GLUE 方法时，进行了 3 万次迭代，得出了 3 万组参数组合。

基于径流相关参数的敏感性研究结果和其他文献资料，去掉了表 6-10 中的参数 LZETP、CEPSC、AGWETP、DEEPFR 和 CEPSC，选取了 LZSN、UZSN 等其余 6 个参数进行参数不确定性分析。

通过参数取值与目标函数 NSE 之间的散点图，可以直观地发现参数的取值分布情况以及其与 NSE 的相关关系。本研究在 3 万组参数组合中选取了 NSE 结果值大于 0.3 的部分并绘制散点图，图 6-13 为敏感性排序前六的参数与 NSE 之间的散点图。其中，参数 AGWRC 与 NSE 之间有着明显的相关性，参数 LZSN 与 NSE 之间的相关性相对较弱，而其余参数与 NSE 之间没有明显的相关性。参数 AGWRC 的取值主要集中在 0.96～1，当值小于 0.99 时，参数取值与 NSE 之间存在正相关关系；当值大于 0.99 时，参数取值与 NSE 之间存在负相关关系。参数 LZSN 的取值与 NSE 之间存在弱相关性，随着取值的增加，分布的点也越多，NSE 的结果值整体也相对增加，但最大的分布较为零散。其余 4 个参数在取值范围内分布较为均匀，在不同区间都有可能取得最大的 NSE，会增大模型模拟过程中的不确定性。

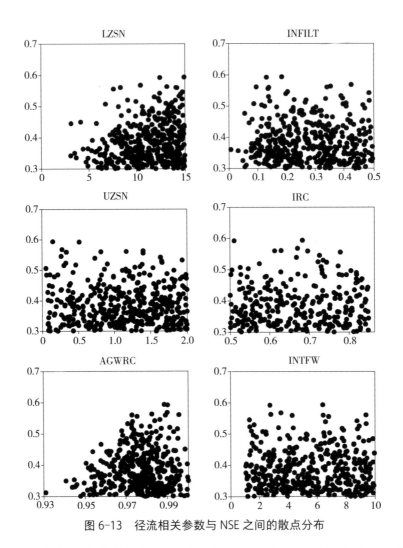

图 6-13   径流相关参数与 NSE 之间的散点分布

　　GLUE 方法假定参数间是相互独立的，在选取 3 万组参数时，每个参数的取值是独立且随机的。以目标函数 NSE 大于 0.3 为阈值筛选行为参数组，通过对行为参数组的两两参数值做散点图，可以分析模型参数之间的相关性，如图 6-14 所示。其中，参数 LZSN 和 AGWRC 呈负相关性，AGWRC 和 AGWETP 呈正相关性，BASETP 和 AGWETP 呈正相关性，其他参数间没有明显的相关性。参数之间存在相关性表明，在模型参数调整过程中，改变一个参数取值时，会影响另一个参数，这增加了模型的冗余度，加大了模型调参的难度，也增加了模型结果的不确定性。

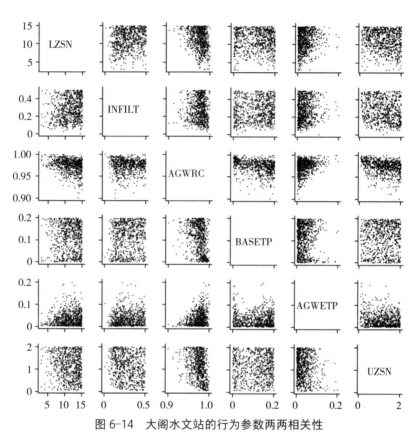

图 6-14　大阁水文站的行为参数两两相关性

　　虽然单个参数会对模拟结果产生影响，但由于模型的复杂性，模拟结果不是由单个参数值决定的，而是由参数组合确定的。虽然有些参数的取值与目标函数有着明显的正相关性，但考虑其他参数的取值，参数取值大，目标函数未必大。同时，不同参数之间的组合也有可能得出同样的目标参数值，即"异参同效"现象，该现象普遍存在于各类水文模型中。本研究选取了大阁水文站径流模拟的 NSE 等于 0.56 的 5 组参数组来讨论"异参同效"现象，见表 6-11。

表 6-11　大阁水文站径流量的"异参同效"参数组

组别	LZSN	INFILT	AGWRC	BASETP	AGWETP	UZSN	NSE
1	8.321	0.096	0.995	0.002	0.023	1.166	0.562
2	7.586	0.137	0.975	0.002	0.005	1.402	0.557
3	14.152	0.139	0.989	0.104	0.017	0.334	0.560
4	13.111	0.355	0.983	0.020	0.002	1.401	0.564
5	14.063	0.342	0.973	0.179	0.006	0.818	0.561

从表 6-11 中可以看出，目标函数 NSE 取值相同时，不同参数的取值都有所波动。AGWRC 和 AGWETP 二者与 NSE 有着明显相关性的参数变化幅度最小，而 INFILT、UZSN 等变化幅度较大，可见由于不同参数与目标函数之间相关性的不同，取得同一目标函数值时，参数之间的取值组合没有一定的规律性。这些参数在模型中都具有特定的物理意义，其值的大幅度变化必定会造成模拟值的改变，也就是模型结果会有着不同的误差表现。这种"异参同效"现象增加了模型模拟的不确定性，参数敏感性、参数与目标函数的散点图及参数之间的相关性讨论能够为研究者在之后的模型校准中提供一定的参考和借鉴，尽可能减小参数带来的模型不确定性。

模型将行为参数组对应的 1978—1980 年的大阁水文站径流量模拟值从小到大进行排序，选取 5% 和 95% 两个分位点为不确定性界限，讨论 90% 置信水平下的水文模型的不确定性。如图 6-15 所示，模拟结果不确定性界限之间的范围相对较小，并且在 90% 置信水平下，包含了 63.9% 的观测值，径流量大的月份，预测不确定性范围较大，反之则相反。虽然不确定性范围没能将所有观测值都包含在内，但 HSPF 模型能基本模拟潮河流域大阁水文站的水文过程，模拟结果的不确定性也在合理范围内。受研究区复杂水文过程的影响，以及行为参数筛选阈值选取的不同都会对模拟结果的不确定性范围造成一定的影响。

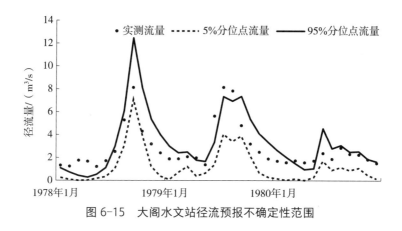

图 6-15 大阁水文站径流预报不确定性范围

6.3 潮河流域 HSPF 模型水质模拟

HSPF 模型于水质要素的模拟是以径流模拟为前提，在准备对流域内的泥沙、TN 和 TP 等水质要素进行模拟时，只需要在已经构建的水文模型基础上选择添加相对应的模块，并根据实际情况需求，对相关参数进行调整。例如，对泥沙进行模拟需要在 WinHSPF 工具中激活 SEDMNT 模块，该模块能够模拟在透水面上泥沙的产生与运移。

受限于数据获取途径，本研究收集到了下会水文站 1990—2000 年的水质数据，包括泥沙、TN 和 TP 等。因此，本节在前文已校准的水文模型的基础上，对 HSPF 模型进行适当的参数调整，完成对下会水文站 1990—2000 年的月尺度径流模拟，进而模拟出下会水文站 1990—2000 年的泥沙，最后模拟 TN 和 TP。

6.3.1 径流及泥沙模拟分析

6.3.1.1 径流模拟结果

选取 1990—2000 年整个时段为径流模拟的率定期，在 6.2 节中已校准的 HSPF 模型基础上，对相关的参数稍作调整，以达到对下会水文站径流模拟的最佳效果。经过模型的多次迭代，得出月尺度径流模拟的最终结果，如图 6-16 所示。模型模拟结果的 NSE、R^2、RMSE 值和 MAE 值分别为 0.77、0.81、

7.15 m³/s、4.68 m³/s，较 6.2 节中下会水文站的模拟结果有较大的提升。从图中也可以看出，在退水阶段和基流部分的模拟结果由 6.2 节中的高估变成低估，仍存在低估的现象，但模拟值与观测值之间的差距有所减小。模型对峰值部分的模拟能力也有所加强，在一些年份能很好地捕捉到峰值流量的发生。

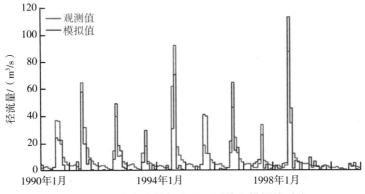

图 6-16　下会水文站径流量观测值和模拟值对比

HSPF 模型对下会水文站径流模拟效果的改善，一方面与模拟时间段的改变有关，另一方面也表明流域不同位置的水文状况及空间属性有着较大的差异，在一个站点的模拟很难代表整个流域的水文情况，需要根据实际情况针对特定站点进行更准确的模拟。

考虑到本章的重点为泥沙、TN 和 TP 的模拟分析，故在此不对下会水文站的径流模拟结果做过多的分析。

6.3.1.2　泥沙模拟结果

在完成对下会水文站的径流校准之后，在 WinHSPF 工具中加载 SEDMNT 模块。水体中泥沙运移的模拟过程主要分为两部分：一部分是泥沙与土壤基质之间的吸附与分离过程；另一部分是泥沙在透水面上的搬迁过程。泥沙分离过程发生在降雨中，吸附过程发生在无雨期间，搬迁过程发生在坡面流产生过程中。HSPF 模型可以对 3 种类型的泥沙产量进行模拟，分别为砂粒、淤沙和黏粒，由于缺少 3 种类型泥沙单独的观测值，因此本研究只能局限于对总泥沙产量进行模拟。针对泥沙运移的特征，并结合以往文献工作中的经验，本研究在 HSPF 模型的不同模块中选取了相关性较高的参数进行调整，参数介绍见表 6-12。

表 6-12　与泥沙相关的主要参数

序号	参数名称	含义	取值范围
1	KEIM	固定颗粒冲刷方程系数	$0.05 \sim 5$
2	JSER	泥沙冲刷方程指数	$1.50 \sim 3$
3	JGER	泥沙冲蚀方程指数	$1 \sim 3$
4	KGER	泥沙冲蚀方程系数	$10^{-5} \sim 5$
5	KSER	泥沙冲刷方程系数	$10^{-5} \sim 5$
6	ACCSDP	固定颗粒堆积速度	$10^{-5} \sim 2$
7	KSAND	砂粒运动幂函数系数	$10^{-5} \sim 2$
8	EXPSND	砂粒运动幂函数指数	$10^{-5} \sim 10$

经过人工参数范围调整及 PEST 自动率定方法的反复迭代，最终针对下会水文站的泥沙模拟取得了令人满意的结果。月尺度泥沙模拟值的月际变化与观测值的对比如图 6-17 所示。模拟结果的评价指标 NSE、R^2、RMSE 值和 MAE 值分别为 0.83、0.81、17.74×10^{-4} t、4.52×10^{-4} t，模拟值与观测值之间有着较高的拟合度，误差也相对较小。泥沙的运移与径流的大小有直接关系，每年的雨季河道流量大，会携带大量泥沙流入河道，通过观测断面的泥沙也会相应地出现较高的观测值，在径流量较小的月份则基本观测不到泥沙的通过。从图 6-17 中可以看出，HSPF 模型基本能够成功地还原泥沙的月际变化过程，在雨季的泥沙出现较大值时，模型能够捕捉到该变化，在其余月份模拟值则基本为 0。

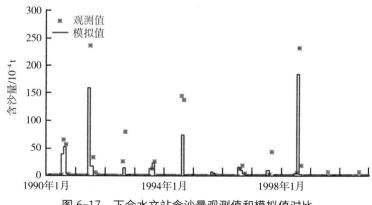

图 6-17　下会水文站含沙量观测值和模拟值对比

6.3.1.3 泥沙模拟参数敏感性分析

参数敏感性分析能够帮助研究者识别出模型校准过程中对模拟结果影响较大的参数，进而更高效地完成参数的调整。本研究利用 HSPF 模型对下会水文站的泥沙校准的最终参数取值及参数敏感性排序见表 6-13。

表 6-13　泥沙相关参数取值及敏感性排序

参数名称	最优值	敏感性排序
KEIM	0.230	1
KSER	4.970	2
ACCSDP	0.018	3
JSER	2.390	4
JGER	1.530	5
KGER	0.670	6
KSAND	0.330	7
EXPSND	4.660	8

在所选取的 8 个参数中，KEIM 参数最为敏感，其次是 KSER 和 ACCSDP 参数，KASND 和 EXPSND 两个参数敏感性最低，对泥沙校准过程中的影响几乎可以忽略不计。参数 KEIM 表示固定颗粒冲刷方程系数，反映了几种因素综合作用，包括坡降、坡面流长度、糙率及固体颗粒系数等。参数 KSER 是描述泥沙侵蚀过程中的一个重要参数，该参数与 KEIM 类似，也与坡降、坡面流长度、糙率及固体颗粒系数相关。参数 KSER 属于 PERLND 模块，主要控制透水面的泥沙运移；参数 KEIM 属于 IMPLND 模块，主要控制不透水面的泥沙运移。参数 ACCSDP 也属于 IMPLND 模块，反映的是不透水面的泥沙堆积速度，一般情况下要大于透水面上的泥沙堆积速度。

6.3.1.4 泥沙模拟不确定性分析

基于上一节的参数敏感性分析，本节关于不确定性的讨论主要涉及敏感性排在前六的参数，即 KEIM、KSER、ACCSDP、JSER、JGER 和 KGER。模型的不确定性分析使用的是 GLUE 方法，共进行了 3 万次迭代，得出了 3 万组参数及目标函数值，数据量较大。为了更高效地分析模型的不确定性，选取 NSE 大于 0.5 的对应参数组作为行为参数组加以讨论。

图 6-18 为 6 个参数取值与目标函数 NSE 之间的散点图。可以看出，参数 KEIM 在不同的取值范围内与 NSE 有着不同的相关性，而其余参数的散点在取值范围基本均匀分布，与 NSE 之间没有明显的相关性。参数 KEIM 主要分布在 0～0.4 范围内，与 NSE 存在幂函数关系，在 0～0.23 范围内，目标函数 NSE 呈增加趋势；在 0.23～0.40 范围内，整体呈减少趋势；在最优值 0.23 处取得最大 NSE。在 0.4～5 范围内仅有少量点，与 NSE 呈现负相关性。

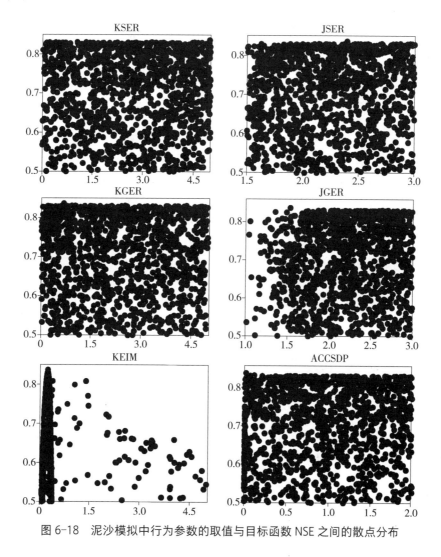

图 6-18　泥沙模拟中行为参数的取值与目标函数 NSE 之间的散点分布

参数与目标函数之间的相关性可以反映出参数不同取值对模拟结果不确定性的影响，而参数与参数之间的相互关系能够反映出参数之间的关联性对模拟结果不确定性的影响。图 6-19 为 6 个参数的相关性散点图。结果表明，参数 JGER 和参数 KGER 具有局部相关性，当 JGER 的取值在 $1 \sim 1.5$ 时，与参数 KGER 呈现正相关性。而其他参数之间没有明显的相关性。参数之间的相关性带来的模型冗余度较小，对模拟结果的不确定影响较小。

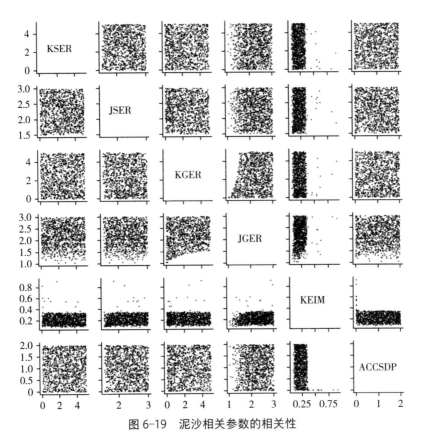

图 6-19　泥沙相关参数的相关性

"异参同效"现象同样存在于模型的泥沙模拟中，即泥沙的模拟结果由多个参数取值的组合决定，而不是由某个单一参数的取值决定，而且多个参数取值的不同组合会产生相同的模拟结果。本节列举了 5 组 NSE 约等于 0.83 的参数组。其中，参数 KSER、KGER 和 ACCSDP 的取值范围较大，而参

数 JSER、JGER 和 KEIM 的取值较为集中，尤其是参数 KEIM 的取值集中在
0.23 左右，这在一定程度表明参数 KEIM 较其他参数更敏感，在 0.23 附近能
够取得最优解，详见表 6-14。

表 6-14　泥沙的"异参同效"参数组

组别	KSER	JSER	KGER	JGER	KEIM	ACCSDP	NSE
1	3.604	2.461	2.120	2.096	0.226	0.789	0.830
2	4.457	2.487	3.749	2.412	0.224	0.069	0.830
3	1.035	2.705	4.345	2.629	0.234	1.898	0.831
4	3.253	2.869	2.519	2.698	0.228	0.117	0.831
5	4.734	2.391	1.306	2.020	0.226	1.159	0.830

　　模型参数的不确定性最终影响模型的模拟结果。将行为参数组对应的
1990—2000 年的泥沙量预测值从小到大进行排序，选取 5% 和 95% 两个分
位点为不确定性界限，讨论 90% 置信水平下的泥沙模拟结果的不确定性，如
图 6-20 所示。在 90% 的置信水平下，仅有 50.8% 的观测点落在了置信区间
范围内，属于可以接受的范围，存在一定的不确定性。结果说明，HSPF 模型
不能完全地对潮河流域的泥沙进行模拟，在一定不确定性范围内仍存在误差，
还需要更准确的资料以得到更好的结果。

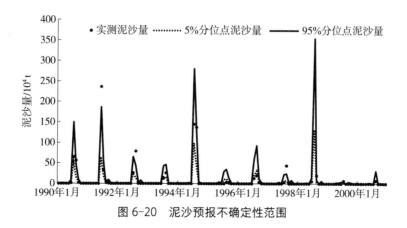

图 6-20　泥沙预报不确定性范围

6.3.2 总氮和总磷模拟分析

6.3.2.1 模型及参数设置

本研究选取了下会水文站 1990—1995 年的 TN 和 TP 数据用于模型校准，选取了 1996—2000 年的 TN 和 TP 数据用于模型验证。在 WinHSPF 工具的水质模拟中，当非点源污染物质在各种土地类型模块中计算之后，机器可识别的点源污染物质会分别加载到模型中相应的河道模块。

PQUAL 模块和 IQUAL 模块主要通过建立水质成分与泥沙简单的相关关系分别来模拟渗透性和非渗透性土壤出流中的水质成分。两个模块中包含了两种水质成分的输入方法：①一阶消解速率法，该方法水质成分的积聚和消耗用一阶消耗速率来表示；②潜在因素法，该方法认为水质成分的输移和泥沙运移有很大的相关性。

TN 由泥沙吸附态氮、溶解态氮和有机态氮相加得到，NO_2^--N、NH_4^+-N 等氮的存在形式并不吸附在泥沙中，因此采用一阶消解速率法进行模拟，HSPF 模型会根据水体及土壤中氮的传输和反应来模拟这些成分。通过阅读相关文献，本研究选取 MON-GRND-CONC、WSQOP 等多个参数对模型进行校准（表 6-15）。

表 6-15 TN 模拟相关的主要参数

参数名称	含义	取值范围
MON-GRND-CONC	水质成分在地下水中的月浓度值 /（qty/l）	0.025～20
WSQOP	地表径流速率 /（mm/h）	0.010～2
KTAM 20	20℃以下总氨氧化率	0.001～2
MON-IFLW-CONC	水质成分在壤中流出流中的月浓度值 /（qty/h）	0.025～25
TCNIT	氮氧化率的温度校准系数	1～2
MON-ACCUM	地表径流中水质成分的月累积速率 /［qty/（hm²·d）］	0.001～3
MON-SQOLIM	地表径流中水质成分的月最大存储量 /（qty/hm²）	0.001～3

　　TP 的模拟过程和 TN 相似，由于无机磷成分吸附在泥沙中，并与泥沙有着密切关系，因此采用潜在因素法模拟。本研究选取 MON-POTFW、MON-GRND-CONC、MON-IFLW-CONC 等多个参数对模型进行校准。

表 6-16　TP 模拟相关的主要参数

参数名称	含义	取值范围
MON-POTFW	冲刷效能因子月值 /（qty/t）	0.001～3
MON-GRND-CONC	水质成分在地下水中的月浓度值 /（qty/L）	0.001～1
MON-IFLW-CONC	水质成分在壤中流出流中的月浓度值 /（qty/L）	0.001～3
IOQC	壤中流出流量中水质成分的浓度 /（qty/L）	0.001～3
AOQC	地下水出流量中水质成分的浓度 /（qty/L）	0.001～3

6.3.2.2　总氮和总磷模拟结果

　　在 HSPF 模型中通过利用不同参数对下会水文站的月尺度 TN 和 TP 进行校准，经过在率定期反复的参数调整，最终得出的模拟结果见表 6-17。

　　TN 和 TP 在整个时期的模拟值与观测值之间的确定性系数较高，在 0.76～0.92，也就是两者之间有较好的相关性，但模型结果的好坏主要由 NSE 决定，而 NSE 在 0.56～0.67，仅为可接受的程度。在误差方面，TN 在验证期的误差要略大于率定期，而 TP 的模拟结果相反。

表 6-17　TN 和 TP 模拟结果

指标名称	时期	NSE	R^2	RMSE 值 /（m³/s）	MAE 值 /（m³/s）
TN	率定期	0.60	0.87	59.78	19.32
	验证期	0.59	0.92	75.89	19.98
TP	率定期	0.67	0.76	3.20	0.70
	验证期	0.56	0.90	2.59	0.62

从图 6-21 中可以看出，HSPF 模型能基本还原出潮河流域 TN 的月际变化过程，但对于峰值的还原能力不足，与观测值有着较大的差距；在低值部分的模拟值也基本低于观测值。从图 6-22 中展示的 TP 模拟结果来看，HSPF 模型对 TP 的模拟效果与 TN 相近，虽然 TP 观测值大多数时候接近 0，但也能捕捉到峰值发生时的变化。

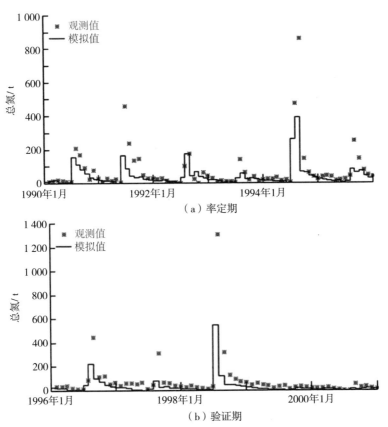

图 6-21　下会水文站总氮观测值和模拟值对比

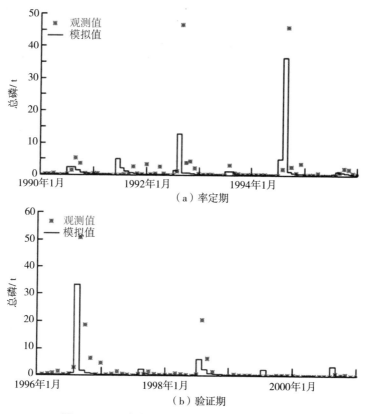

图 6-22 下会水文站总磷观测值和模拟值对比

TN 和 TP 的模拟值在整体上小于观测值, 这可能是因为 TN 和 TP 的实测负荷量中有一部分源于点源污染, 并且观测值为瞬时值, 而模型模拟的为均值。和泥沙一样, 潮河流域内的水质污染物负荷输出主要集中在雨季汛期, 若在汛期强降水事件发生时期, 所测得的径流量和氮磷负荷出现了较大的误差, 会对流域内的月氮磷负荷和年氮磷负荷产生巨大影响, 也会导致模型的模拟结果有较大偏差。

综合模型评价指标和模拟结果对比图, 可以认为 HSPF 模型能够在一定程度上满足潮河流域的 TN 和 TP 模拟, 以后的工作可以从提高观测精度等方面调高模型在该流域的适用性。

6.3.2.3 总氮模拟不确定性分析

对于 HSPF 模型的调参校准是通过 PEST 程序，基于算法针对所选参数结合人工设置的参数范围，进行逐步优化，直至取得最优解。PEST 程序能够直接给出相关参数的敏感性排序，为进一步的调参过程提供参考。HSPF 模型的不确定性分析主要是通过 GLUE 方法，该方法对参数敏感性的体现略差于 PEST 程序，但能通过多达几万次的迭代，给出每次参数取值及迭代结果，让用户更直观地分析参数的敏感区间、参数之间的相关性，以及参数不确定性对模拟结果的影响。由于 PEST 程序和 GLUE 法相互独立，并且各自的模拟过程中参数值的组合都是随机的，所以在 PEST 程序中的最优参数值并不一定包含在 GLUE 方法中的若干万组参数中。在 HSPF 模型中，PEST 程序和 GLUE 方法两者相辅相成、互为补充。

对于 TN 和 TP 的模型不确定性分析是基于 GLUE 方法，利用该方法分别进行了 3 万次迭代，得出了相对应的 3 万组参数值，并选择在 PEST 程序中相对敏感的若干参数进行模型不确定性分析。

本节关于 TN 模拟不确定性的分析主要涉及较为敏感的 MON-GRND-CONC、WSQOP、KTAM 20 和 TCNIC 4 个参数。选取 3 万组参数中目标函数 NSE 大于 0.5 的参数组作为行为参数组，基于这些参数组讨论模型的不确定性。

图 6-23 为在取值范围内的行为参数组与目标函数 NSE 之间的散点图。其中参数 MON-GRND-CONC 和 KTAM 20 与 NSE 之间有着明显的相关性，TCNIC 次之，WSQOP 与 NSE 之间的相关性不明显。参数 MON-GRND-CONC 的取值主要集中在 0～13，模型的模拟效果随参数的取值变化而发生明显的变化。当参数的取值在 0～4 范围内时，参数取值与 NSE 呈正相关；当参数取值在 4～13 范围内时，参数取值与 NSE 呈负相关。KTAM 20 在取值范围内随着取值的增大，目标函数 NSE 有减小的趋势。参数 TCNIC 的敏感性不是很强，但也可以发现当参数取值在 1.0～1.4 时，NSE 呈现降低的趋势，当参数取值在 1.4～2.0 时，NSE 呈现增大的趋势。

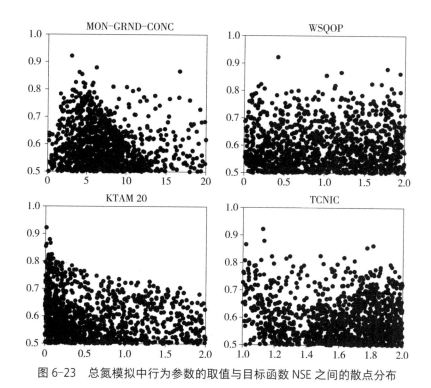

图 6-23　总氮模拟中行为参数的取值与目标函数 NSE 之间的散点分布

通过对行为参数组的两两参数做散点图，可以分析模型参数间的相关性，如图 6-24 所示。从图中可以发现，参数 TCNIC 和参数 KTAM 20 具有局部相关性，当参数 TCNIC 的取值在 1.0～1.5 时，两个参数呈现正相关性。参数 TCNIC 和参数 MON-GRND-CONC 具有局部相关性，当参数 TCNIC 的取值在 1.3～2.0 时，两个参数呈现负相关性。参数 KTAM 20 和参数 MON-GRND-CONC 具有局部相关性，当参数 MON-GRND-CONC 的取值在 12～20 时，两个参数呈现负相关性，而当参数 MON-GRND-CONC 的取值在 0～7 时，两个参数呈现正相关性。其他参数之间没有明显的相关性。因此，在模型调参过程中，应该注意具有相关性的参数，减小参数之间的相关影响带来的模型不确定性。

"异参同效"现象同样存在于模型的 TN 模拟中，即 TN 的模拟结果由多个参数取值的组合确定，而不是由单一参数的取值决定，而且多个参数取值的不同组合会产生相同的模拟结果。本节列举了 5 组 NSE 约等于 0.82 的参数组，见表6-18。其中，参数 MON-GRND-CONC 和参数 WSQOP 的取值范围较大，而参数 KTAM 20 和参数 TCNIT 的取值较为集中，也能反映出这两个参数的敏感性相对较强。

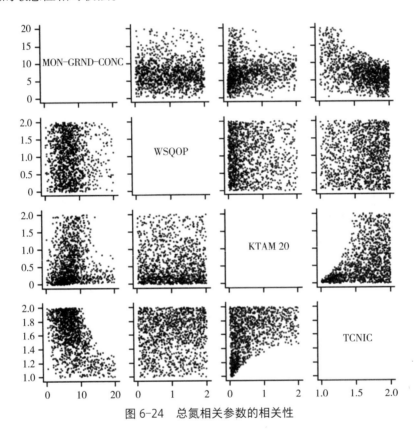

图 6-24　总氮相关参数的相关性

表 6-18　总氮模拟中的"异参同效"参数组

组别	MON-GRND-CONC	WSQOP	KTAM 20	TCNIT	NSE
1	3.544	1.586	0.081	1.484	0.825
2	4.523	0.206	0.062	1.294	0.823
3	5.772	1.704	0.039	1.181	0.823
4	4.753	1.127	0.037	1.630	0.819
5	5.649	0.173	0.061	1.271	0.815

将行为参数组对应的 1990—2000 年的 TN 模拟值从小到大进行排序，选取 5% 和 95% 两个分位点为不确定性界限，即可得出 90% 置信水平下的 TN 模拟的不确定性范围，如图 6-25 所示。从图中可以看出，在 90% 置信水平下，有 56% 左右的观测值落在了不确定性范围内，在范围外的观测值主要为极大值和极小值，说明在参数不确定性的影响下，HSPF 模型基本能满足对潮河流域 TN 模拟的需求，但对极值的模拟能力还有待提高。

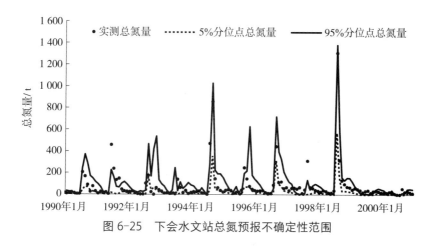

图 6-25　下会水文站总氮预报不确定性范围

6.3.2.4　TP 模拟不确定性分析

本节关于 TP 模拟不确定性分析选取了在 PEST 程序校准模型过程中较为敏感的 MON-POTFW、MON-GRND-CONC、MON-IFLW-CONC 和 IOQC 4 个参数。以目标函数 NSE 大于 0.50 为阈值在 3 万组参数中筛选出行为参数组，进而讨论参数不确定性带来的模型模拟的不确定性。

图 6-26 为上述 4 个参数在取值范围内与目标函数 NSE 之间的散点图。其中，参数 MON-GRND-CONC 和 MON-IFLW-CONC 与 NSE 有着很强的相关性，都呈现开口向下的幂函数关系，分别在 0.45 和 2.40 附近达到顶点，即 NSE 取得最大值。参数 MON-POTFW 和 IOQC 则与 NSE 没有明显的相关性。

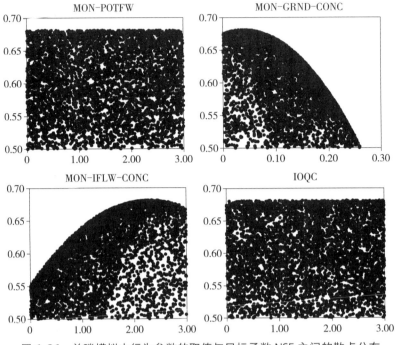

图 6-26　总磷模拟中行为参数的取值与目标函数 NSE 之间的散点分布

　　图 6-27 为 TP 模拟中行为参数组的两两参数散点图。从图中可以看出，参数 MON-GRND-CONC 和 MON-IFLW-CONC 之间整体有着较强的负相关性，也就是调整其中一个参数时会在很大程度上影响另一个参数。同时这两个参数与 NSE 之间又有着较强的相关性，这就增加了模型的冗余度，给调参过程增加了一定的难度，也增加了模型模拟结果的不确定性。而其他参数之间没有明显的相关性。

　　针对 TP 模拟结果的"异参同效"现象，本节列举了 5 组 NSE 约等于 0.68 的参数组，见表 6-19。其中，参数 IOQC 和参数 MON-POTFW 的取值范围较大，而参数 MON-IFLW-CONC 和参数 MON-GRND-CON 的取值较为集中，尤其是参数 MON-GRND-CON 的取值集中在 0.04 左右，这在一定程度表明了参数 MON-GRND-CON 较其他参数更敏感。

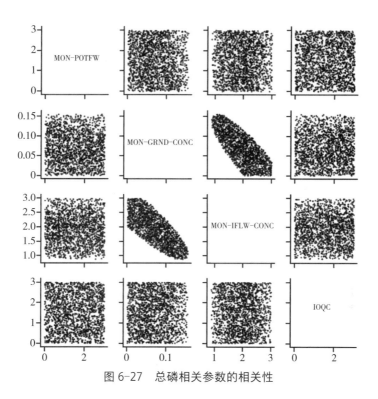

图 6-27　总磷相关参数的相关性

表 6-19　总磷模拟中的"异参同效"参数组

组别	MON-POTFW	MON-GRND-CONC	MON-IFLW-CONC	IOQC	NSE
1	0.353	0.035	2.336	0.829	0.680 9
2	0.291	0.046	2.273	2.398	0.680 8
3	0.476	0.046	2.258	2.284	0.680 8
4	0.819	0.038	2.350	1.445	0.680 8
5	0.567	0.045	2.285	1.009	0.680 7

　　将行为参数组对应的1990—2000 年的 TP 模拟值从小到大进行排序，选取 5% 和 95% 两个分位点作为不确定性界限，得出 90% 置信水平下的 TP 模拟的不确定性范围，如图 6-28 所示。在 90% 置信水平下，有 68.2% 左右的观测值落在不确定性范围内，较 TN 模拟结果有所改善，模拟结果的不确定

性有所减小。但 HSPF 模型对 TP 极值的模拟能力同样需要提高。

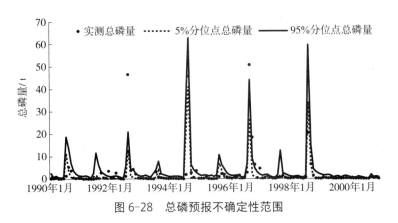

图 6-28　总磷预报不确定性范围

6.4　白河流域 SWAT 模型水环境模拟

6.4.1　模型构建

6.4.1.1　时间序列数据

（1）气象数据。根据白河流域范围，本研究在中国地面气候资料日值数据集中选取丰宁、怀来、密云、承德 4 个气象站点逐日观测数据。其中，丰宁站和密云站为研究区内部气象站，怀来站和承德站为研究区边缘气象站。时间段均为 1987—2017 年。

（2）水文数据。本节所使用的水文数据来自海河流域水文年鉴，收集了最接近流域总出水口的张家坟水文站的实测径流数据，其时间段为 1990—2018 年。但由于中国地面气象站点实际观测数据只更新至 2018 年 5 月，所以选取 1990—2017 年作为径流模拟研究时间段。

6.4.1.2　下垫面属性数据

下垫面属性主要是指 DEM、土地利用和土壤数据。该流域的 3 种数据情

190

况在 2.3 节中均有相关介绍。

6.4.1.3　SWAT 模型构建

　　本研究使用的是 ArcSWAT 2012 版，基于 ArcGIS 10.2 平台运行、构建白河流域的 SWAT 模型。加载白河流域的 DEM 进行分析和预处理，并经多次试验将集水阈值设为 8 000 Ha，提取流域的河网，由此决定了河网的密度和分布特征。张家坟水文站是最接近白河进入密云水库处的站点，与密云水库段之间没有其他实测数据，在该水文站附近的河网上添加水文节点，并选择该节点作为流域出水口，将白河流域划分为 31 个子流域，其中张家坟水文站位于 26 号子流域（图 6-29）。

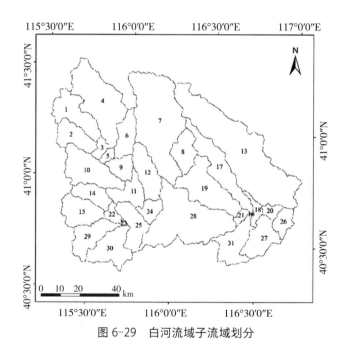

图 6-29　白河流域子流域划分

　　分别输入处理好的土地利用、土壤数据，并设置流域坡度范围，进行模型的 HRU 划分。通过 HRU 计算能够很好地反映流域内部不同下垫面的空间组合方式，提高模拟的精度。根据下垫面属性的实际情况，结合相关研究，分别设定土地利用、土壤和坡度阈值为 20%、11% 和 15%，低于此阈值的类型将被划分至其他类型中，在叠加分析后将白河流域划分为 446 个 HRU。

在定义好 HRU 后，导入模型所需要的气象数据。将收集的 4 个气象站点的降水、最高最低气温、太阳辐射、相对湿度和风速数据加载到模型中，进而在模型中生成相应的气象文件以完成白河流域的 SWAT 模型构建。

6.4.2 模型及参数设置

分析白河流域的气候水文特征发现，1999 年为流域径流的突变年份，因此本研究将 1990—2017 年的总径流时段分为两个时间段分别进行模拟：20 世纪 90 年代时间段（1990—1999 年）和 21 世纪 10 年代时间段（2000—2017 年）。结合收集的长时间序列的气象数据，对两个时段进行模拟时期划分。在 20 世纪 90 年代时间段内，设置 1987—1989 年为模型预热期，1990—1995 年为模型率定期，1996—1999 年为模型验证期。21 世纪 10 年代时间段内，设置 1999 年为模型预热期，2000—2007 年为模型率定期，2008—2017 年为模型验证期，在模型设置界面选择月尺度来运行 SWAT 模型。

白河流域的 SWAT 模型调参过程同样是在 SWAT-CUP 中完成的，采用的是 SUFI-2 算法来校准模型。根据 SWAT-CUP 中给出的初始不确定性范围，参考前人研究经验和各参数的物理意义，本研究最终选取了 10 个径流相关参数，见表 6-20。

表 6-20　径流模拟参数含义及取值情况

参数名称	参数含义	初始范围
CN2.mgt	径流曲线数	−1～1
ALPHA_BF.gw	基流回退系数 /（1/d）	0～1
GW_DELAY.gw	地下水滞后系数 /d	0～500
GWQMN.gw	浅层含水层产生基流的阈值深度 /mm	4 000～5 000
CH_K2.rte	主河道有效水力传导率	0～500
CH_N2.rte	主河道曼宁系数	0～1
SOL_K.sol	土壤饱和水力传导系数	−1～1

参数名称	参数含义	初始范围
SOL_AWC.sol	土壤有效含水量/（mm H$_2$O/mm soil）	$-1 \sim 1$
SOL_Z.sol	土壤表层到底层深度/mm	$0 \sim 1$
SFTMP.bsn	降雪温度/℃	$-20 \sim 20$

6.4.3　径流模拟结果

通过多次的参数范围调整和迭代，最终取得的模拟结果评价指标值见表 6-21。在 20 世纪 90 年代模拟时段的模拟结果中，无论是在率定期还是在验证期张家坟站的模拟结果评价指标 R^2 和 NSE 均达到了 0.80 以上，模拟值与观测值之间有着很高的拟合度。PBIAS 值也分别为 8.81% 和 5.10%，模型偏差在很小的范围内。在 21 世纪 10 年代时间段内，张家坟站的模拟结果虽然达到了令人满意的水平，但模型表现不如在 20 世纪 90 年代时间段，评价指标值有所减小，R^2 和 NSE 仅在 0.57 ~ 0.60，率定期的 PBIAS 值仅为 1.77%，但在验证期达到了 -12.74%，有着较大的模拟偏差。造成该现象的原因可能是 21 世纪初，白河流域加强了水库建设，上游水库的管理措施对原本的流域水文过程产生了一定的影响。

表 6-21　径流模拟结果及评价指标

模拟时段	时期	NSE	R^2	PBIAS/%
20 世纪 90 年代	率定期	0.83	0.84	8.81
	验证期	0.91	0.92	5.10
21 世纪 10 年代	率定期	0.60	0.60	1.77
	验证期	0.57	0.59	-12.74

图 6-30 为张家坟站在两个模拟时段的月尺度径流模拟结果与观测值之间的流量过程线对比图。在 20 世纪 90 年代模拟时段，SWAT 模型能够很好地还原率定期流域的水文过程，模拟值与观测值有着相同的变化过程，除了

在峰值部分，其他部分模拟值的误差很小；在率定期，SWAT 模型对水文过程的还原程度不如率定期，在基流部分会有明显的误差，但仍能基本捕捉到流域水文过程的变化；不管是在率定期还是在验证期，SWAT 模型对流域的峰值部分模拟效果均较差，模拟值与观测值之间有较大的误差。在 21 世纪 10 年代模拟时段，模拟值与观测值之间的拟合度一般，模型能基本还原流域的水文过程，但整个时段内有着明显的高估和低估现象。从观测数据的流量过程线也可以看出，该时段的水文过程受到水库的影响，最高峰值有所降低，除 8 月、9 月外仍有较高的流量产生。

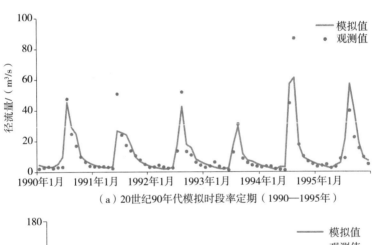

（a）20世纪90年代模拟时段率定期（1990—1995年）

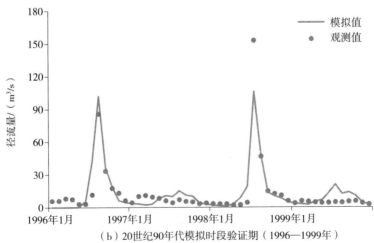

（b）20世纪90年代模拟时段验证期（1996—1999年）

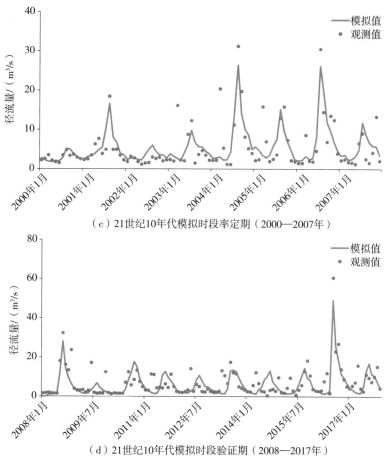

（c）21世纪10年代模拟时段率定期（2000—2007年）

（d）21世纪10年代模拟时段验证期（2008—2017年）

图 6-30　两个模拟时段的月尺度径流模拟值与观测值之间的流量过程线对比

在两个时段的模拟结果表明，SWAT 模型对于 1999 年之前的白河流域的月尺度径流有着很强的模拟能力，而 21 世纪以来，由于水库等工程的影响，未考虑水库数据的 SWAT 模型在模拟白河流域的月尺度径流时有一定的局限性。

6.4.4　参数敏感性分析

因为在 20 世纪 90 年代模拟时段的结果要明显优于 21 世纪 10 年代模拟时段，故本章所讨论的是 20 世纪 90 年代模拟时段张家坟站的参数敏感性。迭代后最终结果的 t-Stat 值、p-Value 值、取值范围以及最适值见表 6-22。

10 个参数中最为敏感的 3 个参数分别是 CN2、ALPHA_BF 和 GW_DELAY，其中 CN2 和 ALPHA_BF 在渠江流域以及漓江流域的月尺度 SWAT 模型模拟中也有着非常高的敏感性。GW_DELAY 为地下水滞后系数，表示水从土壤深层通过渗流等过程，在地下水空间运动直至形成浅层含水层水流的时间差，与流域的地下水空间的水力属性有关。该参数的敏感性较高，说明了在白河流域的月尺度 SWAT 模型模拟中，地下水空间对于形成地表径流有着重要的作用。

表 6-22   径流模拟参数的敏感性

参数名称	取值范围	最适值	t-Stat	p-Value	排序
CN2	−1～0	−0.96	−28.32	0	1
ALPHA_BF	0～0.2	0.03	14.76	0	2
GW_DELAY	60～200	97.87	−5.82	0	3
GWQMN	4 000～5 000	4 128	−4.86	0	4
CH_K2	0～0.5	2.08	−3.77	0	5
CH_N2	0～0.5	0.21	3.04	0	6
SOL_K	−1～−0.5	−0.85	1.03	0.30	7
SOL_AWC	−1～−0.6	−0.94	−0.50	0.62	8
SOL_Z	0～0.7	0.76	0.49	0.62	9
SFTMP	−20～−10	−15.35	0.29	0.52	10

6.4.5   不确定性分析

和本书其他流域的不确定性分析讨论一致，本节主要讨论白河流域参数不确定性对模型不确定性的影响。在 SUFI-2 算法中对参数不确定性主要是通过参数之间以及参数与目标函数值之间的相关性来表示。选取调参阶段的最后一次迭代中目标函数 NSE 大于 0 的参数组值，分析其参数不确定性。针对参数与 NSE 之间的相关性主要讨论了敏感性排在前六的参数，图 6-31 是所选取的参数组值与 NSE 之间的散点图。其中 CH_K2 与 NSE 之间存在着一定的相关性，其与 NSE 在整体上表现出负相关性，在取值范围内随着取值的增加，对应的 NSE 有所减小，即 CH_K2 取值较小时，更易于取得理想的径流模拟效果。其余参数在取值范围内都未明显表现出与 NSE 之间的相关性，

NSE 的结果在 0～0.9 基本均匀分布，这种无规律性会增加模型结果的不确定性。

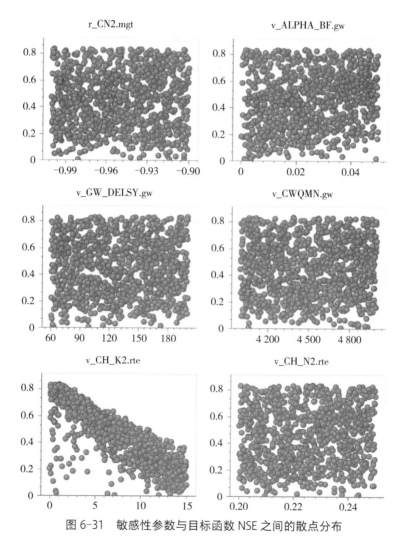

图 6-31　敏感性参数与目标函数 NSE 之间的散点分布

表 6-23 中列出了 5 组 NSE 取值约等于 0.83 时前 6 个敏感性参数的异参同效情况。从表中可以看出，参数取值不同时可以取得相等的 NSE，即模拟效果可以达到十分相近的效果。不同参数的取值变化幅度有所不同，其中 CN2 和 CH_N2 的变化幅度最小，GW_DELAY 和 CH_K2 的变化幅度较大。

表6.23 白河流域模拟结果"异参同效"情况

组别	CN2	ALPHA_BF	GW_DELAY	GWQMN	CH_K2	CH_N2	NSE
1	−0.942	0.021	146.592	4565.5	0.882	0.232	0.832
2	−1	0.023	199.791	4385.5	1.011	0.234	0.834
3	−0.941	0.044	159.613	4634.5	0.162	0.21	0.828
4	−0.973	0	104.734	4109.5	1.064	0.234	0.830
5	−0.931	0.013	165.772	4900.5	0.073	0.223	0.831

在模拟过程中，参数之间的相关性也会影响模拟结果的不确定性，所有参数之间的相关性如图6-32所示。各参数之间的相关性基本在 −0.28 ～ 0.28。说明在调参过程中，参数之间的冗余度较低，参数都相对独立，互不影响，因此对模拟结果的不确定性影响较小。

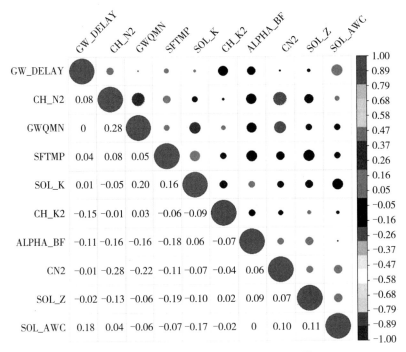

图6-32 SUFI-2算法径流行为参数相关性

在多种不确定性因素的影响下，SWAT 模型在白河流域的不确定结果如图 6-33 所示，其展示的为 20 世纪 90 年代模拟时段率定期所有模拟次数中参数组的结果。不确定性结果对应的 p-factor=0.96，r-factor=1.35，即本次模拟率定期 95PPU 的宽度为 1.35，并且有 96% 的观测值落在了 95PPU 区间内，有较多的观测值被包含在 95PPU 区间内，并且 95PPU 的宽度也非常接近 1，根据参数的判定标准，该模型的不确定性在可接受的范围内。

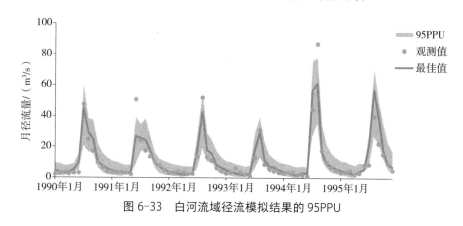

图 6-33　白河流域径流模拟结果的 95PPU

6.5　白河流域 SWAT 模型水质模拟

与 HSPF 模型相同，SWAT 模型对于泥沙、TP 和 TN 等水质的模拟也是基于径流模拟的基础，因此，本章利用 6.4 节已校准验证后的白河流域 SWAT 水文模型来进一步模拟泥沙、TP 和 TN 等水质数据。由于水质数据获取途径受限，只收集了 1990—2010 年时间段的泥沙、TP 和 TN 等水质数据，短于径流数据时间长度。数据来源为白河主坝张家坟站的水质监测数据，时间尺度为月尺度。以下分别为白河流域 SWAT 模型的泥沙、TN 和 TP 模拟结果分析。

6.5.1　泥沙模拟分析

6.5.1.1　模型及参数设置

根据前文的分析，1999 年为白河流域径流的突变年份，同时泥沙、TN

和 TP 也在 1999 年发生了突变，在 SWAT 模型模拟中也以 1999 年为节点将水质模拟划分为两个阶段。由于水质数据时间长度短于径流数据，所以对两个时间段的划分相较于径流模拟有所改动。水质数据的两个模拟时间段分别为 20 世纪 90 年代时间段和 21 世纪 10 年代时间段。

在 SWAT 模型中，基于划分的两个时间段，又分别划分率定期和验证期。在 20 世纪 90 年代时间段内，设置 1987—1989 年为模型预热期，1990—1995 年为模型率定期，1996—1999 年为模型验证期；在 21 世纪 10 年代时间段内，设置 1999 年为模型预热期，2000—2007 年为模型率定期，2008—2010 年为模型验证期。两个阶段的 SWAT 模型均以月尺度运行。

因为 SWAT 模型中泥沙等水质的模拟与径流密切相关，因此，对于模型参数的选择也着重考虑了径流相关参数。根据相关研究工作和实际模拟需求，本研究选取了 10 个主要参数进行白河流域的泥沙模拟，见表 6-24。主要是在径流模拟的相关参数的基础上，添加了 2 个与泥沙相关的参数，即 SPCON 和 SPEXP。利用 SWAT-CUP 软件中的 SUFI-2 算法完成对泥沙的校准过程。

表 6-24　泥沙模拟的参数含义及初始范围

参数类型	参数名称	参数含义	调参方法	初始范围
常规管理变量（.mgt）	CN2	SCS 径流曲线数	r	−1～1
流域变量（.bsn）	SPCON	泥沙输移线性系数	r	0.000 1～0.1
	SPEXP	泥沙输移指数系数	v	0～1.5
水文响应单元变量（.hru）	SLSUBBSN	平均坡长 /m	v	0～150
土壤变量（.sol）	SOL_BD	鲜土容重 /（g/cm³）	r	0～2.5
河道变量（.rte）	CH_N2	主河道曼宁系数	v	0～1
	CH_K2	主河道有效水力传导度 /（mm/h）	v	0～500
	ALPHA_BNK	河岸蓄水的基流系数（α）	v	0～1
地下水变量（.gw）	GW_DELAY	地下水延迟时间 /d	v	0～500
	GWQMN	浅层地下水再蒸发系数	v	0～5 000

6.5.1.2　泥沙模拟结果

经过 SWAT-CUP 软件对参数的反复调整和迭代之后，最终在张家坟站取得的泥沙模拟结果评价指标值见表 6-25。因为针对泥沙的模型校准是在已校准径流模拟的基础之上，本节研究中的泥沙模拟结果与 6.4 节的径流模拟结果表现出了较强的相关性。在 20 世纪 90 年代模拟时段率定期的评价指标都低于验证期；在 21 世纪 10 年代模拟时段整个时期的评价指标低于 20 世纪 90 年代时段，率定期和验证期相差不大。

在 20 世纪 90 年代模拟时段，率定期的 NSE 和 R^2 分别为 0.73 和 0.74，PBIAS 达到了 21.28%，虽然拟合度达到了令人非常满意的程度，但仍存在一定的误差；验证期的 NSE 和 R^2 分别为 0.85 和 0.87，略优于率定期，PBIAS 为 22.79%，模拟偏差与率定期基本一致。在 21 世纪 10 年代模拟时段，率定期和验证期的 NSE 分别为 0.52 和 0.55，R^2 分别为 0.52 和 0.59，PBIAS 值分别为 -16.92% 和 20.39%，模拟值与观测值之间的拟合度和模拟偏差方面的表现均不如 20 世纪 90 年代时段，但也在可以接受的范围内。

表 6-25　泥沙模拟结果及评价指标

模拟时段	时期	NSE	R^2	PBIAS/%
20 世纪 90 年代	率定期	0.73	0.74	21.28
	验证期	0.85	0.87	22.79
21 世纪 10 年代	率定期	0.52	0.52	-16.92
	验证期	0.55	0.59	20.39

图 6-34 为 20 世纪 90 年代和 21 世纪 10 年代两个时段白河流域泥沙模拟结果与观测值之间的时序过程线对比图。从图中可以看出在两个时段，SWAT 模型基本能够捕捉到雨季泥沙的变化趋势，但数值存在一定的误差。由于 SWAT 模型中泥沙值是根据径流的模拟值进行模拟的，泥沙的模拟值与径流的模拟值之间存在高相关性，所以在泥沙峰值发生之前会出现类似雨季径流峰值产生和消退的变化过程。根据观测值也可以发现，泥沙的运移主要与径流量的大小有关，在流量较大的月份，通过监测断面的泥沙出现较大的观测值，而其他月份基本都未观测到明显的泥沙流动。综上两方面的原因造成了模型整体出现较大的模拟误差。

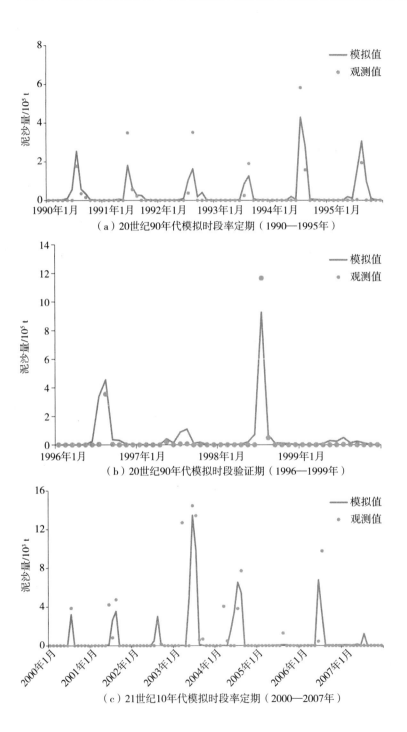

（a）20世纪90年代模拟时段率定期（1990—1995年）

（b）20世纪90年代模拟时段验证期（1996—1999年）

（c）21世纪10年代模拟时段率定期（2000—2007年）

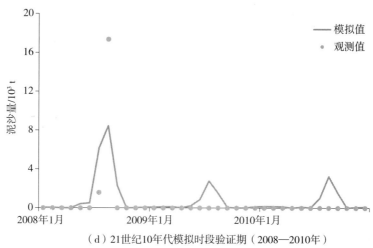

（d）21世纪10年代模拟时段验证期（2008—2010年）

图 6-34　两个模拟时段的月尺度泥沙模拟值与观测值之间对比

6.5.1.3　参数敏感性分析

　　与径流模拟一致，20 世纪 90 年代时段的模拟结果优于 21 世纪 10 年代时段的模拟结果，所以关于本节泥沙的参数敏感性和下一节不确定性分析都是基于 20 世纪 90 年代时段的模拟结果。

　　泥沙模拟的参数敏感性结果详见表 6-26。在泥沙模拟中，较为敏感的参数是 CH_N2、ALPHA_BNK、CN2、CH_K2 和 SOL_BD。反映河道粗糙程度的河道曼宁系数（CH_N2）在泥沙模拟中表现最为敏感；其次河岸蓄水的基流系数（α）（ALPHA_BNK）和 SCS 径流曲线数（CN2）敏感性也较高，泥沙的运移与径流紧密相关；除此之外，主河道有效水力传导度（CH_K2）和鲜土容重（SOL_BD）也表现出较强的敏感性，对泥沙的模拟产生较大影响。

表 6-26　泥沙模拟相关参数敏感性

参数名称	t-Stat	p-Value	敏感性排序
CH_N2	−72.59	0	1
ALPHA_BNK	23.97	0	2
CN2	22.33	0	3

续表

参数名称	t-Stat	p-Value	敏感性排序
CH_K2	-6.19	0	4
SOL_BD	3.46	0	5
SPEXP	2.83	0	6
GW_DELAY	-2.64	0.01	7
SLSUBBSN	1.73	0.08	8
SPCON	-1.00	0.32	9
GWQMN	0.24	0.81	10

6.5.1.4 不确定性分析

在泥沙的调参阶段最后一次迭代运行了 2 000 次,在调整后的最优参数值范围内尽可能地求出不同参数值组合的结果,以便在其中寻得最优解。本节选取目标函数 NSE 大于 0 对应的参数值组来分析模型的不确定性。

选取敏感性排序在前六的参数,绘制出了模型校准过程中相关参数取值与目标函数 NSE 之间的散点图,可以从散点分布观察出参数与 NSE 之间的整体相关性,如图 6-35 所示。在整个取值范围内,参数 CH_N2 在 0.03 ~ 0.09 取值范围内与 NSE 呈现出明显的负相关性,NSE 随着 CH_N2 的增加而减小。参数 ALPHA_BKN 与迭代过程中的 NSE 有弱正相关关系,而当 NSE 取值超过一定值后与参数 ALPHA_BKN 没有表现出明显的相关性。CN2 与 NSE 的相关性与 ALPHA_BKN 类似,但相关性不如后者明显。其余参数与 NSE 没有表现出明显的相关性。

这说明在使用 SUFI-2 算法校正的最终参数范围内,当 CN2 和 ALPHA_BNK 取值较大,CH_N2 取值较小时,即径流越大,河道粗糙程度越低时,泥沙模拟效果会更为理想。因此参数 CN2、ALPHA_BNK 和 CH_N2 对模型模拟结果不确定性的影响较大,其余参数对模型模拟结果不确定性的影响较小。

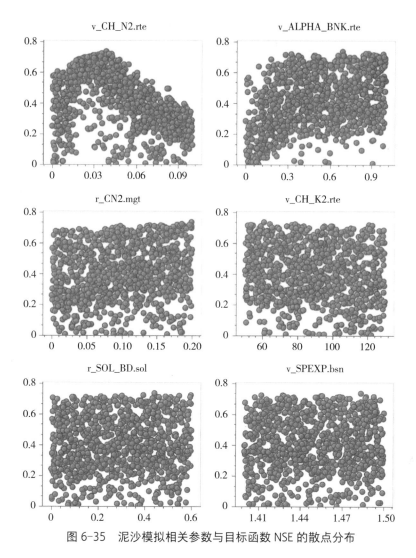

图 6-35　泥沙模拟相关参数与目标函数 NSE 的散点分布

除了分析单独参数取值与目标函数之间的关系，还绘制了模拟中的 10 个参数之间的散点图来讨论参数之间的相互影响，如图 6-36 所示。在所有参数中，相关性最高的为 CH_N2 与 CN2 和 CN_N2 与 SPCON，其相关系数分别为 0.28 和 -0.28，相关性也不明显。其余参数之间的相关性更弱，可以认为没有相关性。

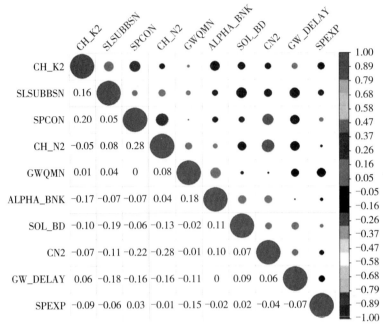

图 6-36　泥沙模拟参数相关性

在多种不确定性因素的影响下，SWAT 模型在白河流域的泥沙率定期模拟不确定性结果如图 6-37 所示。图中为行为参数组的结果不确定性范围，对应的 p-factor 和 r-factor 分别为 0.15 和 0.45，在宽度为 0.45 的不确定性范围内仅包含了 15% 的观测值，泥沙模拟结果具有较大的不确定性。

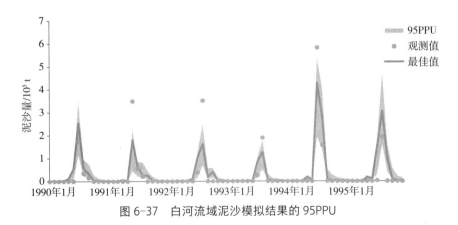

图 6-37　白河流域泥沙模拟结果的 95PPU

除了参数的影响外，模拟结果不确定性较大的主要原因是泥沙在非雨季的观测值基本为 0，而 SWAT 模型模拟基于径流都给出了非 0 值，导致非雨季的观测值落在不确定性范围外，模型的不确定性较大。

SWAT 模型基本能够捕捉到白河流域雨季泥沙的变化，加之其他月份泥沙观测值为 0 的情况，可以将该流域的泥沙模拟重点放在雨季，在适当提高模拟精度的情况下应用于流域的泥沙相关工作。

6.5.2　总氮模拟分析

6.5.2.1　模型及参数设置

本章所收集的 TN 数据时间段与泥沙一致，同样根据 1999 年为突变点将整个时期划分为两个时间段进行模拟，即 20 世纪 90 年代时间段和 21 世纪 10 年代时间段。

使用 SWAT 模型对白河流域的 TN 进行模拟时，针对两个时段的时期划分与泥沙保持一致，在 20 世纪 90 年代时间段内，设置 1987—1989 年为模型预热期，1990—1995 年为模型率定期，1996—1999 年为模型验证期；在 21 世纪 10 年代时间段内，设置 1999 年为模型预热期，2000—2007 年为模型率定期，2008—2010 年为模型验证期。两个阶段的 SWAT 模型也均以月尺度运行。

针对白河流域 TN 模拟，在 SWAT 模型中径流过程模拟的基础上，添加了 FILTERW、LAT_ORGN 和 SDNCO 3 个与 TN 模拟相关的参数，共选取了 8 个主要参数，见表 6-27。利用 SWAT-CUP 软件中的 SUFI-2 算法完成对 TN 的校准过程。

表 6-27　白河流域总氮模拟的参数含义及初始范围

参数类型	参数名称	参数含义	调参方法	初始范围
常规管理变量（.mgt）	CN2	SCS 径流曲线数	r	-1～1
	FILTERW	过滤带宽度 /m	v	0～100
流域变量（.bsn）	SDNCO	发生硝化作用的土壤含水量阈值	v	0～1

续表

参数类型	参数名称	参数含义	调参方法	初始范围
河道变量（.rte）	CH_K2	主河道有效水力传导度 /（mm/h）	v	0～500
	ALPHA_BNK	河岸蓄水的基流系数（α）	v	0～1
地下水变量（.gw）	LAT_ORGN	基流中的有机氮浓度 /（mg/L）	v	0～200
	ALPHA_BF	基流回退系数 /（1/d）	v	0～1
	GW_DELAY	地下水延迟时间 /d	v	0～500

6.5.2.2 总氮模拟结果

经过 SWAT-CUP 软件对参数的反复调整和迭代之后，最终针对白河流域 TN 取得的模拟结果评价指标值见表 6-28。与径流和泥沙模拟情况相同，在 20 世纪 90 年代模拟时段率定期的评价指标都低于验证期；在 21 世纪 10 年代模拟时段整个时期的评价指标低于 20 世纪 90 年代时段，率定期和验证期的模拟结果相差不大。

表 6-28　总氮模拟结果及评价指标

模拟时段	时期	NSE	R^2	PBIAS/%
20 世纪 90 年代	率定期	0.60	0.61	-16.43
	验证期	0.83	0.84	-8.16
21 世纪 10 年代	率定期	0.52	0.58	-21.77
	验证期	0.53	0.65	-25.56

从表 6-28 中可以看出，在 20 世纪 90 年代模拟时段，率定期的 NSE 和 R^2 仅为 0.60 和 0.61，PBIAS 值达到了 -16.43%，模拟结果刚达到令人满意的程度；验证期的 3 个评价指标值都有所增加，NSE 和 R^2 都达到了 0.85 以上，PBIAS 值也仅为 -8.16%，模拟偏差缩小了近一半。在 21 世纪 10 年代模拟时段，率定期和验证期的 NSE 都在 0.50 左右，R^2 分别为 0.56 和 0.67，PBIAS 值也相差不大，分别为 -21.77% 和 -25.56%，模拟值与观测值之间的拟合

度和模拟偏差方面的表现都不如 20 世纪 90 年代时段，仅在可以接受的范围内。

图 6-38 为 20 世纪 90 年代和 21 世纪 10 年代两个时段白河流域 TN 模拟结果与观测值之间的时序过程线对比图。在 20 世纪 90 年代阶段，SWAT 模型虽然能基本还原出白河流域 TN 的变化过程，对雨季峰值的模拟效果也较好，但未能较为准确地模拟出非雨季 TN 的波动。在 21 世纪 10 年代阶段，观测值较 20 世纪 90 年代阶段出现了许多异常值，而 SWAT 模型对于这些异常值的模拟能力不足，导致评价指标的值较低，偏差较大。

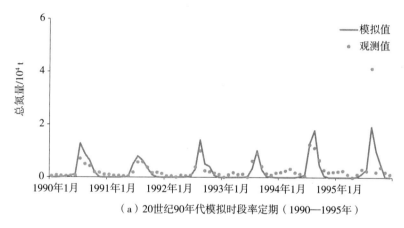

（a）20世纪90年代模拟时段率定期（1990—1995年）

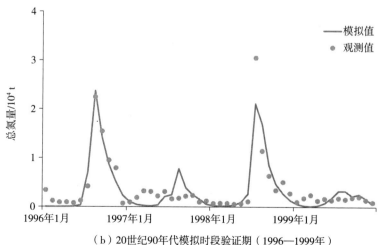

（b）20世纪90年代模拟时段验证期（1996—1999年）

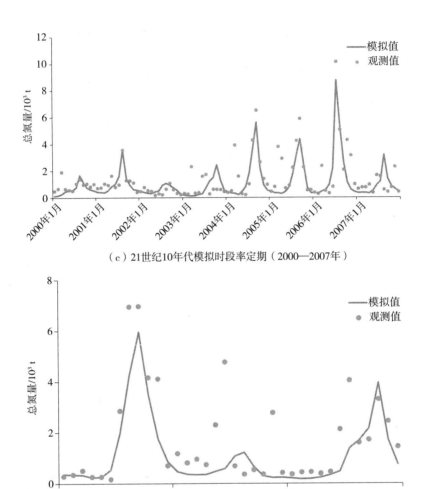

（c）21世纪10年代模拟时段率定期（2000—2007年）

（d）21世纪10年代模拟时段验证期（2008—2010年）

图6-38　两个模拟时段的月尺度总氮模拟值与观测值之间对比

6.5.2.3　参数敏感性分析

针对白河流域 TN 模拟结果的参数敏感性和不确定性结果讨论同样基于 20 世纪 90 年代时段的模拟结果，与泥沙模拟部分保持一致。

在所选取的 8 个参数中，ALPHA_BNK、LAT_ORGN、FILTERW 和 CN2 在 TN 模拟过程中表现较为敏感。ALPHA_BNK 指河岸蓄水的基流系数（α），堤岸蓄水将水流输送至主河道或底槽内的河段，采用类似于地下水的退水曲线进行模拟；此外 CN2 敏感性也较高，可见 TN 的运移与径流紧密相关；LAT_ORGN 代表基流中的有机氮浓度，研究表明世界范围内的河流中总氮有 14%～90% 由有机氮组成，同时也有研究表明白河流域内非点源污染源之一来自农业（张敏等，2019）；FILTERW 是过滤带宽度，其值越小说明人类活动对水质的影响越大（表 6-29）。

表 6-29　总氮模拟相关参数敏感性

参数名称	t-Stat	p-Value	排序
ALPHA_BNK	36.08	0	1
LAT_ORGN	11.72	0	2
FILTERW	−10.13	0	3
CN2	−8.77	0	4
ALPHA_BF	2.75	0.01	5
SDNCO	1.36	0.17	6
GW_DELAY	0.57	0.57	7
CH_K2	0.54	0.59	8

6.5.2.4　不确定性分析

本节选取了 TN 模拟最后一次运行中参数敏感性排在前六，且目标函数 NSE 大于 0 的参数值组合为行为参数组来分析模型的不确定性。

图 6-39 为模型校准过程中相关参数取值与目标函数 NSE 之间的散点图。目标函数 NSE 的值随参数值的变化呈现出一定的规律：NSE 与敏感性最强的参数 ALPHA_BNK 有着明显的正相关性，NSE 随 ALPHA_BNK 值的增大而整体呈现为上升趋势；NSE 的最大值与 LAT_ORGN 的取值有着相对较弱的正相关性；其他参数中，NSE 随参数值变化而变化的散点分布变化规律不显著。在使用 SUFI-2 算法校正的最终参数范围内，当 FILTERW 取值较小，SDNCO 值较大，LAT_ORGN 在 60～70 范围内，ALPHA_BNK 在 0.1 以上的范围内时，模型模拟的不确定性会更小，TN 的模拟效果会更好。

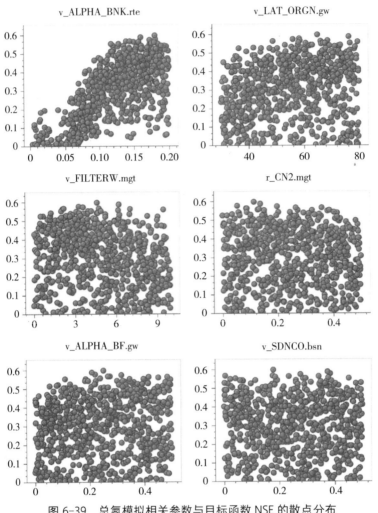

图 6-39 总氮模拟相关参数与目标函数 NSE 的散点分布

图 6-40 为 TN 模拟时 8 个参数之间的相关性散点图，可以观察模型校准过程中参数之间的影响。与泥沙模拟中类似，参数之间最大的相关度为 0.28，存在于 CH_k2 与 FILTERW 之间，其余参数之间的相关性更弱，即 8 个参数在模型校准过程中互相之间几乎没有影响，对模型结果不确定性的影响非常小。

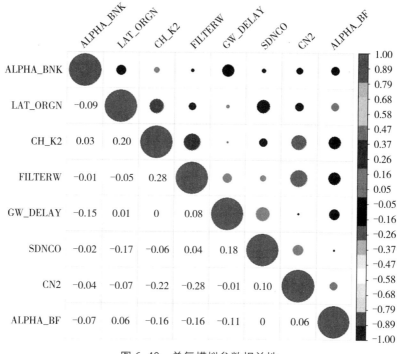

图 6-40　总氮模拟参数相关性

6.5.3　总磷模拟分析

6.5.3.1　模型及参数设置

　　针对白河流域 TP 的模拟，同样根据突变年份将整个时间段划分为两段，即 20 世纪 90 年代时间段和 21 世纪 10 年代时间段。基于两个时间段，SWAT 模型中关于率定期和验证期的划分与 TN 模拟中一致。两个阶段的 SWAT 模型也均以月尺度运行。

　　以径流和泥沙模拟相关参数为基础，添加了 BIOMIX、LAT_ORGP、GWSOLP 和 SOL_ORGP 等与 TP 模拟相关的参数，共选取了 10 个参数对白河流域的 TP 进行模拟，见表 6-30。利用 SWAT-CUP 软件中的 SUFI-2 算法完成对 TP 的校准过程。

表 6-30　白河流域总磷模拟的参数含义及初始范围

参数类型	参数名称	参数含义	调参方法	初始范围
常规管理变量（.mgt）	CN2	SCS 径流曲线数	r	−1～1
	BIOMIX	生物混合效率	v	0～1
流域变量（.bsn）	SPEXP	泥沙输移指数系数	v	0～1.5
地下水变量（.gw）	ALPHA_BF	基流回退系数 /（1/d）	v	0～1
	GW_DELAY	地下水延迟时间 /d	v	0～500
	GWQMN	浅层地下水再蒸发系数	v	0～5 000
	LAT_ORGP	基流中的有机磷浓度 /（mg/L）	v	0～200
	GWSOLP	地下水中可溶性磷 /（mg/L）	v	0～1 000
土壤化学变量（.chm）	SOL_ORGP	表层土壤中有机磷的初始浓度 /（mg/kg）	v	0～100
河道变量（.rte）	CH_K2	主河道有效水力传导度 /（mm/h）	v	0～500

6.5.3.2　总磷模拟结果

经过在 SWAT-CUP 软件中对 SWAT 模型反复校准，最终对白河流域 TP 的模拟结果评价指标见表 6-31。从表中可知，TP 的模拟结果评价指标值与 TN 模拟中的非常相近，只是在 20 世纪 90 年代阶段的验证期远低于 TN 模拟中的对应时期。

表 6-31　总磷模拟结果及评价指标

模拟时段	时期	NSE	R^2	PBIAS/%
20 世纪 90 年代	率定期	0.60	0.62	−25.88
	验证期	0.62	0.64	−19.30
21 世纪 10 年代	率定期	0.50	0.56	−25.49
	验证期	0.52	0.67	−22.73

在 20 世纪 90 年代模拟时段，率定期和验证期的 NSE 和 R^2 都在 0.62 左

右；在 21 世纪 10 年代模拟时段，率定期和验证期的 NSE 和 R^2 都在 0.55 左右。模拟结果值与观测值的拟合度在可以接受的范围内，20 世纪 90 年代模拟时段略优于 21 世纪 10 年代模拟时段。整个时期的 PBIAS 值在 −25.88%～−19.30%，模拟结果有着较大的偏差。

图 6-41 为 20 世纪 90 年代和 21 世纪 10 年代两个时段白河流域 TP 模拟结果与观测值之间的时序过程线对比图。从图中可以看出，SWAT 模型对 20 世纪 90 年代模拟时段内 TP 的模拟效果要优于 21 世纪 10 年代模拟时段，也能基本还原出白河流域 TP 的整体变化过程，但对于非雨季的波动模拟能力不足。在 21 世纪 10 年代模拟时段内，TP 的观测值与 TN 情况一致，都出现了许多异常值，整体模拟效果不够好。

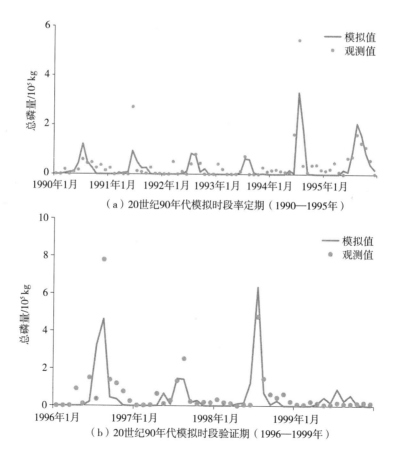

（a）20世纪90年代模拟时段率定期（1990—1995年）

（b）20世纪90年代模拟时段验证期（1996—1999年）

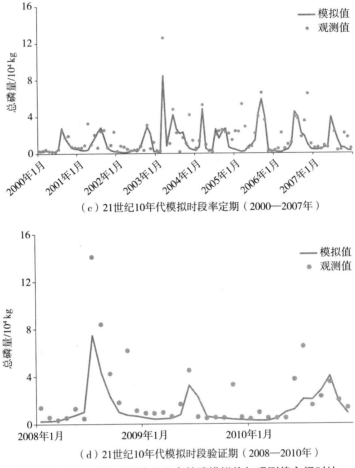

（c）21世纪10年代模拟时段率定期（2000—2007年）

（d）21世纪10年代模拟时段验证期（2008—2010年）

图 6-41　两个模拟时段的月尺度总磷模拟值与观测值之间对比

　　观察 TN 和 TP 的整个时期可以发现，观测值在 3 月会出现或大或小的增加，从而造成模拟结果较差。产生该现象的原因可能是白河流域农业种植主要以冬小麦为主，而 3 月为冬小麦返青阶段，在自然雨水无法满足作物生长需求的时候，需要根据缺水情况进行灌溉。同时，增加含氮磷等化肥的施用必定会造成氮磷元素在农田中流失，并随着产流过程汇入河道中，进而引起监测断面 TN 和 TP 的观测值增加。在以后的模拟工作中可以添加更多与农业施肥量等方面相关的数据，以提高模型模拟的准确度。

6.5.3.3　参数敏感性分析

与白河流域泥沙和 TN 模拟情况相同，20 世纪 90 年代时段的模拟结果要优于 21 世纪 10 年代时段，所以针对白河流域 TP 模拟结果的参数敏感性和不确定性结果讨论也都是基于 20 世纪 90 年代时段的模拟结果。

在敏感性排序前四的参数中有两个与径流相关，分别为 CH_K2 和 CN2，表明 TP 的模拟也与径流过程密切相关。除与径流有关的参数外，LAT_ORGP 和 SPEXP 表现也较为敏感。LAT_ORGP 是基流中的有机磷浓度，对 TP 的模拟基础值起到了决定性作用。SPEXP 是泥沙输移指数系数。有研究表明，土壤养分中氮元素与磷元素流失含量随着径流量与泥沙流失量的增加而增加，总氮与总磷流失量均与径流量与泥沙流失量关系显著（刘禹，2020）（表 6-32）。

表 6-32　总磷模拟相关参数敏感性

参数名称	t-Stat	p-Value	敏感性排序
LAT_ORGP	66.89	0.00	1
CH_K2	2.16	0.03	2
SPEXP	1.74	0.08	3
CN2	−0.85	0.40	4
GWQMN	−0.83	0.41	5
ALPHA_BF	−0.80	0.42	6
BIOMIX	0.79	0.43	7
GW_DELAY	−0.75	0.45	8
SOL_ORGP	−0.31	0.76	9
GWSOLP	−0.27	0.79	10

6.5.3.4　不确定性分析

针对敏感性在前六位的参数取值与目标函数 NSE 之间的相关性，选取了 TP 模拟最后一次运行中 NSE 大于 0 的对应迭代结果，如图 6-42 所示。从图中可以看出，函数 NSE 的值随参数 LAT_ORGP 的值的变化呈现一定的规律：在 0～0.3，NSE 随 LAT_ORGP 值的变大而变大，在 0.3～1，NSE 随 LAT_

ORGP 值的变大而减小，并表现出发散的趋势；其他参数中，NSE 随参数值变化而变化的散点分布变化规律不显著。这说明在使用 SUFI-2 算法校正的最终参数范围内，当 LAT_ORGP 在 0.3 附近时，模型模拟的不确定性会更小，TP 的模拟效果会更好。

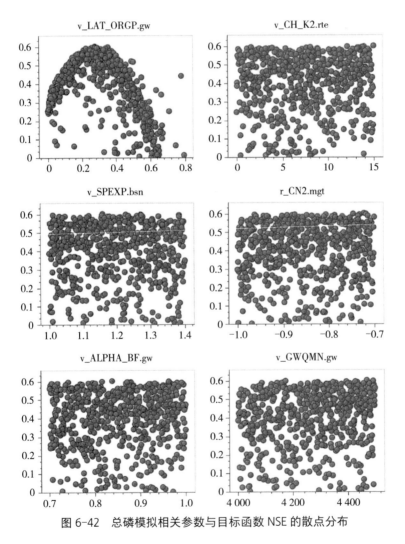

图 6-42　总磷模拟相关参数与目标函数 NSE 的散点分布

图 6-43 为 TP 模拟时 10 个参数之间的相关性散点图。所有参数之间的最大相关度绝对值为 0.28，存在于 GWSOLP 与 GWQMN、CN2 与 GWSOLP 之

间。与泥沙和 TN 的模拟类似，所选取的参数之间的相关性很弱，在校准过程中几乎没有影响，对模型结果不确定性的影响非常小。

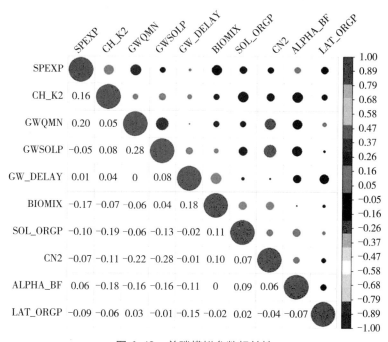

图 6-43　总磷模拟参数相关性

在多种不确定性因素的影响下，SWAT 模型在白河流域的 TP 在率定期模拟不确定性结果对应的 p-factor 和 r-factor 分别为 0.33 和 0.73。由于以所有参数组的结果绘制 95PPU 图，不确定性范围的宽度达到了 0.73，但在较宽的范围内仅包含了 33% 的观测值，有更多的观测值落在了不确定性范围外，可见 TP 模拟结果具有较大的不确定性。

6.6　本章小结

本章对密云水库流域的水文水质模拟分为潮河流域和白河流域两部分。在潮河流域分别构建了 SWAT 模型和 HSPF 模型来模拟径流，并利用 HSPF

模型模拟了泥沙、TN 和 TP 等水质要素。在白河流域构建了 SWAT 模型来模拟径流及包括泥沙、TN 和 TP 在内的水质要素。所构建的水文模型中气象数据均只选取了中国地面气候资料日值数据集。

根据所收集的数据，在潮河流域的 SWAT 模型构建过程中，选择了最下游的下会水文站进行模型的径流模拟校准，并将校准参数应用到中上游的大阁水文站和古北口水文站。模型在下会水文站能取得非常不错的结果，NSE 达到 0.83 以上，在另两个站点的模拟结果能基本满足流域径流的模拟要求，但模拟精度明显低于下会水文站。参数敏感性分析结果显示，CN2、SOL_K 和 SOL_Z 参数在本次模拟中敏感性最高。不确定性分析结果表明，模拟结果的不确定性在可接受的范围内。

在潮河流域还构建了 HSPF 模型对流域内的径流和水质情况进行模拟。在对径流进行模拟时选择了上游的大阁水文站进行模型校准，讨论了在不同位置子流域得出的校准模型参数是否适用于其他子流域及整个流域。结果表明，HSPF 模型在大阁水文站能取得令人满意的结果，率定期的 NSE 达到了 0.80，但在下游站点的应用效果欠佳。参数敏感性分析结果显示，在 HSPF 模型的本次模拟中，AGWRC、INFILT、LZSN 和 UZSN 参数最为敏感。考虑到仅收集了下会水文站的水质数据，调整模型参数使得下会水文站径流模拟取得最佳效果，进而进行水质相关要素的模拟。在下会水文站的泥沙模拟结果中 NSE 达到了 0.83，在 TN 和 TP 模拟结果中 NSE 达到了 0.56 以上。

在白河流域构建 SWAT 模型对径流和水质情况进行了模拟，模拟时间分为 20 世纪 90 年代和 21 世纪 10 年代两个时段。径流和泥沙在 20 世纪 90 年代时段率定期和验证期各项指标表现优异，TN 和 TP 的模拟各项指标达到 0.60 及以上，模拟结果具有可信度；21 世纪 10 年代时段的模拟由于受到上游水库管理措施的影响，模拟结果稍逊于 20 世纪 90 年代时段模拟效果，但仍可达到 0.50 及以上，满足模拟要求。此外还对各要素模拟结果的参数敏感性和模型不确定性进行了分析，其中径流模拟时最为敏感的 3 个参数分别是 CN2、ALPHA_BF 和 GW_DELAY，模型的不确定性在可接受的范围内。

第 7 章
复杂水环境下的最佳管理措施

7.1　最佳管理措施

随着社会经济的发展，水环境污染已经成为亟待解决的环境问题之一，从流域层次开展复杂水环境规划与管理已经成为水科学研究的前沿领域。通过对污染物在水环境中的变化过程及其规律进行模拟，准确描述污染物在水力、化学、生物和气候等因素的作用下随时间和空间的迁移转化过程及其规律，是了解复杂水环境的有效途径（张昊、张代钧，2010）。为了在有限的公共资金下实现水质目标，通过流域模型来对管理措施进行评估和筛选是非常有必要的（孙浩然等，2020）。"最佳管理措施"（BMPs）这一概念在 20 世纪 70 年代由美国学者提出，其含义是任何可以保护流域水环境，预防水质污染的方法和措施，主要有工程措施和非工程措施（郑涛等，2005）。这些措施包括免耕、残茬覆盖、限量施肥、等高耕作、植草水道、植被过滤带、退耕还林、轮耕轮作等一系列控制措施。许多专家学者通过研究表明了采取最佳管理措施对水资源污染防治效果显著（金可礼等，2008；Boufala et al.，2021）。最佳管理措施是针对农业污染防治的综合方法。在 SWAT 模型中内嵌有 BMPs 模块，此模块基于农田水控制的最大日负荷系统（Total Maximum Daily Load System，TMDLS）对污染负荷进行估算和削减，图 7-1 为最大日负荷系统结构（柯强，2009）。该系统包括 3 个部分：前处理部分、水文水质模拟部分以及后处理部分。另外，利用 ArcView 中人工神经网络方法对遥感 TM 影像的土地覆盖进行处理，构建土地分类覆盖模块，并集成到 AVSWAT 中。最后根据最大日负荷总量（Total Maximum Daily Load，TMDL）计划对水质进行管理。BMPs 通过工程措施和非工程措施改变 TOLOS 的前处理模块、水文水质模拟模块和土地覆盖模块，以达到治理污染的目的。比如，采取免耕、残茬覆盖改变土地耕作模式；直接减少化肥施用量；设置植被缓冲带、植草水道；采取退耕还林还草等措施。通过人为设置一些情景方案来改变污染物的负荷量，从而评估出对污染负荷量削减最有效的单项措施或者综合措施，为水污染防治提供解决对策。

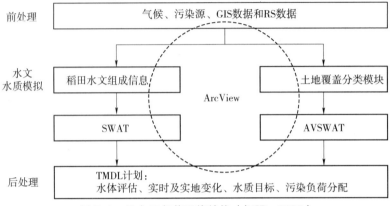

图 7-1　最大日负荷系统结构（柯强，2009）

7.2　漓江流域最佳管理措施评估

喀斯特地貌由特殊地形、地貌及相关的生态系统组成，是可溶性岩石（大多为石灰岩）经过溶蚀、冲蚀、潜蚀以及坍陷等作用形成的地表和地下形态的总称，又称岩溶地貌（王波等，2018）。喀斯特地貌约占全球陆地总面积的 12%，为近 25% 的世界人口提供饮用水（何霄嘉等，2019）。在国家和广西壮族自治区人民政府的综合治理和保护下，漓江流域水质基本稳定在 Ⅱ 类水质。但是，流域内仍然存在着水土流失、农业污染等现象，必须积极采取有效的污染防治措施。利用 SWAT 模型可以设置不同的情景，以研究不同情景下污染负荷的削减情况。为了更有针对性，本章先对该流域特殊的地质地貌进行分析，将流域分为岩溶区和非岩溶区，对比两者的水量平衡、泥沙产出、污染负荷差异性，进而识别出关键污染源区（主要是农业面源污染），建立一套科学的流域最佳管理措施。

7.2.1　岩溶区与非岩溶区水文水质差异对比

7.2.1.1　水量平衡分析

本章主要依据碳酸盐岩和碎屑岩等地质特点，将子流域划分为岩溶区（碳酸盐岩）和非岩溶区（碎屑岩），如图 7-2 所示。岩溶区子流域包括 15 号、16 号、18 号、20～35 号，面积为 2 755 km²；非岩溶区子流域包括 1～14 号、17 号、19 号，面积为 2 689 km²。在对 SWAT 模型率定校准后，可以在输出文件中很方便地查阅各个水文要素的模拟情况，从而进行流域的水量平衡分析。水量平衡即一定区域（或水体）在一定时段内水的收入量与支出量之差等于该区域（或水体）的蓄水变量（井涌，2003）。SWAT 模型的水量平衡公式如下。

$$\Delta Sw = PREC - SURQ - LATQ - PERC - ET \qquad (7-1)$$

式中：ΔSw——流域内的蓄水变化量，mm；

   PREC——流域内的降水量，mm；

   SURQ——流域内的地表径流量，mm；

   LATQ——侧向净流量，mm；

   PERC——土壤对地下水的补给量，mm；

   ET——实际蒸散量，mm。

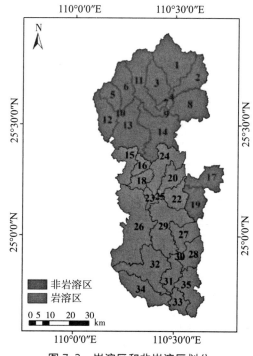

图 7-2 岩溶区和非岩溶区划分

岩溶区和非岩溶区的面积、土壤类型、土地利用情况基本相同。基于此，对岩溶区和非岩溶区进行了水量平衡统计分析，统计结果见表 7-1 和表 7-2。从表中可知，整个流域的年均降水量约为 1 767.78 mm。岩溶区年均降水量约为 1 718.27 mm，非岩溶区年均降水量约为 1 817.29 mm，而且从图 7-3 中可以看出两者降水趋势也十分相近，漓江流域降水量的分布是比较均匀的。岩溶区年均侧向径流量 46.10 mm，非岩溶区约为 81.23 mm，非岩溶区略高一些。而两者的年均蒸散发量依次为 530.56 mm、532.20 mm，相差不大，代表整个流域的蒸散发量是比较均匀的。

表 7-1　岩溶区水量平衡情况　　　　　　　　　　单位：mm

年份	PREC	SURQ	LATQ	PERC	ET	ΔSw
2006	1 728.21	634.93	51.67	521.83	541.20	−21.41
2007	1 405.87	420.63	40.02	386.49	551.95	6.78
2008	1 852.15	802.38	46.25	532.15	538.07	−66.69
2009	1 424.08	564.23	35.48	373.89	510.40	−59.92
2010	1 507.91	601.75	38.53	459.40	488.76	−80.53
2011	918.55	238.00	24.50	246.39	500.00	−90.34
2012	1 815.86	670.17	49.34	526.21	529.26	40.89
2013	1 706.40	644.61	46.37	487.65	556.01	−28.24
2014	1 790.18	642.72	50.24	515.89	555.48	25.84
2015	2 857.14	1510.20	69.11	821.73	524.40	−68.30
2016	1 894.65	720.97	55.62	548.34	540.67	29.05
平均值	1 718.27	677.33	46.10	492.72	530.56	−28.44

表 7-2　非岩溶区水量平衡情况　　　　　　　　　　单位：mm

年份	PREC	SURQ	LATQ	PERC	ET	ΔSw
2006	1 778.8	712.47	83.42	499.26	520.58	−36.93
2007	1 434.74	465.82	65.44	358.46	525.75	19.27
2008	1 999.72	866.4	85.17	486.99	548.79	12.36
2009	1 586.07	626.89	67.29	299.67	511.24	80.98
2010	1 718.45	682.53	76.33	398.29	490.71	70.58

续表

年份	PREC	SURQ	LATQ	PERC	ET	ΔSw
2011	996.38	255.77	46.86	204.38	501.84	−12.47
2012	1 907.97	729.63	86.64	496.48	539.53	55.69
2013	1 747.06	698.48	80.91	426.41	565.63	−24.36
2014	1 792.98	713.36	84.25	481.06	563.29	−48.98
2015	3 035.63	1 569.05	123.89	725.91	530.54	86.24
2016	1 992.42	925.26	93.30	496.73	556.33	−79.20
平均值	1 817.29	749.61	81.23	443.06	532.20	11.20

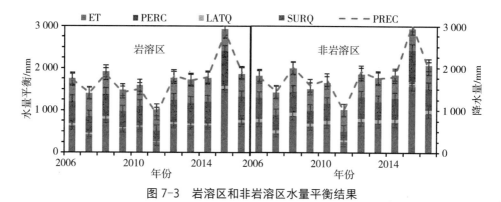

图 7-3　岩溶区和非岩溶区水量平衡结果

对于地表径流，岩溶区的年均地表径流量约为 677.33 mm，非岩溶区的年均地表径流量约为 749.61 mm。非岩溶区的地表径流量大于岩溶区，这一现象不仅体现在多年平均方面，而且几乎每年非岩溶区的地表径流量都大于岩溶区。两者地表径流量最小相差约 17.77 mm，最大相差约 204.29 mm。出现这一现象的原因主要是地质地貌的不同。非岩溶区以碎屑岩为主，岩溶发育不明显，降水大多以地表径流的形式排泄，对地下水的补给要小于岩溶区。而岩溶区以盐酸盐岩为主，岩石孔隙、裂隙较多，地表水可以快速转化为地下水。对地下水补给量的研究也可印证这一现象。岩溶区的年均地下水补给量约为 492.72 mm，非岩溶区约为 443.0 mm。岩溶区地下水活跃，每年地表补给地下的水量都要比非岩溶区多。

从图 7-4 中观察到，虽然岩溶区和非岩溶区由于地质特性不同径流的变化规律有所差异，但差异性较小，地表径流量相差 72.28 mm，地下径流量相差 49.66 mm。可能是因为岩溶区和非岩溶区面积比接近 1∶1，产汇流大小也比较接近。两者依然遵循基本的水文循环规律：径流量与降水量呈正相关关系。从图 7-3、图 7-4 可以看出，降水量越大，地表径流量越大，地下补给量也越大。图 7-5 为各子流域水量平衡分布。

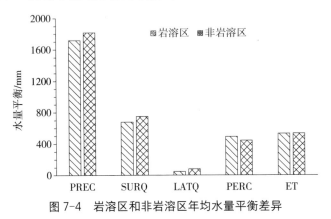

图 7-4　岩溶区和非岩溶区年均水量平衡差异

图 7-5　子流域水量平衡分布

7.2.1.2 污染负荷分析

利用 SWAT 模型的水质输出结果,对漓江流域的泥沙(SED)、氨氮、溶解氧进行统计分析。表 7-3 和表 7-4 是岩溶区和非岩溶区的 SED、NH_3-N、DO 单位面积污染负荷量的统计表,图 7-6 是各子流域单位面积污染负荷分布图。对于泥沙来说,漓江流域单位面积产沙量约为 25.02 t/km²,输沙总量约为 13.62×10^4 t。岩溶区单位面积产沙量约为 30.36 t/km²,输沙总量约为 8.45×10^4 t;非岩溶区单位面积产沙量约为 19.68 t/km²,输沙总量约为 5.29×10^4 t。对于 NH_3-N 和 DO,岩溶区单位面积 NH_3-N 负荷约为 0.102 t/km²,NH_3-N 负荷总量约为 281.01 t;单位面积 DO 负荷约为 4.930 t/km²,DO 负荷总量约为 1.36×10^4 t。非岩溶单位面积 NH_3-N 负荷约为 0.039 t/km²,NH_3-N 负荷总量约为 104.87 t;单位面积 DO 负荷约为 4.203 t/km²,DO 负荷约为 1.13×10^4 t。

表 7-3 岩溶区单位污染负荷统计 单位:t/km²

年份	SED	NH_3-N	DO
2006	25.20	0.098	5.023
2007	14.64	0.066	3.812
2008	26.81	0.117	5.126
2009	20.49	0.070	4.409
2010	16.09	0.079	4.632
2011	7.36	0.043	2.759
2012	34.59	0.145	4.996
2013	32.79	0.120	4.928
2014	35.49	0.107	5.171
2015	59.54	0.153	7.578
2016	60.94	0.122	5.796
平均值	30.36	0.102	4.930

表 7-4 非岩溶区单位污染负荷统计 单位：t/km²

年份	SED	NH₃-N	DO
2006	14.05	0.032	4.463
2007	9.89	0.024	3.299
2008	22.51	0.048	4.498
2009	9.46	0.024	3.166
2010	14.27	0.035	3.715
2011	4.73	0.015	2.196
2012	30.64	0.061	4.196
2013	19.88	0.044	4.315
2014	18.58	0.041	4.479
2015	33.40	0.057	6.599
2016	39.02	0.054	5.312
平均值	19.68	0.039	4.203

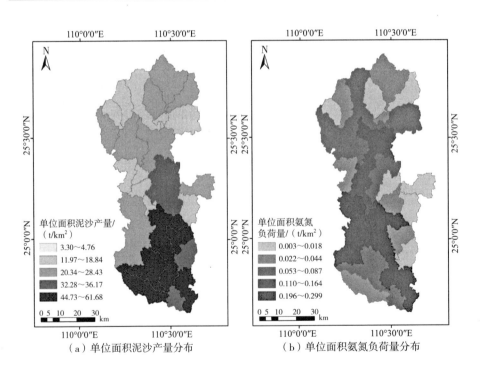

（a）单位面积泥沙产量分布　　　　　（b）单位面积氨氮负荷量分布

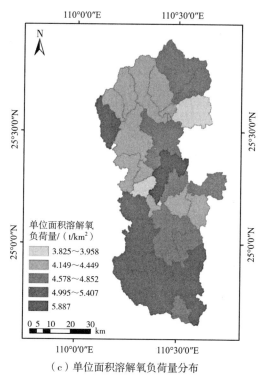

（c）单位面积溶解氧负荷量分布

图 7-6　各子流域单位污染负荷的空间分布

从图 7-7 中可以看出，岩溶区多年平均泥沙产量，NH_3-N、DO 污染负荷量大于非岩溶区。一方面由于与碎屑岩相比，碳酸盐岩具有可溶性，这使得岩溶区形成双层水文地质结构，这种地质结构使得岩溶区水土流失不仅有降雨冲刷携带着泥沙的地表径流，还有土壤颗粒随降雨通过岩溶裂隙、地下管道等进入地下径流的漏失过程。同样这种地表—地下双循环机制，使得岩溶区地表和地下同时产生污染，污染量也随之增大。另一方面，岩溶区的耕地面积约 1 361 km²，非岩溶区约 606 km²，岩溶区产生的面源污染会更多，NH_3-N 和 DO 污染负荷量也会更大。

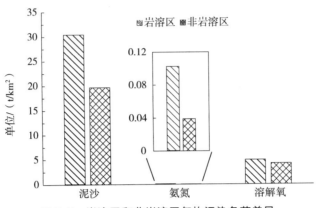

图 7-7　岩溶区和非岩溶区年均污染负荷差异

7.2.2　漓江流域最佳管理措施情景设置

漓江流域虽然水质状况良好，水源区的水质考核断面也达到了国家标准，但是由于岩溶区特殊的地质地貌形态，以及生活污水、畜牧养殖、农田施肥等，依然存在着水土流失和农业面源污染等问题。利用 SWAT 模型模拟评价管理措施，是一种防治和控制面源污染普遍有效的方法。

7.2.2.1　污染物关键源区识别

为了使管理措施精准有效，首先需要对污染物的位置来源进行识别，即识别出污染物的关键源区。本研究区内主要包括了兴安县、灵川县、桂林市、阳朔县 4 个地区，经过查阅资料，4 个地区的农田施肥情况见表 7-5（刘雪春等，2015）。由于本研究的污染物为 NH_3-N 和 DO，因此主要的施肥种类选取氮肥、磷肥和复合肥（氮：磷：钾 =1∶1∶1），按照每个子流域的耕地面积占 4 个地区种植面积的比例，将施肥量进行折算。图 7-8 为各子流域耕地面积分布图，图 7-9 为各子流域施肥量分布图。结合耕地面积、施肥量以及前文单位污染物负荷的分布（图 7-6），最终选定污染物关键源区为 26 号、29 号、31 号、32 号、34 号、35 号 6 个子流域。6 个子流域的耕地面积、施肥量、污染物负荷量见表 7-6。

表 7-5　漓江流域农田施肥基本情况

地区	种植面积 / km²	施肥量 / (t/a)			
		氮肥	磷肥	钾肥	复合肥
兴安县	1 728.21	404.95	12 899	7 877	46 566
灵川县	1 405.87	737.20	20 319	8 396	7 241
桂林市	1 852.15	182.87	8 590	2 847	1 365
阳朔县	1 424.08	654.66	20 637	10 922	8 539
总和	6 410.31	1 979.68	62 445	30 042	63 711

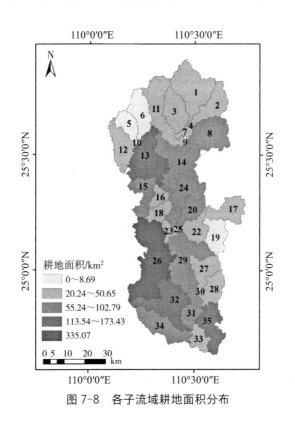

图 7-8　各子流域耕地面积分布

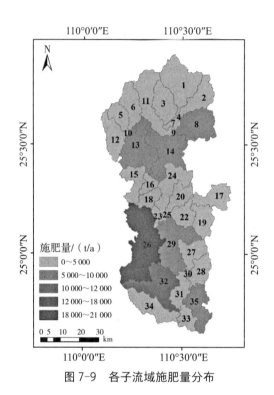

图 7-9　各子流域施肥量分布

表 7-6　关键源区耕地面积、施肥量、污染物负荷量统计

子流域	耕地面积 /km²	施肥量 / (t/a)	泥沙 / (t/km²)	NH₃-N/ (t/km²)	DO/ (t/km²)
26 号	355.07	20 458.36	23.31	0.299	5.304
29 号	95.57	5 506.68	49.93	0.196	4.711
31 号	59.42	3 423.84	50.34	0.224	5.407
32 号	173.07	9 972.17	47.38	0.059	4.995
34 号	80.72	4 650.72	45.70	0.043	5.071
35 号	113.54	6 541.98	44.73	0.239	5.336

7.2.2.2　情景方案设计

　　本研究结合漓江流域的农业施肥、种植方式、土地利用等情况,对 6 个子流域采取非工程措施、工程措施和景观措施共 7 种 BMPs 方式进行模拟评估。其中,无任何措施为初始(情景 0),非工程措施包括情景 1、情景 2、情景 3、

工程措施包括情景 4、情景 5、情景 6，景观措施为情景 7。具体情景方案设置见表 7-7。情景 1 主要为改变耕作方式，如采用免耕法、少耕法保护耕地，增强土壤肥力，减少化肥使用；情景 2 采取测土配方施肥技术、平衡施肥等措施直接削减化肥施用量，削减幅度设置为 20%；情景 3 采用残茬覆盖方法，保留农田秸秆等残留物，以保护农田；情景 4、情景 5、情景 6 分别通过人工种植植被缓冲带、植草水道、等高植物篱，降低流速，拦截污染，防治水土流失；情景 7 通过退耕还林，减少耕地使用面积，增加林地数量，保护生态。

表 7-7　最佳管理措施情景设置

BMPs	情景设置	措施描述	参数调整
初始	0	无	无
非工程措施	1	免耕	MGT 中添加 Tillage
	2	化肥减施 20%	施肥量输入值减少 20%
	3	残茬覆盖	MGT 中添加 Haverst Only
工程措施	4	植被缓冲带 10 m	OPS 中 FS 设置为 10
	5	植草水道	OPS 中添加 Grassed Waterway
	6	等高植物篱	MGT 中设置 FILTERW 为 1
景观措施	7	退耕还林（＞25°）	坡度 25° 以上耕地划分为林地

7.2.2.3　BMPs 削减效果评估

在管理措施模拟评估中，采用污染负荷削减率作为评价指标来评估 7 种 BMPs 对面源污染的控制效果。削减率被定义为采取措施后的相对于初始情景下的污染负荷削减量与初始情景下污染负荷量的比值（黄康，2020）。计算公式如下。

$$R = \frac{\mathrm{Pre_{BMPs}} - \mathrm{Aft_{BMPs}}}{\mathrm{Pre_{BMPs}}} \times 100\% \qquad （7\text{-}2）$$

式中：R——削减率，%；

　$\mathrm{Pre_{BMPs}}$——初始情景下的污染负荷强度，t/km^2；

　$\mathrm{Aft_{BMPs}}$——采取 BMPs 措施模拟后的污染负荷强度，t/km^2。

本研究评估了 7 种情景方案在子流域尺度上对 NH_3-N 和 DO 污染负荷的削减效果。初始情景下，漓江流域的 NH_3-N 和 DO 污染负荷分别增加 0.081 t/km² 和 4.567 t/km²，与初始情景相比，不同的情景措施对污染负荷的削减率各不相同，结果见表 7-8 和图 7-10。从整体来看，BMPs 对 NH_3-N 负荷的削减率由高到低依次为：退耕还林＞植被缓冲带＞等高植物篱＞植草水道＞残茬覆盖＞化肥减施＞免耕；对 DO 负荷的削减率由高到低依次为：植被缓冲带＞植草水道＞退耕还林＞等高植物篱＞残茬覆盖＞免耕＞化肥减施。

表 7-8　BMPs 对 NH_3-N 和 DO 的削减量及削减率

BMPs	NH_3-N			DO		
	负荷量 /（t/km²）	削减量 /（t/km²）	削减率 /%	负荷量 /（t/km²）	削减量 /（t/km²）	削减率 /%
情景 0	0.081	—	—	4.567	—	—
情景 1	0.075	0.006	7.41	4.514	0.053	1.16
情景 2	0.073	0.008	9.88	4.523	0.044	0.96
情景 3	0.069	0.012	14.81	4.503	0.064	1.40
情景 4	0.058	0.023	28.40	4.377	0.190	4.16
情景 5	0.063	0.019	23.46	4.401	0.166	3.63
情景 6	0.061	0.020	24.69	4.490	0.077	1.69
情景 7	0.053	0.028	34.57	4.425	0.142	3.11

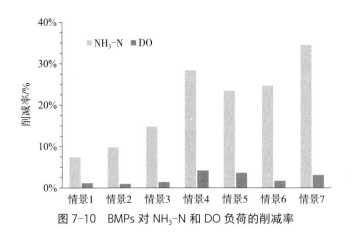

图 7-10　BMPs 对 NH_3-N 和 DO 负荷的削减率

情景 1、情景 3：免耕、残茬覆盖主要是通过改变耕作方式，增加农田的残留覆盖物，从而减小径流，拦截污染物，降低面源污染物的传输运移能力。情景 1 对 NH_3-N 和 DO 负荷的削减量分别为 0.006 t/km²、0.053 t/km²，削减率分别为 7.41%、1.16%。免耕措施对 NH_3-N 的削减效果要好于 DO。情景 3 对 NH_3-N 和 DO 负荷的削减量分别为 0.012 t/km²、0.064 t/km²，削减率分别为 14.81%、1.40%。残茬覆盖相比于免耕措施对污染负荷的削减效果更为显著，同样地，对 NH_3-N 的削减效果要好于 DO。

情景 2：化肥削减措施是通过采用科学的技术，如测土配方施肥来减少化肥施用量以减少农业污染。情景 2 对 NH_3-N 和 DO 负荷的削减量分别为 0.008 t/km²、0.044 t/km²，削减率分别为 9.88%、0.96%。减少化肥施用量对 NH_3-N 的削减效果较 DO 好。主要是因为化肥几乎不含影响 DO 污染负荷的元素，因此该措施对 DO 削减不明显。

情景 4、情景 5：植被缓冲带和植草水道是通过人工种植植物来拦蓄水流，降低流速，以达到控制径流中的污染负荷输移，削减面源污染的目的。情景 4 对 NH_3-N 和 DO 负荷的削减量分别为 0.023 t/km²、0.190 t/km²，削减率分别为 28.40%、4.16%。研究结果表明，这两种措施对 NH_3-N 和 DO 负荷的削减效果较好，可能是因为种植水草一方面可以拦截污染，另一方面水生植物生长、呼吸等过程可以吸收氮元素，消耗溶解氧，减轻水体富营养化。情景 5 对 NH_3-N 和 DO 负荷的削减量分别为 0.019 t/km²、0.166 t/km²，削减率分别为 23.46%、3.63%。植草水道效果与植被缓冲带接近，但是由于两者的设置面积不同，故污染物削减量有所差异。

情景 6：等高植物篱，是指山丘、坡面上沿等高线按一定的间隔，以线状或条带状密植多年生灌木或草本植物，形成篱笆墙，用以防止污染和水土流失。情景 6 对 NH_3-N 和 DO 负荷的削减量分别为 0.020 t/km²、0.077 t/km²，削减率分别为 24.69%、1.69%。此措施主要通过减少水土流失，间接控制污染负荷，所以对 NH_3-N 和 DO 负荷的削减效果略次于植被缓冲带和植草水道。

情景 7：退耕还林是农业农村部、林草局积极推广的一项保护生态环境的政策。它可以直接减少耕地面积，有效控制面源污染。情景 7 对 NH_3-N 和 DO

负荷的削减量分别为 0.028 t/km²、0.142 t/km²，削减率分别为 34.57%、3.11%。其污染负荷的削减率卓有成效，尤其是对 NH₃-N 负荷的削减效果最好。

综合来看，7 种情景方案对 NH₃-N 和 DO 污染负荷均起到了削减效果，对 NH₃-N 的削减相对于 DO 更明显。但是削减率并不高，最高只有 34.57%。对于 NH₃-N，主要是因为含氮污染物包括有机氮、氨氮、硝酸盐氮、亚硝酸盐氮等，氨氮只占一部分，且化肥中的氨氮比例并不高，虽然流域内农田施肥量较大，但是氨氮污染物总量小，导致削减量小，削减率低。对于 DO，水体自身对于溶解氧的自净能力很强，水生动植物可以很快地消耗过量溶解氧，使溶解氧达到平衡状态，无须实施外界措施。当然植树种草也可以加快这一过程。

7.3 白河流域最佳管理措施评估

土地利用是水循环中一个重要的环节，不同的土地利用方式对水文水质有不同的影响：通过影响流域的水文循环、水土流失、养分迁移转化等生态过程，可使得进入河流、湖泊等水体的污染物数量发生变化，从而改变流域水环境。例如，林地草地可以涵养水源，减少水土流失，耕地会消耗更多的水源，农药和肥料的不正当使用会造成水质污染，因此人们对世界各地的土地利用变化及水文水质变化开展了大量的研究（Sushanth and Bhardwaj, 2019；Chanhan et al., 2020；Gossweiler et al., 2021）。此外，中国的土地利用变化与退耕还林生态保护工程密切相关（李奇宸等，2019；聂启阳等，2019；张宝庆等，2020；陈鸿等，2020）。白河流域在实施退耕还林生态工程的同时还存在水库移民等迁移变化，随着社会发展，流域内经济及社会发展迅速，经济活动对土地利用亦产生影响。流域内多种土地利用变化同时发生并作用于河流，使得流域水环境更为复杂，因此对土地利用变化下的水文水质开展研究势在必行。

7.3.1　土地利用变化对水文水质的影响

7.3.1.1　土地利用变化概况

白河流域近年来受到退耕还林还草生态保持工程、搬迁移民和社会发展等影响，土地利用方式发生了不同程度的变化。对 1990 年和 2010 年白河流域的土地利用方式进行处理并交叉分析，土地利用具体变化类型及数量详见表 7-9。

表 7-9　1990 年和 2010 年土地利用情况

土地利用类型	1990 年利用量 /km²	2010 年利用量 /km²	面积变化量 /km²	相对变化 /%
耕地	2 008.15	1 972.61	−35.53	−1.8
林地	4 087.32	4 148.76	61.44	1.5
草地	2 557.92	2 467.40	−90.52	−3.5
水域	80.96	68.10	−12.86	−15.9
城镇	2.75	4.80	2.05	74.5
农村	37.92	67.35	29.43	77.6
工业建筑	1.57	50.26	48.69	3 107.6
裸地	13.32	10.63	−2.70	−20.2

从表 7-9 可以看出，无论是 1990 年还是 2010 年，白河流域主要土地利用类型均为林地、草地和耕地，其中面积变化量最为明显的是草地，20 年间减少了 90.52 km²，约减少了 1990 年草地面积的 3.5%；而林地面积增加了 61.44 km²，增长约 1.5%；耕地面积减少了 35.53 km²，减少约 1.8%。变化幅度最大的是工业建筑用地，虽然只增加了 48.96 km²，但是相较于 1990 年的 1.57 km²，变化增长高达 3 107.6%，这对地区的发展和水文水质情况可能会产生显著性影响；城镇发展速度缓慢，城镇面积仅增加 2.05 km²，较 1990 年增长约一倍；农村用地相较城镇变化较大，增长近 30 km²，较 1990 年增长了 77.6%；流域内裸地面积占比较小，变化了 2.7 km²，约减少 20.2%。由于受到人类活动和气候变化等影响，流域内水域面积减少 12.86 km²，约减少 15.9%。在所有土地利用变化中，面积量从大到小依次为草地、林地、工业建筑用地、耕地、农村用地、水域、裸地、城镇用地，但工业建筑用地变化幅度最为

显著。

利用 ArcGIS 对土地利用变化空间分布进行分析，得到土地利用变化矩阵，结果详见表 7-10。土地利用变化在空间上主要发生在流域西北部的沽源县、西南部的赤城县和流域下游的密云部分地区。整体土地利用变化在空间上十分分散，呈散点状分布于整个流域，有沿河流发生变化的迹象。于 1999 年试行，2000 年正式实行的全国退耕还林（还草）水土保持工程及政策的实施，促使流域内的耕地、林地、草地发生变化。结果显示，其中草地变化最为剧烈，为确保流域内搬迁移民人们的农业发展和生存转为耕地约 47 km²；支持水土保持工作转为林地约 92 km²；同时发展流域内的经济转为工业建筑用地 18.5 km²；除此之外还有少部分土地转化为农村用地、水域和城镇用地等。受到搬迁移民等因素的影响，林地和草地转变为耕地分别达 14.22 km²和 47.37 km²，林地转为草地 28.64 km²，而草地转为林地高达 92.01 km²，林地水土保持效果优于草地，因此可能会对径流量产生影响。水域转变类型中占比最大的是耕地，有 15.56 km²，在一定程度上反映了流域水量减少的情况。耕地面积的减少主要是转化为草地、农村用地、工业建筑用地和林地。

表 7-10   白河流域土地利用变化矩阵   单位：km²

土地利用类型	耕地	林地	草地	水域	城镇	农村	工业建筑	裸地
耕地	1 883.80	16.07	39.39	4.20	1.73	35.73	27.12	0.10
林地	14.22	4 039.35	28.64	1.72	—	1.69	1.69	0.01
草地	47.37	92.01	2 394.31	1.78	0.15	3.63	18.51	0.16
水域	15.56	1.13	2.57	60.21	—	0.60	0.88	0
城镇	0.01	—	—	—	2.75	—	—	—
农村	11.07	0.14	0.37	0.19	0.17	25.60	0.38	—
工业建筑	0	0.06	0.05	—	—	—	1.46	—
裸地	0.58	0	2.07	0	—	0.10	0.22	10.35

从图 7-11 中可以看出，土地利用变化十分复杂，转变形式多种多样，分

布广泛。其中，草地转化为耕地主要发生于白河的发源地沽源县，草地向林地的转化主要发生在流域下游的延庆地区。耕地的减少会使农业肥料使用减少，林地的增加使得流域水土保持功能增强，这些均会对流域水文水质产生影响。

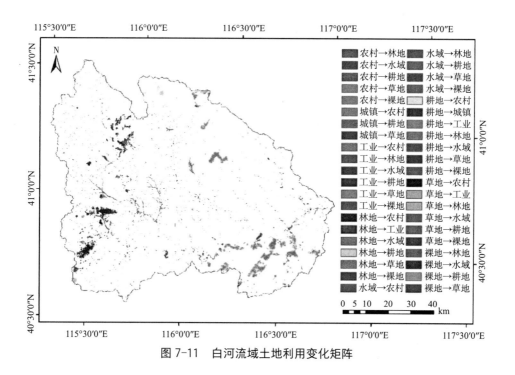

图 7-11　白河流域土地利用变化矩阵

7.3.1.2　模拟径流量变化

将率定好的影响径流模拟的重要参数代入 SWAT 模型，保持土壤、坡度划分及气象等资料不变，分别将 1990 年和 2010 年的流域土地利用类型图代入模型，模拟流域内月尺度的径流，分析土地利用变化对径流量的影响。计算得到 1990—2017 年月尺度的累积径流量结果，见表 7-11 和图 7-12。

表 7-11　基于 1990 年和 2010 年土地利用的径流模拟量累积变化

基于 1990 年土地利用 / (m³/s)	基于 2010 年土地利用 / (m³/s)	变化量 / (m³/s)	变化幅度 /%
1.68×10^4	0.50×10^4	-1.18×10^4	-70.4

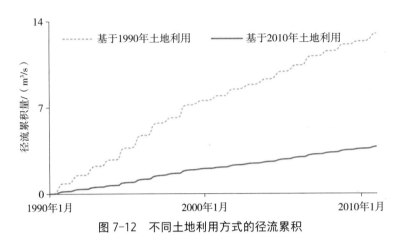

图 7-12　不同土地利用方式的径流累积

在不受到人类取水活动影响的情况下，流域内的径流量在土地利用变化作用下发生了较大的变化，近 30 年间累积减少近 70%。根据大量退耕还林对径流的影响的研究表明，由于林地截留能力较强，在发生较强降雨时，产汇流时间变长，径流量减少；同时林地的水土保持功能强于草地和林地，能涵养更多水源，可能造成径流减少。

7.3.1.3　模拟泥沙变化

和径流的模拟相同，将率定好的影响泥沙模拟的重要参数代入 SWAT 模型，保持土壤、坡度划分及气象等资料不变，分别将 1990 年和 2010 年的流域土地利用类型图代入模型，模拟流域内月尺度的输沙量，分析土地利用变化对输沙量的影响。计算得到 1990—2010 年月尺度的累积流量结果见表 7-12 和图 7-13。

表 7-12　基于 1990 年和 2010 年土地利用的输沙量模拟量累积变化

基于 1990 年土地利用 /10⁶t	基于 2010 年土地利用 /10⁶t	变化量 /10⁶t	变化幅度 /%
10.4	5.7	-4.7	-45.1

242

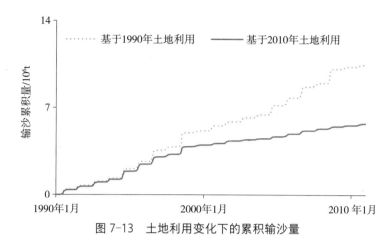

图 7-13　土地利用变化下的累积输沙量

从图 7-13 中可以看出，土地利用变化对输沙量同样产生较大影响，20 年间累积输沙量减少 45.1%，分析可能是受到两方面的影响。一方面，在退耕还林还草后，降雨对土壤侵蚀作用减弱，产沙量降低；另一方面，径流的大幅降低对泥沙的运移作用减弱，因此输沙量减少。黄河流域的退耕还林还草与输沙量的变化的研究中表明，退耕还林以来，黄河中游含沙量与输沙量都呈明显的下降趋势（章燕喃，2014）。在此，还应考虑一个客观因素就是降水量，通过前文径流统计分析发现，流域内降水量有降低的趋势，其对土壤的侵蚀作用减弱，与退耕还林工程共同作用，新的土地利用方式下流域内泥沙累积量显著减少。

7.3.1.4　模拟氮磷负荷

使用第 5 章中校正好的 SWAT 模型，保持其余资料和操作不变，分别输入 1990 年和 2010 年土地利用，模拟流域内月尺度的总氮和总磷，分析土地利用变化对总氮、总磷的影响。计算得到 1990—2010 年月尺度的累积总氮、总磷结果，如图 7-14、图 7-15 和表 7-13 所示。

研究表明，林地的面积与总氮、总磷负荷呈负相关，而耕地面积与总氮、总磷负荷呈正相关。农业种植中使用大量农药、化肥，降水会使得残留在地表的氮磷随之流失（张敏等，2019）。流域内林地面积增加，耕地面积下降，会对流域内总氮、总磷产生影响，使总氮减幅高达 93.6%，总磷减幅达

19.5%，在不受到其他因素的影响下，流域内的水质可以有明显的改善。有研究表明，耕地呈斑块状分散会增大氮磷污染的风险（米玉良等，2013），流域内搬家、移民后耕地面积较少而聚集，也可能是总氮、总磷减少的原因之一。氮磷等元素极易附着于泥沙，随着泥沙量的减少，氮磷污染情况也有好转。

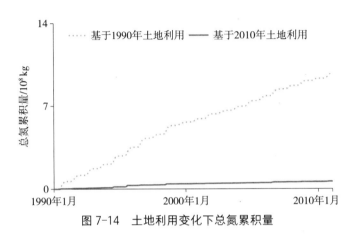

图 7-14　土地利用变化下总氮累积量

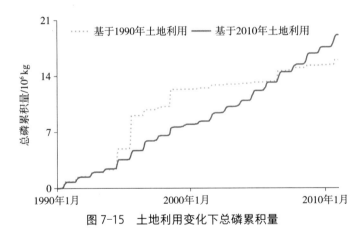

图 7-15　土地利用变化下总磷累积量

表 7-13　基于 1990 年和 2010 年土地利用的总氮和总磷模拟量累积变化

类别	基于 1990 年土地利用 /kg	基于 2010 年土地利用 /kg	变化量 /kg	变化幅度 /%
总氮	9.7×10^8	6.2×10^7	-9.1×10^8	-93.6
总磷	19.1×10^6	15.9×10^6	-3.1×10^6	-19.5

7.3.2 管理措施对水文水质的影响

7.3.2.1 流域关键源区识别

为深入了解流域泥沙、氮磷负荷的空间分布特点，基于白河流域 SWAT 模型的输出结果，采用土壤侵蚀模数和氮磷单位面积污染物浓度分别识别流域内的土壤侵蚀和氮磷负荷关键源区。以流域内 1990—1999 年和 2000—2010 年 SWAT 模型模拟结果，对各子流域进行关键源区识别。

通过 SWAT 模型输出的各子流域多年平均输沙量，结合泥沙输移比的定义（李明涛，2014）和计算公式（谢旺成、李天宏，2012），计算出流域土壤侵蚀模数，按照自然裂点分级法，将白河流域土壤侵蚀强度划分为 4 个等级：微度侵蚀、轻度侵蚀、中度侵蚀、强烈侵蚀，结果如图 7-16 所示。土壤侵蚀面积占比情况如下：微度侵蚀占比 39.05%、轻度侵蚀占比 22.03%、中度侵蚀占比 20.16%、强烈侵蚀占比 18.77%，以微度侵蚀和轻度侵蚀为主；上游侵蚀程度明显重于下游侵蚀强度，其中 1 号、4 号、6 号、7 号、10 号、12 号、14 号、15 号、27 号、31 号子流域侵蚀强度较重。

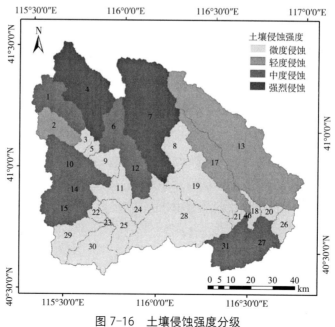

图 7-16　土壤侵蚀强度分级

根据 SWAT 模型输出的各子流域多年平均总氮流失质量，采用自然裂点分级法将白河总氮流失风险划分为 4 个等级：轻度流失、中度流失、较重流失和重度流失，面积占比分别为 32.63%、39.78%、25.26%、2.32%，结果如图 7-17 所示。总氮流失风险整体以轻度和中度为主，上游地区高于下游地区，其中 1～6 号、8 号、9 号、12 号、14 号、15 号子流域流失风险等级较高。

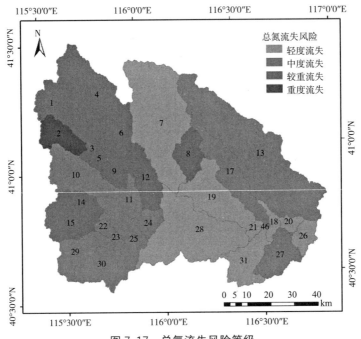

图 7-17　总氮流失风险等级

　　根据 SWAT 模型输出的各子流域多年平均总磷流失质量，按照自然裂点分级法将白河流域总磷流失风险划分为 4 个等级：轻度流失、中度流失、较重流失和重度流失，面积占比分别为 51.46%、21.28%、9.66%、17.59%，结果如图 7-18 所示。总氮流失风险整体也是以轻度和中度为主，上游地区高于下游地区，其中 1～6 号、8～12 号、14 号、24 号子流域流失风险等级较高。

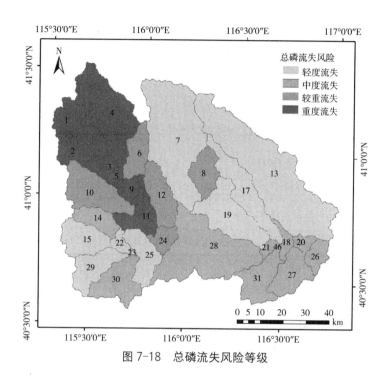

图 7-18　总磷流失风险等级

经过比较土壤侵蚀等级和总氮、总磷的流失等级，可以认为 1 号、4 号、6 号、8～10 号、12 号、14 号、15 号子流域为白河流域非点源污染的关键源区，主要位于流域上游地区。

7.3.2.2　管理措施情景方案设置

白河流域是典型的非点源污染地区，使用 SWAT 模型模拟并评估管理措施是目前非点源污染研究中较为普遍的方法。本研究结合白河流域实际情况，设置 4 种管理措施方案。有研究表明，减少对土地的扰动，采用保护性耕作措施可减少污染物（许自舟，2020），因此本研究选择残茬覆盖耕作和等高种植耕作两种非工程措施方法。同时选择两种工程措施——梯田工程和退耕还林，有研究表明，坡度为 25° 以上的土地不适用于梯田工程，因此本研究对 25° 以内的耕地进行梯田设置，对所有耕地进行退耕还林设置（表 7-14）。

表 7-14　不同情景方案的措施与参数设置

BMPs	情景方案	措施设置	参数调整
初始	0	无设置	—
非工程措施	1	残茬覆盖耕作	.mgt 添加 Haverst Only, CN 原值为 -2, USLE_P 为 0.29, USLE_C 为 0.7, OV_N 为 0.3
非工程措施	2	等高种植耕作	CN 原值为 -3, 0～5° USLP_P 为 0.5, 5°～25° USLP_P 为 0.7, 25° 以上 USLP_P 为 1
工程措施	3	梯田工程（25° 以内）	CN 原值为 -3, 0～5° USLE_P 为 0.5, SLSUBBSN 为 10, 5°～25° USLE_P 为 0.7, SLSUBBSN 为 5
工程措施	4	退耕还林	Watered 中变耕地为林地

7.3.2.3　管理措施效果分析与评估

用各情景下的不同情景措施对关键源区即子流域尺度的年均流量、泥沙和总氮、总磷削减率进行模拟，结果详见表 7-15。

表 7-15　不同情景下年均流量、泥沙、总氮、总磷负荷及其变化

管理措施	变化量				变化率 /%			
	流量 / 万 m³	泥沙 / 万 t	总氮 /t	总磷 /t	流量	泥沙	总氮	总磷
原始	41659.97	60.89	23844.00	281.73	—	—	—	—
残茬覆盖	40749.10	45.48	20668.41	200.56	-2.19	-25.31	-13.32	-28.81
等高种植	41207.15	50.64	21011.94	233.24	-1.09	-16.83	-11.88	-17.21
梯田	39840.23	41.45	18328.80	182.29	-4.37	-31.93	-23.13	-35.30
退耕还林	42949.52	36.65	16431.70	158.50	3.10	-39.81	-31.09	-43.74

在非工程措施中，年均流量、泥沙、TN 和 TP 削减率在残茬覆盖情景下，分别达到 2.19%、25.31%、13.32%、28.81%，等高种植情境下分别达到 1.09%、16.83%、11.88%、17.21%；对比二者的削减效果可知，二者均可以起到很好的水土保持效果，且效果接近，除流量削减率外，残茬覆盖耕作对

泥沙、TN、TP 的削减率大于等高种植，说明残茬覆盖耕作的非点源污染治理效果优于等高种植。

在工程措施中，年均流量、泥沙、TN 和 TP 削减率在梯田工程情景下，分别达到 4.37%、31.93%、23.13%、35.30%，在退耕还林情景下，分别达到了 3.10%、39.81%、31.09%、43.74%，退耕还林是所有情景中唯一对年均流量有增加作用的措施。对比两项工程措施的削减效果，退耕还林措施明显优于梯田工程。

对比 4 种情景，对泥沙、TN、TP 的削减率即治理效果，工程措施要显著优于非工程措施，4 种情景的效果由大到小依次为退耕还林、梯田工程、残茬覆盖、等高种植。

7.4　本章小结

本章分别以漓江流域和白河流域为研究区，分析了两个流域的复杂水环境，并评估了复杂水环境下的最佳管理措施。

针对漓江流域，根据喀斯特特殊的地质形态，将流域划分为岩溶区和非岩溶区，对比分析了两者的水量平衡和污染负荷差异，并在关键源区设置 7 种情景方案，利用 SWAT 模型模拟评估 7 种方案对污染负荷的削减效果。结果表明：岩溶区地表对地下水的补给量大，地下水活跃，地下径流量大于非岩溶区；非岩溶区则相反，地表径流量大，地下径流量小，其他水量平衡要素基本相同。对于泥沙、NH_3-N 和 DO 污染负荷，岩溶区单位面积负荷量高于非岩溶区，主要是由于岩溶区存在岩溶裂隙、地下水道等，导致"漏失"现象发生，污染负荷量随之增大。同时，岩溶区耕地面积比非岩溶区大也是造成面源污染较大的原因。每种情景方案对 NH_3-N 和 DO 污染负荷都有一定的削减作用，植被缓冲带、植草水道、退耕还林、等高植物篱 4 种措施削减效果较为明显，对 NH_3-N 的削减率普遍高于对 DO 的削减率。但由于 NH_3-N 在总氮等污染物中占比小，以及水体自身对 DO 平衡能力较强，削减率最高仅为 34.57%。

针对白河流域，分析了土地利用变化及其变化和管理措施对水文水质的影响。结果表明：白河流域内土地利用变化较为复杂，其中草地减少面积最大，林地增加面积最多，耕地、水域有所减少，流域减少土壤侵蚀，水土保持功效较好，土地利用方式对水文水质影响较为显著；土地利用变化使得流域径流累积减少约70%，输沙量累积减少约45%，总氮累积减少约93%，总磷累积减少20%左右；4种管理措施方案对泥沙、TN、TP均有显著治理效果，效果由大到小依次为退耕还林、梯田工程、残茬覆盖、等高种植。

第 8 章

变化环境下未来南北方流域
水文响应预测

8.1　气候变化

8.1.1　全球及中国气候变化

2021 年 8 月 IPCC 最新发布的第六次评估报告《气候变化 2021：自然科学基础》（*Climate Change* 2021：*the Physical Science Basis*）中指出，近 10 年的全球地表温度较工业化前（1850—1900 年）高约 1.1℃，其中陆地表面温度升温幅度（约 1.59℃）高于海洋表面温度（约 0.88℃）。相较于第五次评估，全球地表温度的增加主要是由于 2003—2012 年以来的进一步变暖（约 0.19℃）。随着社会经济的快速发展，人为温室气体的排放量达到了前所未有的水平，持续增加的温室气体浓度打破了大气辐射平衡，进而引起全球平均气温的上升，使陆地、大气层和海洋变暖。人类影响造成的气候变暖正以 2000 年以来从未有过的速度发生，近期气候系统整体发生的变化规模以及气候系统具体表现出的状况都是过去几个世纪甚至几万年所未出现过的。气候系统的任何改变都将对自然生态系统、人类健康以及社会经济等产生一系列巨大而深远的影响，如今气候变化已经成为国际社会普遍关心的重大全球性问题，以全球气候变化为核心的全球变化是当今人类面临的最严峻的挑战之一（夏军等，2011；张继红等，2021）（图 8-1）。

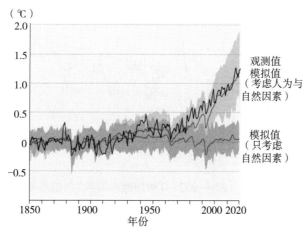

图 8-1　1850—2020 年全球地表温度的观测值与两种模拟值
（考虑人为与自然因素和只考虑自然因素）之间的年平均变化

注：https://www.ipcc.ch/report/ar6/wg1/#SPM.

报告中还指出，20世纪中期以来观测到的降水变化模式很可能是由人类影响造成的。与全球气温的变化相比，降水的变化更为复杂，全球范围内表现出的空间差异性较大。在高纬度地区，降水可能增加，而亚热带的大部分地区则可能减少。此外，人类活动可能增加复合极端天气事件发生的概率，在未来几十年里，所有地区的气候变化都将加剧，极端高温和降水事件将越来越频繁。进一步的变暖将加剧多年冻土的融化、季节性积雪的损失、冰川和冰盖的融化、夏季北极海冰的损失等。

中国是全球气候变化的敏感区和影响显著区，升温速率明显高于同期全球平均水平。最新发布的《中国气候变化蓝皮书（2021）》中指出，1951—2020年，中国地表年平均气温呈显著上升趋势，升温速率为0.26℃/10 a，而同期全球平均水平为0.15℃/10 a（图8-2）。近20年是21世纪初以来中国的最暖时期，1901年以来的10个最暖年份中，有9个出现在21世纪。中国区域北部增温速率大于南部，西部较东部更为突出，冬春季大于夏秋季，日最低气温增暖趋势更加明显。近几十年中国城市化可能导致一些城市局地增暖趋势较大，但对中国整体气温变化趋势的影响较小。

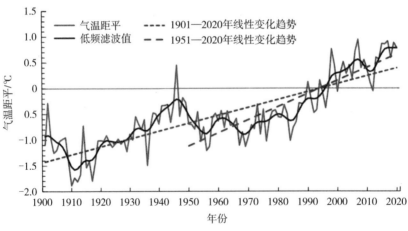

图8-2　1901—2020年中国地表年平均气温距平
（中国气象局气候变化中心，2021）

受气候变化的影响，中国平均年降水量呈现增加趋势，不同地区间的降水变化有明显的差异。1961—2020 年，中国平均年降水量以平均 5.1 mm/10 a 的速率增加；除 21 世纪最初 10 年总体偏少外，20 世纪 80—90 年代及 2012 年以来中国平均年降水量以偏多为主。年降水量呈明显增加趋势的地区主要集中在东北中北部、江淮至江南大部、西北中西部；而东北南部、华北东南部、黄淮大部、西南地区东部和南部、西北地区东南部年降水量呈减少趋势。此外，气候变化还导致中国的极端天气事件频率和强度增加，造成重大的自然灾害损失。例如，2021 年 7 月 20 日发生的郑州特大暴雨，其小时降水和单日降水均已突破自 1951 年郑州建站以来 60 年的历史纪录，给郑州社会经济和人民的生命财产安全造成了严重的损失。

8.1.2 气候变化与水文循环

气候变化对水文循环的影响研究中涉及降水、气温、蒸散发、风速、土壤湿度、径流等气象和水文要素，分析这些要素的特征是摸清具体影响机制的基础，其中变化趋势分析是了解各要素特征的主要途径（徐宗学，2009）。未来气候变化情景下水循环与水资源演变趋势预测是气候变化对水文水资源影响研究中最为重要的一项内容。未来气候变化背景下，水资源响应研究常遵循"未来气候情景设置—水文模拟—影响研究"模式。其中，气候变化情景的选择和水文模型的构建在研究中至关重要（李峰平，2013）。全球气候模式（General Circulation Model，GCM）是一种表示大气、海洋、冰冻圈和陆面物理过程的数值模型，是目前模拟全球历史气候状态并针对不断增加的温室气体浓度进行预估未来气候变化最主要和最有效的工具。GCM 可以很好地模拟并预估空间尺度为 100～500 km、时间尺度为月到年的气候状态，但是不能很好地表现更精细时空尺度的气候特征和动态（王绍武等，2013；秦大河，2018）。为了得出气候变化条件下流域尺度的水文相关变量信息，需要将气候变化情景与水文模拟技术相结合，即使用气候模式输出的相关气象变量来驱动水文模型，得到更精细时空尺度的蒸发、径流、土壤含水量等陆面变量（Loaiciga et al.，1996；Praskievicz and Chang，2009）。由于水文模型是在流域尺度进行构建模拟的，而原始 GCM 数据分辨率较低，两者之间会存在尺度不匹配的问题，需要对大尺度的 GCM 气象输出数据进行降尺度处理以与水文模型尺度相匹配，进而实现 GCM 与水文模型的耦合（Xu，1999；张利平等，2008）。

1951—2020 年，中国年平均地表温度呈现明显的上升趋势，但区域之间有着较大的差异，西部和北部的增温速率较东部和南部更为突出。这些变化很大程度上改变了大气降水的时空分布格局，也使得全国范围及区域水资源分布发生变化。我国地理环境的区域分异性，使得河川径流对气候变化非常敏感，水资源系统对气候变化的承受能力十分脆弱，受气候变化和人类活动的影响，我国水资源整体向着不利的方向演变，北少南多的水资源格局将会进一步加剧（王浩等，2010；夏军，2011）。此外，未来气候变化还可能增加我国部分流域水旱灾害发生的频率与强度，对水文循环的稳定性造成影响，加大水资源脆弱性，影响流域甚至全国农业发展、经济社会发展和水生态安全（夏军，2011）。因此，需要针对中国不同区域开展气候变化对水循环影响的机理研究以及评估水资源安全影响，指导水资源的合理利用与规划。

本章将在中国南方和北方各选取一个典型流域（渠江流域和白河流域）来讨论气候变化及其影响。用 GCM 与所选流域在前面章节中已建立的水文模型相结合，分析流域未来的气候变化情况，进而利用水文模型在未来气候情景下进行径流预测，定量分析流域径流对未来气候变化的响应。这有助于分析流域的产汇流规律，了解流域未来水文过程和水资源分布情况，对于流域内的水资源管理和制订相关分配计划有十分重要的作用，能够为相关政策计划提供合理有效的理论支撑，同时为经济的发展提供有力保障。

8.1.3 气候变化研究进展

近百年来全球气候正经历以全球变暖为主要特征的显著变化。气候变化自然引起水循环的变化，水资源在时空上的分布和总量逐渐发生变化，进而影响生态环境与社会经济的发展（Chen et al.，2020）。深入研究气候变化背景下水文水资源系统的变化规律，揭示气候变化与水文水资源以及生态环境变化之间的关系，分析水循环演变特征，评估未来气候变化对流域水文与水资源的影响，可以为未来水资源系统的规划设计、开发利用和运行管理提供科学依据。

Kiprotic 等（2021）利用格网观测和 SWAT 模型评估气候变化对非洲流域地表径流的影响，结果表明与基准期（2010—2016 年）相比，模拟的地表径流在 RCP4.5 情景和 RCP8.5 情景下均表现出增加趋势，因此需要重视改善土地管理措施，以应对地表径流的即将增加，避免非点源污染，侵蚀和城市集水区洪水泛滥；Arantes 等（2021）对巴西东南部地区气候变化对地表径流的影响开展研究，结果表明，区域内降水量减少使得侵蚀过程和径流减弱；Li 等（2019）研究分析了气候变化的不确定性及气候变化下滦河非平稳径流频率，结果表明 GCMs 和 GAMLSS 模型参数对径流不确定性有主要影响，且非平稳模型统计参数的不确定性主要来自降水序列的波动，因此将来有必要考虑降水序列作为径流频率分析的协变量。Cheng 等（2017）评估了三代 Common Land Model 在模拟水资源和能源预算方面的性能，结果表明三种模型都高估了北欧的径流，而低估了北美和东亚的径流，但在美国中部，西伯利亚和青藏高原上表现相对较好。Wei 等（2019）评估了 BCC 系列气候模式中不同分辨率模式对过去 40 年中国极端气候事件的模拟能力，结果表明，两种模型均可以较强地模拟极端气候的发生，但精度更高的模型具有更好的模拟极端气候事件详细分布的能力。李军等（2021）构建了一种能综合表征气象—水文—农业干旱特征的新型综合干旱指数（CSDI），针对珠江流域综合干旱指数和干旱变化特征进行研究，结果表明 CSDI 能很好地监测到干旱的发生、发展过程，可综合从气象、水文与农业等角度刻画干旱特征，RCP2.6 情景下，流域下游综合干旱严重性降低且历时减少，而 RCP4.5 和 RCP8.5 情景下，全流域径流呈增加趋势。赵求东等（2020）对天山南坡高冰川覆盖率的木扎提河流域水文过程对气候变化的响应开展研究，结果显示，在 RCP4.5 情景下，未来该流域气温呈现明显升高趋势，降水表现为微弱下降趋势，更多降水以降雨形式发生，未来降雨径流将明显增加，但随着冰川萎缩，冰川径流量将明显减少。

研究表明，不同地域、不同气候情景和不同气候模式对径流都会造成很大差异，在全球气候变化下，选择适宜的气候模式和未来情景，合理预测未来气候变化趋势及其对水文要素的影响已成为研究的热点和难点。

8.2 气候模式数据

8.2.1 GCM 数据的介绍与发展及相关研究

为了评估全球不同国家和研究团队开发的气候模式的模拟性能,世界气候变化研究计划(WCRP)组织制订了陆面过程模式比较计划、海洋模式比较计划以及耦合模式比较计划(熊翰林,2018)。其中耦合模式比较计划(The Coupled Model Intercomparison Project,CMIP)由 WCRP 的耦合模拟工作组(WGCM)于 1995 年发起并组织,是气候模式研究的里程碑(周天军等,2019)。CMIP 主要用于模拟和预测气候变化特征,具有定量化预测气候变化的强大功能(李迅,2021)。随着全球海—陆—气—冰耦合模式的快速发展,CMIP 逐渐成为推动模式发展和对地球气候系统进行科学理解的庞大计划(赵宗慈等,2018)。自 1995 年第一次组织 CMIP1 以来,WGCM 又经历了 CMIP2(1997 年)、CMIP3(2004 年)、CMIP5(2012 年)和 CMIP6(2016 年)共 5 个阶段,每一次计划组织都会统一各个气候模式的实验标准,目前覆盖模块越来越多、范围越来越大。CMIP 中的气候模拟与预估数据,将支撑未来 5~10 年全球气候研究,相关研究成果将会为 IPCC 评估报告的撰写提供支撑材料,同时构成未来气候评估和气候谈判的基础(Veronika E et al.,2016;周天军等,2019)。

最新阶段的 CMIP6 正在进行中,它是 CMIP 实施 20 多年来参与的模式数量最多、设计的科学试验最完善、提供的模拟数据最庞大的一次(Veronika E et al.,2016)。为了更好地解决与气候变化相关的 3 个重大科学问题,CMIP6 重新设计了耦合模式比较计划的整体结构,试验内容包括气候诊断、评估和描述(DECK)试验、历史气候模式(Historical)试验以及 23 个模式比较子计划(MIPs)。截至 2021 年 8 月,通过地球系统网格联盟(ESGF)全球共享平台(https://esgf-node.llnl.gov/search/cmip6/)已经公布了完整的 44 个机构的共 110 组 CMIP6 气候模式数据，基于这些数据 IPCC 已经发布了第六次评估报告的第一阶段成果——《气候变化 2021：自然科学基础》。

已有一些学者对 CMIP6 中气候模式数据的模拟能力进行了评估研究。CMIP6 相较于前代 CMIP5 能更好地模拟全球极端气候的平均态以及趋势变化特征，但其改进程度有限（Chen et al.，2020；Kim et al.，2020；向竣文等，2021）。利用 CMIP6 中气候模式数据对全球范围内极端气温的预估研究指出，未来时期的极端高温热浪天气有增加的趋势，而低温冷害的风险有所降低，但在预估结果的不确定性方面 CMIP6 要高于 CMIP5（Chen et al.，2020），而对于中国区域的极端气温研究表明，CMIP6 的不确定性要小于 CMIP5（Luo et al.，2020）。在降水的模拟方面，CMIP6 对不同的区域的模拟仍然存在着较大的偏差，尤其是中小尺度降水变化模拟结果差异较大（许崇海等，2007；陈晓晨，2014）；同时相较于 CMIP5，CMIP6 对中国不同区域极端降水模拟能力的改进也有所区别（王予，2021）。但由于 CMIP6 还处于发展阶段，其对相关气候模式数据在中国区域气温和降水模拟方面的应用和研究还不够完善。

CMIP5 数据虽然为 CMIP6 前一阶段计划，但已经支撑了近十几年的气候变化研究，在全球范围内对于 CMIP5 数据的应用已经非常广泛（Hochman et al.，2020；Malik et al.，2021；张珂铭、范广洲，2021）。由于 CMIP5 数据的原始分辨率较低，其输出信息只能反映大尺度网格气候的平均特征，很难满足更小尺度区域的模拟精度需求，同时其中的 GCMs 预估结果作为水文模型输入因子时，会存在尺度不匹配问题。因此，需要对原始的 GCMs 数据进行降尺度处理，将 GCMs 输出的大尺度、低分辨率信息转化成区域尺度信息（Moss et al.，2010；Taylor et al.，2012；刘卫林，2019）。目前全球广泛使用的高分辨率数据集是美国国家航空航天局（NASA）发布的 CMIP5 的统计降尺度数据集 NEX—GDDP（NASA Earth Exchange/Global Daily Downscaled Projections），该数据集是对 CMIP5 中的 21 个 GCMs 进行偏差校正 / 空间分解（Bias-Correction Spatial Disaggregation，BCSD）（Wood et al.，2004；Thrasher et al.，2012）和统计降尺度处理，生成一套 0.25°×0.25° 高空间分辨率的逐日数据集，旨在帮助科学界在区域—局地尺度上开展气候变化影响的研究。

在中国区域内，已经开展了许多关于NEX—GDDP数据集预估能力的研究。相比于原始低分辨率的全球气候模式，NEX—GDDP能够给出更多区域尺度的相关气候变化信息，其各模式集合平均能够很大程度上减少中国地区最暖和最冷月份的气温和降水与历史统计数据之间的标准差（Bao et al.，2017），同时NEX—GDDP也能更好地刻画中国极端降水的空间分布。整体而言，NEX—GDDP对中国区域气候变化的模拟效果要明显优于CMIP5的原始结果，因此可以用于中国未来气候变化的相关研究（Bao et al.，2017）。然而由于气候模式的不确定性，各模式之间的模拟能力差异较大，并且对于不同的区域模拟效果也有所不同，这就需要针对具体的研究目的选择合适的模式数据（段青云等，2016；王倩之等，2021）。

8.2.2 CMIP5和NEX—GDDP数据介绍

耦合模式比较计划的第五阶段（CMIP5）是由WCRP的耦合建模工作小组在2008年提出并组织的，该计划共定义了35个气候模式实验，CMIP5的设计主要用于以下3个方面：①为评估与碳循环和云层相关的模型差异机制提供一个多模型环境；②检查气候"可预测性"，探索模型在10年时间尺度上预测气候的能力；③确定类似强迫模型产生一系列响应的原因。CMIP5解决了IPCC第四次评估报告期间出现的一些科学问题，并将成果应用于第五次评估报告之中。相对于CMIP3，CMIP5试验设计增加了年代际近期预测试验、包含碳循环的气候试验和诊断气候反馈的敏感性试验，以丰富现有气候变化理论，提高对未来气候变化的预估能力（辛晓歌等，2012；成爱芳等，2015），显著地提高了全球气候模式的模拟和预估能力。

气候情景是对未来气候系统状态的科学假定，是除去气候模式本身以外的影响气候模式评估结果的关键输入。CMIP5提出了气候变化的典型浓度路径（Representative Concentration Pathways，RCPs），是在人为气象强迫的作用下，温室气体和颗粒物排放量、浓度随时间变化的预估集合（Meinshausen et al.，2011），能够预估气候科学与经济社会的综合影响（陈敏鹏、林而达，

2012）。CMIP5 中根据气溶胶和温室气体排放标准的不同，共设置了 4 种气候变化情景，见表 8-1（李迅，2021）。其中 RCP4.5 和 RCP8.5 分别代表中低排放情景和高排放情景，是现阶段应用较多的典型浓度路径情景。

表 8-1　CMIP5 中典型浓度路径情景介绍

典型浓度路径情景	描述	温室气体排放	温度升高幅度 /℃
RCP2.6	2100 年前辐射胁迫强度达到峰值（ 3 W/m^2），到 2100 年下降到 2.6 W/m^2	2100 年稳定在 490 ppm[①] CO_2 当量	1.6～3.6
RCP4.5	到 2100 年辐射胁迫强度稳定在 4.5 W/m^2	2100 年稳定在 650 ppm CO_2 当量	2.4～5.5
RCP6	到 2100 年辐射胁迫强度稳定在 6.0 W/m^2	2100 年稳定在 850 ppm CO_2 当量	3.2～7.2
RCP8.5	到 2100 年辐射胁迫强度稳定上升至 8.5 W/m^2	2100 年稳定在 1 370 ppm CO_2 当量	4.6～10.3

NEX—GDDP 数据集由美国国家航空航天局在 2015 年发布，包含了 21 组经过 BCSD 方法和统计降尺度处理之后的 CMIP5 全球耦合模式数据，空间分辨率均为 0.25°×0.25°。该数据集的时间段分为历史时期（1950—2005 年）和预估时期（2006—2100 年），其中都包括了 3 个关键气候变量，分别为每日最高温度、每日最低温度、每日总降水量。在模式预估时期，NEX—GDDP 只提供两种典型浓度路径情景（RCP4.5 和 RCP8.5）的模拟结果。该数据集的更多信息和下载途径可以在官方网站获取（https：//www.nccs.nasa.gov/services/data-collections/land-based-products/nex-gddp）。NEX—GDDP 的高分辨率功能显著提高了 GCMs 的数据可用性，不仅提供了更精细的尺度信息，而且结合了地形对降雨相关变量局部极值的影响（Bao et al.，2017）。

---

① ppm 指溶质体积占全部溶液体积的百万分比。

8.2.3　CMIP6 数据介绍

在 CMIP5 执行的中后期，CMIP 工作组便开始对新一轮 CMIP 的酝酿，经历两年的讨论，于 2014 年 CMIP6 设计正式被批准。CMIP6 在数值模拟科学试验的设计上，着重于解决以下三大科学问题：①地球系统如何响应外在强迫；②造成当前气候模式存在系统性偏差的原因及其影响；③在考虑内部气候变率、可预报性和情景不确定性影响的情况下如何对未来气候变化进行评估。

相较于 CMP5 的 20 个研究机构的 40 余个模式版本，目前参与 CMIP6 研究的机构达到了 44 个，全球气候模式也达到了创纪录的 110 个，其中包括 9 家中国机构注册的共 13 个地球 / 气候系统模式版本。参与 CMIP6 相较于 CMIP5 有如下特点：①考虑的过程更加复杂，以包括碳氮循环过程的地球系统模式为主，许多模式实现了大气化学过程的双向耦合，包含了与冰盖和多年冻土的耦合作用；②大气和海洋模式的分辨率明显提高，大气模式的最高水平分辨率达到了全球 25 km；③未来变化情景设置考虑了人口、经济和城市化等因素，提出了新的组合情景设置。

CMIP6 的试验设计包括气候诊断、评估和描述试验（DECK）、历史气候模式试验（Historical）以及 23 个模式比较子计划（MIPs）3 个层次。其中最核心的 DECK 试验被称为是历次 CMIP 计划的"准入证"，因此 CMIP6 与 CMIP5 之间保持良好的衔接。Historical 试验用来评估模式对气候变化的模拟能力，以及分析气候模式的辐射强迫和敏感性与观测记录的一致性。MIPs 试验的设计是 CMIP6 的主要特色，该试验为国际上各机构和专家针对一些全球性的科学热点和焦点问题自行组织和设计的模式比较子计划。

为了研究水平分辨率提高后对气候模式模拟性能的改进，荷兰皇家气象局和英国气象局共同发起了高分辨率模式比较计划（High-Resolution Model Intercomprison Project，HighResMIP）（Haarsma et al., 2016），其主要科学目标为利用物理气候系统模式，在一定的气溶胶强迫下，考察全球天气分辨率尺度（25 km 或者更细）模式对重要气候过程模拟的改进及其模式间的一致性（O'Neill et al., 2016；周天军等，2019；王磊等，2019）。

基于不同情景的气候预估是历次 IPCC 科学评估报告的核心内容之一，在 CMIP6 中根据不同的共享社会经济路径（Shared Socioeconomic Pathway，SSP）和最新的人为排放趋势提出了新的预估情景，被称为情景模式比较计划（Scenario Model Intercomparison Project，ScenarioMIP），是 23 个模式比较子计划之一（O'Neill et al.，2016）。CMIP6 在保留 CMIP5 中的 4 类典型排放路径的基础上，新增了 RCP7.0、RCP3.4 和 RCP 低于 2.6 3 个排放路径，以弥补 CMIP5 典型路径之间的空间。同时，CMIP6 还根据在没有气候变化或者气候政策影响下，未来社会的可能发展设置了 5 种 SSP，分别为 SSP1（可持续发展）、SSP2（中度发展）、SSP3（局部发展）、SSP4（不均衡发展）和 SSP5（常规发展）。ScenarioMIP 的气候预估情景就是不同 SSP 与温室气体排放路径的矩形组合，共包含 8 组未来情景试验，见表 8-2（O'Neill et al.，2016；张丽霞等，2019）。

表 8-2 ScenarioMIP 试验设计

试验级别		试验名称	试验描述
Tier-1	—	SSP5-8.5	高强迫情景，2100 年辐射强迫稳定在 8.5 W/m²
		SSP5-7.0	中等至高强迫情景，2100 年辐射强迫稳定在 7.0 W/m²
		SSP5-4.5	中等强迫情景，2100 年辐射强迫稳定在 4.5 W/m²
		SSP5-2.6	低强迫情景，2100 年辐射强迫稳定在 2.6 W/m²
Tier-2	21 世纪情景试验	SSP5-6.0	中等强迫情景，2100 年辐射强迫为 5.4 W/m²，2100 年以后稳定在 6.0 W/m²
		SSP5-3.4	低强迫情景，2100 年辐射强迫稳定在 3.4 W/m²
		SSP5-3.4-OS	辐射强迫先增加再减少的情景，2100 年辐射强迫稳定在 3.4 W/m²
		SSPa-b	低强迫情景，a 代表所选择的 SSP 情景，b 代表 2100 年辐射强迫强度，该试验要求 b 大约等于或低于 2.0 W/m²
	初始场扰动集合试验	SSP3-7.0	同 Tier-1 的 SSP5-7.0 试验设计，只是至少需要 9 个成员

续表

试验级别	试验名称	试验描述
Tier-2 长期延伸 试验	SSP5-8.5-Ext	SSP5-8.5 试验积分至 2100 年后，CO_2 排放线性减少至 2250 年使其低于 10 Gt C/a，其他排放保持在 2100 年水平
	SSP1-2.6-Ext	SSP1-2.6 试验积分至 2100 年，保持 2100 年的碳排放下降速率不变直至 2140 年，然后碳排放线性增加到 2185 年使其增速为 0，之后的排放和土地利用保持在 2100 年水平
	SSP5-3.4-OS-Ext	SSP5-3.4 试验积分至 2100 年后，辐射强迫继续减少至与 SSP1-2.6-Ext 相当为止

8.3 渠江流域未来气候变化及水文响应

8.3.1 全球气候模式选取

8.3.1.1 BNU-ESM 气候模式

由于本节对渠江未来气候变化的研究时间较早，CMIP6 数据尚未完善，因此本节使用的全球气候模式是 NEX—GDDP 数据集中的 BNU—ESM（Beijing Normal University Earth System Model）数据（https：//cds.nccs.nasa.gov/nex-gddp/）。原始的 BNU—ESM 是由北京师范大学全球变化与地球系统科学研究院为主导、联合国内外众多研究机构合作开发的模式，以自主研发的陆面模式 CoLM 为核心，通过耦合器技术将海洋、陆地、大气和海冰各分量模式进行耦合，包含全碳循环过程的地球系统模式（吴其重，2013）。NASA 地球交换中心结合统计降尺度和误差校正方法对原始的 BNU—ESM 进行处理，将模式数据的空间分辨率从 $2.8° \times 2.8°$ 提高到 $0.25° \times 0.25°$（Thrasher B et al.，2012），以便用于区域尺度的气候变化相关研究。

该数据集可以从 NEX—GDDP 官方网站（https：//www.nccs.nasa.gov/services/data-collections/land-based-products/nex-gddp）上获取。NEX—GDDP 数据集中的 BNU—ESM 数据储存形式为 NetCDF 格式，以嘉陵江流域边界为

筛选范围，在 MATLAB 软件中提取了渠江流域内部及周边共 169 个坐标点对应的日最高气温、日最低气温和日降水量等气象数据。

为了检验该气候模式的可信度，本研究将使用地面观测站点数据对筛选出的历史时期 BNU—ESM 数据进行比较评价。地面观测站点数据来源为3.2 节中的中国地面气候资料日值数据集（V3.0），在渠江流域范围内共收集到了 1986—2016 年的日时序数据，而 BNU—ESM 的历史时期为 1950—2005年。综合考虑两种数据的时间段，最终选定 1986—2005 年为基准期，同时选定 2021—2040 年为预测期，主要模拟渠江流域近 20 年的气候变化以及水文响应。

8.3.1.2　基准期模拟能力评估

为了评估选取的 BNU—ESM 数据在渠江流域的可靠性，分别对 4 个子流域基准期的降水和气温的模拟能力进行评估。为了方便地面观测数据与BNU—ESM 数据进行比较，分别对地面观测站点数据和 BNU—ESM 数据使用泰森多边形法求取基准期内的气象要素月平均值以及多年平均值。

在年尺度上，基准期 BNU—ESM 数据与地面实测数据对比及误差分析见表 8-3 和图 8-3 ～ 图 8-5，BNU—ESM 能较准确地模拟历史气温和降水的年际变化趋势。降水模拟方面，BNU—ESM 模式数据在七里沱子流域比实测数据偏高 5.32%，在其余 3 个子流域出现偏低的现象，偏差范围为 -5.67% ～-4.40%。气温模拟方面，最高气温和最低气温都相对偏低，4 个子流域的最高气温偏差范围为 -4.99% ～ -0.89%，最低气温偏差范围为 -5.7% ～ -1.55%。除此之外，还对 4 个子流域 BNU—ESM 数据与实测数据做了方差分析，在年际变化方面两者无明显差异（$p > 0.05$）。

表 8-3　基准期 BNU—ESM 数据与地面实测数据对比

气候特征项	绝对误差				相对误差 /%			
	碧溪	七里沱	风滩	罗渡溪	碧溪	七里沱	风滩	罗渡溪
年平均降水量 /mm	-62.10	53.47	-48.77	-49.25	-5.67	5.32	-4.40	-4.45
年最高气温 /℃	-0.18	-0.50	-0.24	-1.05	-0.89	-2.38	-1.12	-4.99
年最低气温 /℃	-0.21	-0.74	-0.36	-1.76	-1.55	-5.12	-2.50	-5.70

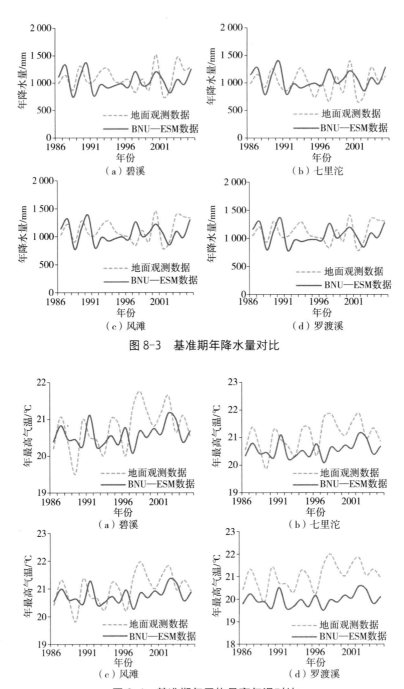

图 8-3　基准期年降水量对比

图 8-4　基准期年平均最高气温对比

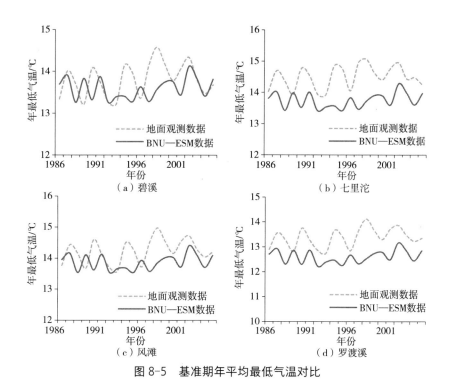

图 8-5 基准期年平均最低气温对比

BNU—ESM 数据也可以较准确地模拟月尺度的降水量、最高和最低气温变化。碧溪、七里沱、风滩和罗渡溪 4 个子流域月降水量模拟的相对误差分别为 -28.85%～43.38%、-17.21%～38.80%、-24.08%～24.14% 和 -24.09%～19.52%；月最高气温的相对误差分别为 -2.74%～6.66%、-5.87%～5.29%、-3.21%～5.68% 和 -13.66%～-2.80%；月最低气温的相对误差分别为 -7.98%～27.87%、-10.64%～16.91%、-8.18%～21.09% 和 -7.19%～35.51%。其中最高气温和最低气温误差较大的月份多为 1 月和 12 月，并且在罗渡溪子流域的模拟效果最差。但方差分析结果表明，BNU—ESM 数据模拟的降水、气温年内变化过程无显著差异性（$p > 0.05$）。基准期 BNU—ESM 数据与地面实测数据在月尺度上的对比如图 8-6～图 8-8 所示，可以看出在 4 个子流域的降水模拟中 7 月的模拟偏差量较大，在以后的工作中需要针对 7 月的降水模拟进行进一步研究；在最高和最低气温方面，除罗渡溪子流域的最低气温偏差较大，其余子流域 BNU—ESM 数据模拟的气温与实测气温的拟合程度都较高。

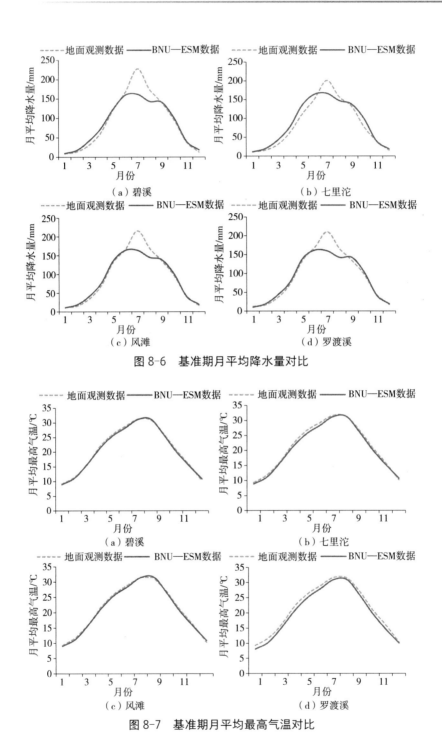

图 8-6　基准期月平均降水量对比

图 8-7　基准期月平均最高气温对比

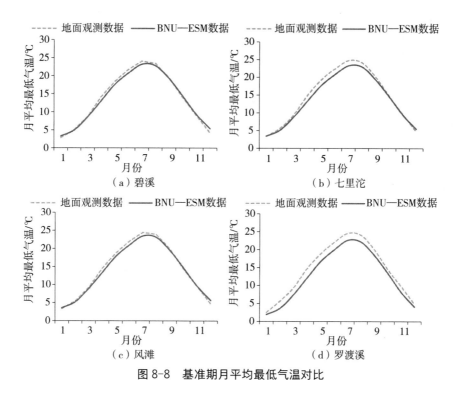

图 8-8　基准期月平均最低气温对比

从整体来看，BNU—ESM 数据能够很好地反映嘉陵江流域的地面观测数据，具有较高的可靠性，可以作为该流域气候变化影响分析的基础资料。因此本章将使用 BNU—ESM 数据来定量预测渠江流域的气候变化以及该流域内的径流变化趋势。

8.3.2　未来气候变化情景分析

气候情景是对未来气候系统状态的科学假定，是除去气候模式本身以外的影响气候模式评估结果的关键输入。RCPs 是 2013 年 CMIP5 发布的气候情景，共包含了四类（宋艳华，2006）。因为 NEX—GDDP 数据集中只提供 RCP4.5 和 RCP8.5 两种气候情景的降尺度数据，故本节只讨论这两种情景下嘉陵江流域的未来气候变化以及后续的流域水文响应。

相对于其他气象要素而言，气温与降水最能体现气候变化特征，因此，本研究将重点讨论气温和降水变化所表征的气候变化情况。

4个子流域基准期与预测期两种气候情景（RCP4.5 和 RCP8.5）下的降水、最高和最低气温的特征值，以及预测期相对于基准期的变化见表 8-4。降水方面，RCP4.5 情景下 4 个子流域的降水量相对变化为 -0.60% ～ -1.57%，越靠近下游，年降水量基本未发生变化；RCP8.5 情景下 4 个子流域的降水量相对变化为 -5.51% ～ -4.86%，发生小幅度的降低。气温方面，流域整体呈变暖趋势，体现在最高和最低气温都呈升高的趋势。在 RCP4.5 情景下，4 个子流域的最高气温相对变化为 5.19% ～ 7.22%，最低气温相对变化为 10.09% ～ 11.41%；在 RCP8.5 情景下，4 个子流域的最高气温相对变化为 9.22% ～ 9.95%，最低气温相对变化为 12.69% ～ 14.49%。可以看出，最低气温的升高幅度要大于最高气温，RCP8.5 情景的升高幅度要大于 RCP4.5 情景，并且在罗渡溪子流域的最低气温增幅要明显高于其余 3 个子流域。

表 8-4　基准期与预测期的气候特征值及相对变化

特征项		特征值				相对变化 /%			
		碧溪	七里沱	风滩	罗渡溪	碧溪	七里沱	风滩	罗渡溪
基准期	年平均降水量 /mm	1 033.60	1 057.67	1 060.71	1 058.30	—	—	—	—
	年平均最高气温 /℃	20.58	20.57	20.76	19.98	—	—	—	—
	年平均最低气温 /℃	13.59	13.75	13.87	12.61	—	—	—	—
RCP4.5	年平均降水量 /mm	1 015.53	1 037.55	1 044.07	1 051.99	-1.75	-1.90	-1.57	-0.60
	年平均最高气温 /℃	22.06	22.05	22.22	21.01	7.20	7.22	7.02	5.19
	年平均最低气温 /℃	14.99	15.15	15.27	14.05	10.30	10.21	10.09	11.41
RCP8.5	年平均降水量 /mm	977.73	999.43	1 003.83	1 006.84	-5.41	-5.51	-5.36	-4.86
	年平均最高气温 /℃	22.49	22.48	22.67	21.96	9.31	9.30	9.22	9.95
	年平均最低气温 /℃	15.35	15.51	15.63	14.44	12.94	12.83	12.69	14.49

图 8-9 ～ 图 8-11 是 RCP4.5 和 RCP8.5 相较于基准期月平均降水、最高和最低气温的变化率。由前文可知，年平均降水呈减少趋势，月平均降水除 3 月、4 月和 11 月外，其余月份在预测期的大部分阶段都呈现出减少的趋

势。但在 6 月和 7 月，RCP4.5 情景的中位数位于 0 以下，而 RCP4.5 情景的中位数略高于 0，表明在预测期的大部分年份的 6 月和 7 月，RCP4.5 情景的降水量呈减少趋势，而 RCP8.5 情景却呈现略微增加趋势。并且与 RCP4.5 情景相比，RCP8.5 情景在 8 月降水的减少量要少。从图 8-10 和图 8-11 中可以看出，最高和最低气温在未来时期的变化主要发生在 9 月至次年 4 月，并且基准期气温越低的月份，气温的变化幅度越大，说明未来时期的年内温差在逐渐缩小。除了 3 月和 8 月的最高气温的变化率表现出 RCP4.5 情景略高于 RCP8.5 情景的现象，在其余月份 RCP8.5 情景的变化率均高于 RCP4.5 情景。类似地，最低气温的变化率在 8 月也表现出了 RCP4.5 情景略高于 RCP8.5 情景的现象，而在其余月份 RCP8.5 情景的变化率均高于 RCP4.5 情景。

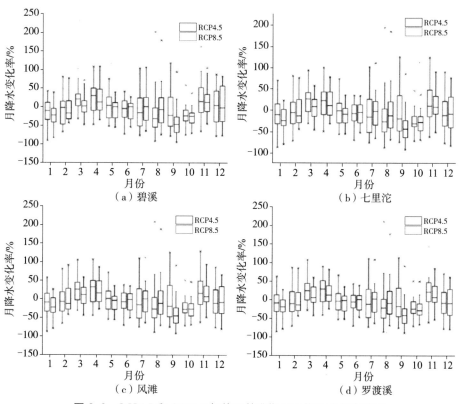

图 8-9　RCP4.5 和 RCP8.5 相较于基准期月平均降水的变化率

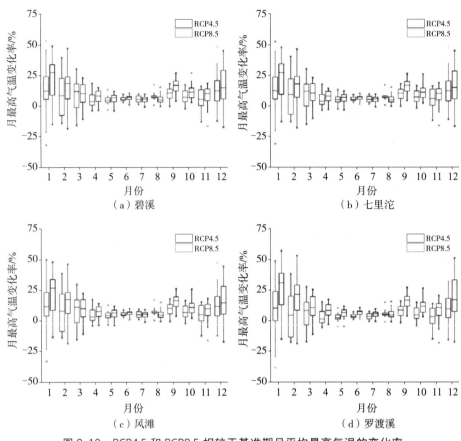

图 8-10　RCP4.5 和 RCP8.5 相较于基准期月平均最高气温的变化率

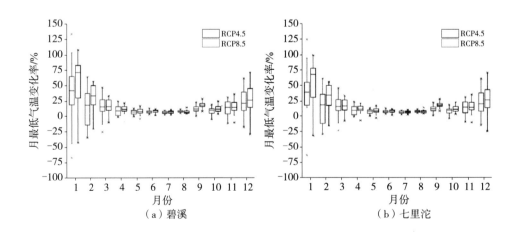

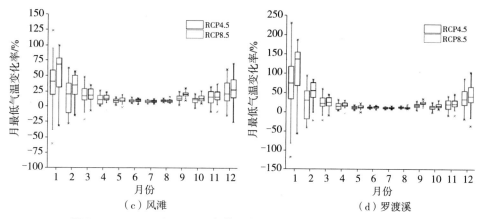

图 8-11　RCP4.5 和 RCP8.5 相较于基准期月平均最低气温的变化率

8.3.3　渠江流域对气候变化的水文响应

　　考虑降水和气温是气候变化中最显著的气候因素，同时两者又是水文模型中最重要的气象输入项，因此本节主要讨论降水和气温变化对流域水文特征的影响。在基准期和预测期，假定流域内的风速、相对湿度和太阳辐射等气候因素保持不变，同时也忽略人类活动和土地利用等变化。

　　由 4.1 节中的渠江流域径流模拟结果可知，CMADS 数据驱动的 SWAT模型在流域内的 4 个水文站的径流模拟表现更好，故本节使用已校准的CMADS 数据驱动的 SWAT 模型结合未来气候变化模拟基准期和预测期 4 个站点处的日径流量。

　　表 8-5 为基准期和预测期两种气候情景下的年平均径流量及预测期的相对变化率。相对于基准期，4 个子流域在 RCP4.5 和 RCP8.5 情景下的径流均有所减小，但在 RCP4.5 情景下要比 RCP8.5 情景下径流减少量大，这与两种情景下的降水情况相反。但从径流与降水的相关性图（图 8-12、图 8-13）可以看出，径流和降水依然具有较高的相关性：在 RCP4.5 情景下，除了在碧溪子流域（R^2）为 0.90 外，其余 3 个子流域的 R^2 都达到了 0.98 及以上；虽然在 RCP8.5 情景下的 R^2 较低，但也都达到了 0.72 以上。

表 8-5　基准期与预测期的年平均径流量及相对变化

情景		年平均径流量 /10^9 m³				相对基准期的变化 /%			
		碧溪	七里沱	风滩	罗渡溪	碧溪	七里沱	风滩	罗渡溪
基准期		1.34	3.48	9.58	20.96	—	—	—	—
预测期	RCP4.5	1.00	2.67	7.53	17.89	-25.69	-23.23	-21.40	-14.66
	RCP8.5	1.21	3.14	8.71	18.85	-9.68	-9.54	-9.11	-10.08

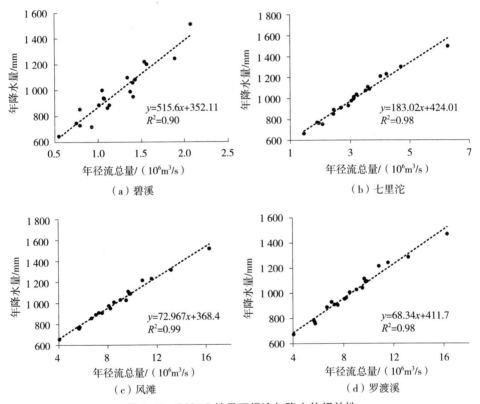

图 8-12　RCP4.5 情景下径流与降水的相关性

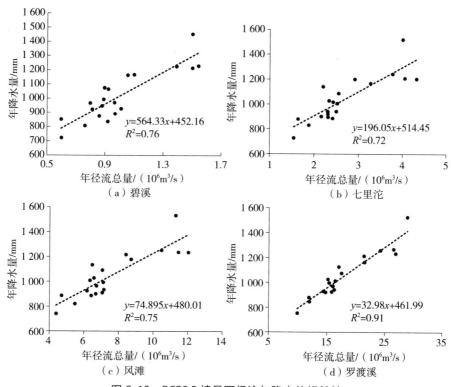

图 8-13 RCP8.5 情景下径流与降水的相关性

选择最能代表整个渠江流域的罗渡溪子流域，观察两种情景下径流和降水的年变化趋势（图 8-14），可以看出径流和降水的变化依然具有较高一致性。但是在 RCP8.5 情景相比于基准期整体降水量减少的情况下，2023 年的降水出现了较大幅度增加，比同年 RCP4.5 情景下降水量增加了 94.84%，从而引起径流量增加了 250.76%，为 34.88×10^9 m^3。当将 2023 年排除在外时，RCP4.5 和 RCP8.5 情景的多年平均降水量分别为 1 067.69 mm 和 982.52 mm，多年平均径流量分别为 18.31×10^9 m^3 和 18.01×10^9 m^3，整体符合降水量越大，产生的径流越多。径流的变化除了受降水的影响，还与气温的变化有关。因为 RCP4.5 的情景下降水不是总大于 RCP8.5，所以将 2023 年以外的年份按 RCP4.5 的降水是否大于 RCP8.5 分为两种情况。图 8-15 为两种情况下RCP8.5 情景的降水量、径流量和气温相对于 RCP4.5 情景的变化，图中径流的变化与降水保持一致。但对比两种情况可以看出，降水减少时，气温的升高削弱了径流对降水的响应，使得径流的减少幅度有所减小；而降水增加时，气温的升高增加了径流的产出，使得径流的增加幅度明显增大。可见在该流域降水在径流的变化中起到主导的作用，气温对径流起到了积极的作用。其中关于在 2023 年出现的明显有别于其他年份的情况，以及径流对降水和气温耦合作用更准确的响应机制还有待更深入的研究。

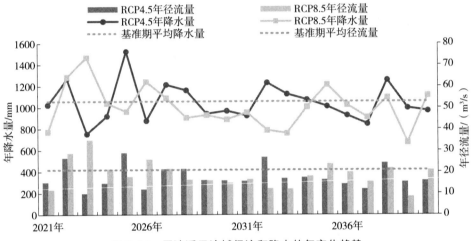
图 8-14　罗渡溪子流域径流和降水的年变化趋势

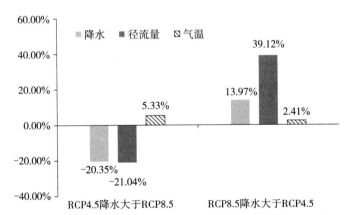
图 8-15　两种情况下 RCP8.5 相对于 RCP4.5 降水量、径流量和气温的变化

图 8-16 是 4 个子流域的月平均径流过程及相对基准期变化，其中柱形图表示的是 RCP4.5 和 RCP8.5 相较于基准期的变化率。在 RCP8.5 情景下，4 个

子流域在 3 月、4 月、7 月和 8 月径流都出现了增加的趋势，其中 8 月的增幅最大，为 18.14%～29.55%；在其他月份都呈现减少的趋势，尤其在流量相对较高的 9 月和 10 月，减少幅度比较明显，达到了 40% 左右，因此年平均径流整体呈现减少的趋势。在 RCP4.5 情景下，除了在碧溪子流域的 9 月和七里沱子流域的 3 月径流出现小幅度的增加外，其余情况都呈现减少的趋势，减少幅度在 1 月、2 月和 12 月较大。

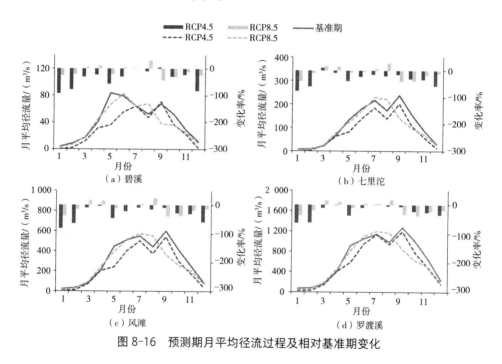

图 8-16　预测期月平均径流过程及相对基准期变化

8.4　白河流域未来气候变化及水文响应

8.4.1　全球气候模式选取

8.4.1.1　BCC-CSM2-MR 气候模式

在对白河流域进行未来气候变化研究时，CMIP6 的大部分模式数据已经完成，并且已有相关研究对其中的全球气候模式进行评估，本节也将选取CMIP6 数据进行分析讨论。

我国国家气候中心（BCC）连续多年参加国际耦合模式比较计划，并不断完善和改进模式的物理过程，以提高模式的模拟能力，中等分辨率气候系统模式 BCC-CSM2-MR 是国家气候中心参加 CMIP6 中的 3 个最新模式版本之一（辛晓歌等，2019）。诸多学者使用 BCC 系列气候模式取得较好的研究成果。董敏等（2013）使用 BCC-CSM1.0 模式对 19 世纪末到 20 世纪的气候进行模拟，对降水模拟结果的检验表明 BCC-CSM1.0 模式能够模拟出全球降水的基本气候状态、季节变化、季节内振荡、年际变化等特征，模拟结果显示与观测和分析资料基本一致。陈海山等（2011）评估表明 BCC 气候模式对中国近 50 年极端温度和降水多年平均的空间分布具有一定的模拟能力。李雅培等（2020）使用 BCC-CSM2-MR 气候模式对疏勒河流域未来气温降水变化趋势进行分析，结果表明经校正后的气候模式输出数据与实测数据的拟合程度较好，能较好地再现研究区分布规律。

本节所使用的 BCC-CSM2-MR 气候模式数据下载自 ESGF 全球共享平台，结合 6.4 节中收集到的地面观测气象数据时间段，共获取了基准期（1987—2010 年）和预测期（2022—2064 年）的日尺度降水、最高气温和最低气温等气象数据。该模式数据空间分辨率为 100 km×100 km，在白河流域等较小区域尺度变化进行气候模拟时，需要通过降尺度或者偏差校正等手段对其进行调整以适应研究区所需。

8.4.1.2　DBC 偏差校正方法

用于提高数据精度的偏差校正方法有很多，如平均偏差校正（Mean Bias Correction，MBC）方法、分位数映射（Quantile Mapping，QM）方法，基于月尺度的回归校正（Linear Regression Bias Correction，LRBC）方法、基于月尺度的等率校正（Ratio Bias Correction，RBC）方法等，本节使用逐日偏差校正（Daily Bias-Correction，DBC）方法对 BCC-CSM2-MR 气候模式输出的历史时期进行偏差校正。

DBC 方法广泛用于校正 GCM 数据，其假设历史和未来的数据在分位数上具有相近的误差。通过结合 LOCI（Local Intensity Scaling）和分位数映射两种方法，依次校正日降水系列的发生频率和量级。第一步，借助 LOCI 法对降水概率进行校正；第二步，通过模拟值和观测值的系统偏差推导计算出校正系数，并应用此系数校正未来数据（尹家波等，2020）。具体计算公式如下（温跃修，2020）。

$$
\begin{aligned}
P_{i,c} &= P_{i,r} \cdot (P_{q,o} / P_{q,r}) \\
T_{i,c} &= T_{i,r} + (T_{q,o} - T_{q,r})
\end{aligned}
\tag{8-1}
$$

式中：$P_{i,c}$、$T_{i,c}$——校正后第 m 月的日降水和气温系数；

$\quad\quad$ $P_{i,r}$——历史期校正前第 m 月的降水量，mm；

$\quad\quad$ $T_{i,r}$——历史期校正前第 m 月的温度，℃；

$\quad\quad$ $P_{q,o}$——实测日降水系列中第 i 日所在月份 q 分位数日降水量，mm；

$\quad\quad$ $T_{q,o}$——实测日降水系列中第 i 日所在月份 q 分位数温度，℃；

$\quad\quad$ $P_{q,r}$——GCM 输出日降水系列中第 i 日所在月份 q 分位数日降水量，mm；

$\quad\quad$ $T_{q,r}$——GCM 输出日降水系列中第 i 日所在月份 q 分位数温度，℃。

8.4.1.3　基准期模拟能力评估

将原始气候模式在基准期（1987—2010 年）的模拟数据与地面实测数据进行对比，结果见表 8-6。BCC-CSM2-MR 气候模式能够较好地模拟白河流域降水，但气温模拟明显低于观测值：年最高气温低于观测值约 6℃，年最低气温约低于观测值 6℃。月平均最高气温、月平均最低气温、月平均降水量如图 8-17 所示，BCC-CSM2-MR 气候模式在基准期的气温模拟明显低于观测值，在 7 月的模拟值最接近于观测值，但是仍有一定的差距；该气候模式能较好地模拟白河流域月平均降水，尤其对 6—7 月的模拟较为精准，但存在 11 月至次年 6 月降水模拟较高，而 7—10 月降水模拟降低的情况。因此需要使用偏差校正方法对该气候模式的气象数据进行校正，以获取更好的未来径流模拟效果。

表 8-6　基准期实测与模拟气候数据

气候特征项	实测数据	历史模拟数据	绝对误差	相对误差 /%
年平均降水量 /mm	569.98	585.83	15.85	2.78
年最高气温 /℃	17.34	11.10	-6.24	-35.99
年最低气温 /℃	5.41	-0.24	-5.65	-104.52

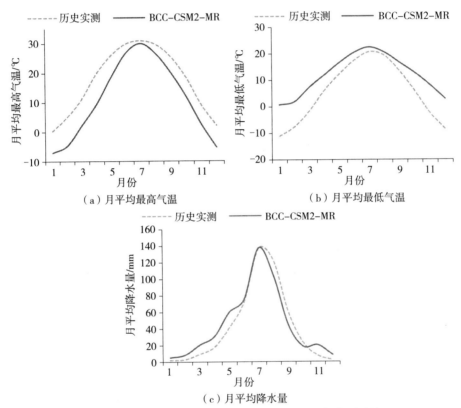

（a）月平均最高气温　　　（b）月平均最低气温

（c）月平均降水量

图 8-17　BCC-CSM2-MR 历史模拟月平均气温与实测对比

经过偏差校正后，BCC-CSM2-MR 气候模式输出的历史模拟数据和基准期实测数据对比如图 8-18 和图 8-19 所示。年平均最高气温、年平均最低气温变化和基准期拟合效果非常好，校正后的年平均最高气温为 17.3℃，误差在 -4.2%～9.1%，能够较为精准地代表白河流域年最高气温变化情况；年平均最低气温校正后为 5.3℃，误差在 -9.2%～3.9%，大部分年最低气温的校正值仍略低于观测值，但相较于未校正前拟合效果较好；月平均最高

气温校正后误差在 -0.6～0.1℃，校正效果较好；月平均最低气温校正误差在 -0.3～0.4℃，对 11 月至次年 2 月即冬季最低气温的校正存在略低的情况，但整体校正效果较好；对年降水量的变化趋势校正效果较好，但对年降水量较高的峰值模拟偏高，导致模拟年降水量高于观测值，但对降水量低值模拟较好；对月平均降水的校正中存在 -16.1～18.5 mm 的误差，误差主要源于对10 月至次年 5 月降水量模拟偏低，尤其是在 5 月和 10 月，分别存在 10 mm 和 14 mm 的误差，同时对夏季降水量峰值的模拟存在偏高的情况，尤其是7 月，存在 11 mm 的误差，但总体校正结果可用于模拟使用，应在未来降水模拟中重点关注。通过 DBC 方法校正的历史时期数据与基准期实测数据相比具有较好的模拟精度，对气温模拟优于对降水的模拟，适用于白河流域气候的模拟，因此使用历史时期 DBC 方法对气温和降水的校准系数对 BCC-CSM2-MR 气候模式输出的未来气候数据进行偏差校正。

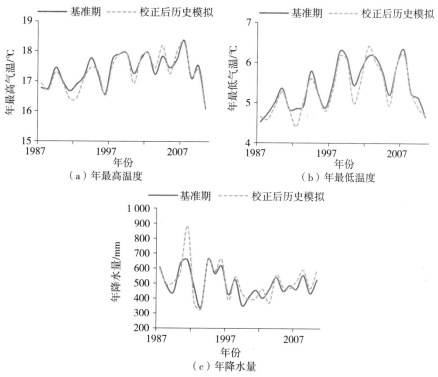

图 8-18　历史时期校正后年尺度气候模拟值与观测值对比

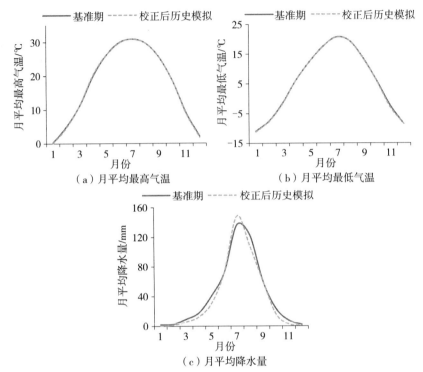

图 8-19　历史时期校正后月尺度气候模拟值与观测值对比

8.4.2　未来气候变化情景分析

本章结合社会发展实际情况选取了 SSP1-2.6（低排放情景）、SSP2-4.5（中排放情景）和 SSP5-8.5（高排放情景）3 种情景。SSP1-2.6 是 CMIP6 在 CMIP5 中 RCP2.6 情景基础上更新后的情景，代表低社会脆弱性和低减缓压力及低辐射强迫的综合情景，SSP2-4.5 是 CMIP6 在 CMIP5 中 RCP4.5 情景基础上更新后的情景，代表中等社会脆弱性和中等辐射强迫组合的情景；SSP5-8.5 是 CMIP6 在 CMIP5 中 RCP8.5 情景基础上更新后的情景，是唯一可以实现 2100 年人为辐射强迫达到 8.5 W/m² 的共享社会经济路径（张丽霞等，2019）。

预测期（2022—2064 年）3 种气候变化情景经 DBC 方法校正后在白河流域的表现见表 8-7。随着排放情景的升高，年平均最高气温和年平均最低气温均逐渐升高，同时降水量也逐渐增加。在 SSP1-2.6（低排放情景）中，年平均最高气温约升高 0.6%，年平均最低气温升幅约 1.9%，降水增加 16.7%；在

SSP2-4.5（中排放情景）中，年平均最高气温约升高 4.0%，年平均最低气温
升幅为 5.6%，降水增加 20.5%；在 SSP5-8.5（高排放情景）中，年平均最高
气温约升高 8.7%，年平均最低气温升幅约为 14.8%，降水增加 25.2%。从中
可以看出，年均最高气温的升幅变化量要高于年均最低气温，且气温与降水
的升幅从低排放情景到高排放情景成正比逐渐升高。

表 8-7　基准期与未来时期的气候特征值及相对变化

气候要素	时期	特征值	相对变化 /%
年平均最高气温 /℃	基准期	17.3	—
	SSP1-2.6	17.4	0.6
	SSP2-4.5	18.0	4.0
	SSP5-8.5	18.8	8.7
年平均最低气温 /℃	基准期	5.4	—
	SSP1-2.6	5.5	1.9
	SSP2-4.5	5.7	5.6
	SSP5-8.5	6.2	14.8
年平均降水量 /mm	基准期	498.6	—
	SSP1-2.6	581.8	16.7
	SSP2-4.5	600.6	20.5
	SSP5-8.5	624.4	25.2

图 8-20 是未来不同情景下月平均最高气温与基准期的对比图，明显可以
看出，所有月份当中，5—10 月气温升高最为显著，从 SSP1-2.6 到 SSP5-8.5
增幅逐渐变大。SSP1-2.6（低排放情景）相对基准期的变化幅度较小，相对
变化 -0.8%～56.1%；SSP2-4.5（中排放情景）相对基准期的变化为 0.2%～
208.4%；SSP5-8.5（高排放情景）相对基准期的变化为 4.4%～329.9%。其中
相对变化百分数值较高是由于 1 月最高气温较低引起的。除 1 月气温外，每
年 11 月至次年 4 月气温变化幅度较小，最大的升温数值仅为 1.1℃，而 5—
10 月气温相对变化较大，相对基准期的变化幅度由低排放情景至高排放情景
逐渐增加，说明未来情景下年内最高气温的温差在逐渐增大。

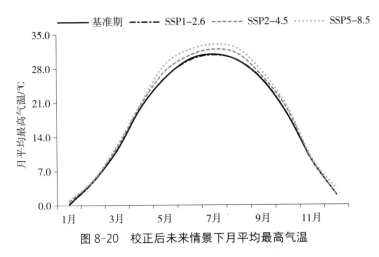

图 8-20　校正后未来情景下月平均最高气温

　　将校正后的月平均最低气温与基准期进行比较分析，如图 8-21 所示，整体最低气温变化幅度小于最高气温：SSP1-2.6（低排放情景）相对基准期的变化幅度较小，为 -0.5%～26.1%；SSP2-4.5（中排放情景）相对基准期的变化为 -27.2%～28.8%；SSP5-8.5（高排放情景）相对基准期的变化为 -1.8%～78.1%，其中相对变化百分数值较高是由于 3 月最低气温接近 0 引起的。与月平均最高气温表现不同，每年 1—6 月的气温变化量高于 7—12 月，气温增幅由低排放情景至高排放情景逐渐增加，说明未来情景下年最低气温在上半年的升温显著。

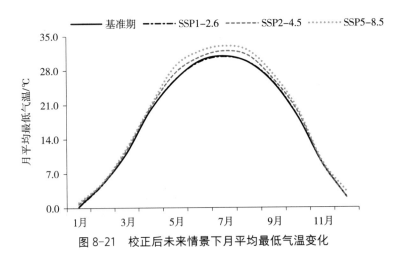

图 8-21　校正后未来情景下月平均最低气温变化

　　将校正后的月平均降水量与基准期进行比较分析（图 8-22），SSP1-2.6（低排放情景）相对基准期的变化为 -15.3%～140.3%；SSP2-4.5（中排放情景）相对基准期的变化为 -16.1%～146.2%；SSP5-8.5（高排放情景）相对基准期的变化为 -15.7%～144%。相对于基准期，9 月的增幅变化最为显著，是年降水量增加的主要原因之一；较为一致的规律是冬春季节降水变化率较大，夏季降水变化率较低。不同情景间月平均降水的变化量未表现出和气温一致的变化规律，首先 3 种情景除 5 月和 10 月外，各月降水量均高于基准期，降水量在季节变换的月份，从春季进入夏季和夏季进入秋季的时节降低，表明降水量受季节变化的影响显著，其中 SSP1-2.6 情景 10 月降水量变幅最大，减少 15.3%；其次 3 种气候情景的变化幅度没有表现出和气温一致的随排放情景升高而升高的特征：SSP1-2.6 和 SSP5-8.5 的升幅变化规律基本一致，且 SSP5-8.5 的变化幅度高于 SSP1-2.6 情景；较 SSP1-2.6 而言，SSP2-4.5 情景月降水量增幅表现出不稳定性，无明显变化规律。

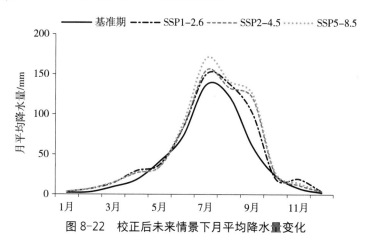

图 8-22　校正后未来情景下月平均降水量变化

8.4.3　白河流域对气候变化的水文响应

　　径流模拟结果见表 8-8。相对于基准期，3 种未来情景的径流均有所增加，与降水量变化趋势一致，SSP5-8.5 径流变化量最大，相对变化率高达 61.3%；其次是 SSP1-2.6，相对变化 49.3%；SSP2-4.5 相对变化率低于 SSP1-2.6，为 40.2%，基本符合降水量越高径流量越大的事实规律。从图 8-23 中可以看出,SSP5-8.5 径流降水 R^2 最大,约为 0.79,具有较好的相关性;其次,SSP1-2.6 径流降水 R^2 约为 0.74,也有不错的相关性;但 SSP2-4.5 的径流降水 R^2 仅为 0.54,明显低于其他 2 种情景,因此可以解释 SSP2-4.5 降水量大于 SSP1-2.6 但径流量增长幅度小于 SSP1-2.6 的现象。

表 8-8　基准期与未来时期径流及其相对变化

情景	年平均径流量 /(m³/s)	变化量 /(m³/s)	相对变化 /%
基准期	8.7	—	—
SSP1-2.6	13.0	4.3	49.3
SSP2-4.5	12.2	3.5	40.2
SSP5-8.5	14.0	5.3	61.3

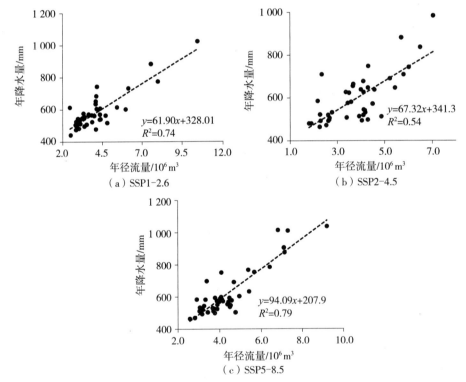

图 8-23　未来情景降水与径流的相关性

通过图 8-24 观察 3 种情景下径流和降水的年变化趋势,可以看出径流和降水的变化具有较高的一致性。3 种排放情景下的月平均径流过程与基准期的比较如图 8-25 所示。未来径流特征主要表现为:首先径流峰值出现在 8—9 月,这与降水量的增加变化趋势保持一致,说明降水与径流相关性较好;其次径流在全年范围内表现出双峰值,这与 6.4 节中实际径流统计分析变化趋势一致,说明模拟结果具有可信度;最后径流在 11 月出现小幅增长,与降水密切相关。SSP1-2.6 和 SSP5-8.5 情景变化趋势高度一致,SSP2-4.5 变化趋势有不同。SSP2-4.5 在降水与其他情景一致的情况下,在径流上与其他情景有差异,考虑受气温因素的影响。与 SSP1-2.6 相比,SSP2-4.5 在 1—3 月和 7 月的月平均最低气温和月平均最高气温变化幅度均高于 SSP1-2.6,气温的升高促使径流产出加强,因此在 SSP2-4.5 情景中气温对径流的贡献度高于其他 2 种情景。

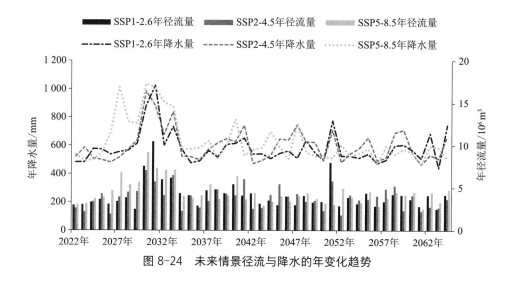

图 8-24　未来情景径流与降水的年变化趋势

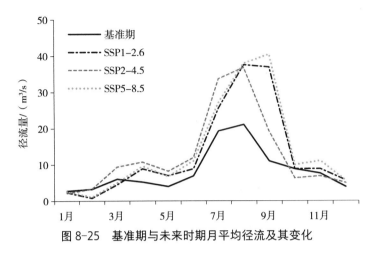

图 8-25　基准期与未来时期月平均径流及其变化

将未来时期（2022—2064 年）划分为 3 个阶段，2022—2035 年为第一阶段，2036—2049 年为第二阶段，2050—2064 年为第三阶段，以观察研究径流在未来的变化趋势，结果见表 8-9。3 种情景下，径流均随时间变化而降低，相较于第一阶段径流，SSP1-2.6 在第二阶段和第三阶段分别减少 15.2% 和 17.3%；SSP2-4.5 在第二阶段和第三阶段分别减少 3.1% 和 10.7%；SSP5-8.5 在第二阶段和第三阶段分别减少 23.1% 和 27.3%。SSP1-2.6 和 SSP5-8.5 的降低强度高于 SSP2-4.5。

表 8-9　未来不同阶段年平均径流变化

阶段	SSP1-2.6 径流量 /（m³/s）	SSP2-4.5 径流量 /（m³/s）	SSP5-8.5 径流量 /（m³/s）	相对变化 /%		
第一阶段	4.6	4.1	5.4	—	—	—
第二阶段	3.9	3.9	4.1	-15.2	-3.1	-23.1
第三阶段	3.8	3.6	3.9	-17.3	-10.7	-27.3

8.5　本章小结

气候变化已经成为国际社会普遍关心的重大全球性问题，气候变化自然引起水循环的变化，水资源在时空上的分布和总量逐渐发生变化，进而影响生态环境与社会经济的发展。本章主要在中国南北方分别选择了渠江流域和白河流域，用 GCM 与已建立的水文模型相结合，分析流域未来的气候变化情况，进而利用水文模型在未来气候情景下进行径流预测，定量分析流域径流对未来气候变化的响应。

针对渠江流域的未来气候变化，本章选取了 NEX—GDDP 数据集中的 BNU—ESM 数据，来定量分析渠江流域的气候变化以及预测该流域内的径流变化趋势。预测结果表明：与基准期相比，RCP4.5 和 RCP8.5 2 种情景下的气温都呈增加趋势；RCP4.5 情景下的降水略微增加，在罗渡溪子流域基本不变；RCP8.5 情景下的降水呈减少趋势；2 种情景下的径流都呈减少趋势。但是，对于未来的气候与径流预测，并不是均呈增加或减少趋势，而是上下波动，并且可能存在变化异常的现象，以后对未来情景的预测，应该进行更加详细的分析。通过对罗渡溪子流域径流对降水和气温的响应分析可以得出，降水在径流的变化中起到主导作用，气温对径流起到了积极的作用。

针对白河流域，选取了 CMIP6 下的 BCC-CSM2-MR 气候模式中的 SSP1-2.6、SSP2-4.5、SSP5-8.5 低、中、高 3 种排放情景，并使用 DBC 方法对气候模式输出数据进行校正，获得较好的校正结果，进而对未来时期（2022—2064 年）径流进行预测。结果表明：与基准期相比，3 种情景下气温、降水整体均呈逐年升高趋势，年内变化存在波动性。3 种情景中，SSP1-2.6 和 SSP5-8.5 降水与径流变化趋势保持一致，SSP2-4.5 径流峰值出现时间早于以上 2 种情景；未来径流与降水保持良好相关性，在降水增加的情况下径流表现为增加趋势，但随时间的变化径流逐渐减小。

本研究仅考虑了现状土地利用变化和人类活动的情况下气候变化的影响，但在实际中，气候、土地利用和人类活动均是动态变化并相互影响的，如何建立响应关系研究气候变化的影响是进一步要解决的问题。

参考文献

［1］蔡永明，张科利，李双才.不同粒径制间土壤质地资料的转换问题研究
　　［J］.土壤学报，2003（4）：511-517.

［2］陈光兰，高攀宇，张亮.渠江流域暴雨洪水气候特征规律简析［J］.人民
　　长江，2008（14）：56-57.

［3］陈海山，施思，周晶.BCC气候模式对中国近50a极端气候事件的模拟
　　评估［J］.大气科学学报，2011，34（5）：513-528.

［4］陈鸿，刘刚，刘普灵，等.退耕还林背景下的小流域侵蚀产沙研究［J］.
　　泥沙研究，2020，45（2）：52-58.

［5］陈吉春.基于HSPF模型的派河流域土地利用对非点源污染的影响研究
　　［D］.厦门：厦门大学，2019.

［6］陈敏鹏，林而达.代表性浓度路径情景下的全球温室气体减排和对中国的
　　挑战［J］.气候变化研究进展，2010，6（6）：436-442.

［7］陈晓晨，徐影，许崇海，等.CMIP5全球气候模式对中国地区降水模拟
　　能力的评估［J］.气候变化研究进展，2014，10（3）：217-225.

［8］成爱芳，冯起，张健恺，等.未来气候情景下气候变化响应过程研究综述
　　［J］.地理科学，2015，35（1）：84-90.

［9］程晓光，张静，宫辉力.半干旱半湿润地区HSPF模型水文模拟及参数不
　　确定性研究［J］.环境科学学报，2014，34（12）：3179-3187.

［10］董敏，吴统文，王在志，等.BCC_CSM1.0模式对20世纪降水及其变
　　率的模拟［J］.应用气象学报，2013，24（1）：1-11.

［11］董维娜.生态文明建设背景下水资源可持续发展研究——评《中国水资
　　源与可持续发展》［J］.人民黄河，2019，41（11）：173.

［12］董延军，陈文龙，杨芳，等．HSPF 流域模型原理与模拟应用［M］．郑州：黄河水利出版社，2014.

［13］董延军，李杰，郑江丽，等．流域水文水质模拟软件（HSPF）应用指南［M］．郑州：黄河水利出版社，2009.

［14］杜婷婷，郭梦京，张晋梅，等．VIC 模型在西江流域的水文模拟及其应用［J］．水土保持研究，2021，28（5）：121-127.

［15］段青云，夏军，缪驰远，等．全球气候模式中气候变化预测预估的不确定性［J］．自然杂志，2016，38（3）：182-188.

［16］方玉杰，万金保，孙善磊，等．鄱阳湖生态经济区小流域土壤侵蚀模拟［J］．环境科学与技术，2014，37（7）：167-172.

［17］傅梦嫣．漓江流域上游主要水文气象因子变化分析［D］．桂林：桂林理工大学，2018.

［18］高海伶．密云水库水文预报研究［D］．北京：清华大学，2009.

［19］高伟，周丰，董延军，等．基于 PEST 的 HSPF 水文模型多目标自动校准研究［J］．自然资源学报，2014（5）：855-867.

［20］郭彬斌，张静，宫辉力，等．妫水河流域未来气候变化下的水文响应研究［J］．人民黄河，2014，36（1）：48-51.

［21］郭彬斌．不同的降水数据预估方法对流域水文模型适用性评价及其不确定性研究［D］．北京：首都师范大学，2018.

［22］郭俊．流域水文建模及预报方法研究［D］．武汉：华中科技大学，2013.

［23］何霄嘉，王磊，柯兵，等．中国喀斯特生态保护与修复研究进展［J］．生态学报，2019，39（18）：6577-6585.

［24］何毅．气候变化背景下漓江流域生态系统服务价值对土地利用变化的响应［D］．桂林：桂林理工大学，2021.

［25］胡金龙．漓江流域土地利用变化及生态效应研究［D］．武汉：华中农业大学，2016.

［26］胡远安，程声通，贾海峰．非点源模型中的水文模拟——以 SWAT 模型在芦溪小流域的应用为例［J］．环境科学研究，2003（5）：29-32，36.

［27］黄春红，周宾，李家文，等．桂林市灵芝产业现状及发展对策［J］．现

代农业科技，2020（17）：240，248.

[28] 黄国如，解河海.基于 GLUE 方法的流域水文模型的不确定性分析
[J].华南理工大学学报（自然科学版），2007（3）：137-142.

[29] 黄康.基于 SWAT 模型的丹江流域面源污染最佳管理措施研究 [D].西
安：西安理工大学，2020.

[30] 黄粤，陈曦，包安明，等.开都河流域山区径流模拟及降雨输入的不确
定性分析 [J].冰川冻土，2010，32（3）：567-572.

[31] 姬广兴.未来气候变化下黄河流域径流变化及旱涝灾害动态的地理计算
[D].上海：华东师范大学，2020.

[32] 蒋忠诚，罗为群，邓艳，等.岩溶峰丛洼地水土漏失及防治研究 [J].
地球学报，2014，35（5）：535-542.

[33] 金可礼，赵彬斌，陈俊，等.茜坑水库流域面源污染最佳管理措施研究
[J].水资源与水工程学报，2008（5）：94-97.

[34] 金鑫，郝振纯，张金良.水文模型研究进展及发展方向 [J].水土保持
研究，2006（4）：197-199，202.

[35] 晋华，杨金海，任焕莲，等.基于 DEM 的浊漳河南源水系研究 [J].
太原理工大学学报，2006，37（6）：646-648.

[36] 井涌.水量平衡原理在分析计算流域耗水量中的应用 [J].西北水资源
与水工程，2003（2）：30-32.

[37] 柯强，赵静，王少平，等.最大日负荷总量（TMDL）技术在农业面
源污染控制与管理中的应用与发展趋势 [J].生态与农村环境学报，
2009，25（1）：85-91.

[38] 李峰，胡铁松，黄华金.SWAT 模型的原理、结构及其应用研究 [J].
中国农村水利水电，2008（3）：24-28.

[39] 李峰平，章光新，董李勤.气候变化对水循环与水资源的影响研究综述
[J].地理科学，2013，33（4）：57-464.

[40] 李宏亮.基于 SWAT 模型的土地利用 / 覆被变化对水文要素的影响研
究——以大清河山区部分为例 [D].石家庄：河北师范大学，2007.

[41] 李军，吴旭树，王兆礼，等.基于新型综合干旱指数的珠江流域未来干

旱变化特征研究［J］. 水利学报, 2021, 52（4）: 486-497.

［42］李林, 李凤霞, 朱西德, 等. 黄河源区湿地萎缩驱动力的定量辨识［J］. 自然资源学报, 2009, 24（7）: 1246-1255.

［43］李明涛. 密云水库流域土地利用与气候变化对非点源氮、磷污染的影响研究［D］. 北京: 首都师范大学, 2014.

［44］李奇宸, 王敏, 万甜, 等. 基于 LUCC 的汤浦水库流域生态价值变化过程研究［J］. 水土保持通报, 2019, 39（4）: 2, 184-189.

［45］李倩楠, 张静, 宫辉力. 基于 SWAT 模型多站点不确定性评价方法的比较［J］. 人民黄河, 2017, 39（1）: 24-29.

［46］李学通, 陈光洪, 张星荣. 渠江流域洪水特性及防洪对策措施［J］. 四川水利, 2013（1）: 19-22.

［47］李迅. 基于模型模拟的气候变化对于桥水库水环境水质的影响研究［D］. 天津: 天津理工大学, 2021.

［48］李雅培, 朱睿, 刘涛, 等. 基于 BCC-CSM2-MR 模式的疏勒河流域未来气温降水变化趋势分析［J］. 高原气象, 2021, 40（3）: 535-546.

［49］李燕, 李兆富, 席庆. HSPF 径流模拟参数敏感性分析与模型适用性研究［J］. 环境科学, 2013, 34（6）: 2139-2145.

［50］李泽实, 辛小康, 刘瑞芬. 基于 MIKE SHE 模型的洋河流域水环境模拟研究［J］. 人民黄河, 2022, 44（2）: 100-105.

［51］李兆富, 刘红玉, 李燕. HSPF 水文水质模型应用研究综述［J］. 环境科学, 2012, 33（7）: 2217-2223.

［52］李志林, 朱庆. 数字高程模型［M］. 武汉: 武汉大学出版社, 2001.

［53］李致家, 张昊, 姚成, 等. 单目标与多目标的全局优化算法在新安江模型参数率定中的耦合应用研究［J］. 水力发电学报, 2013, 32（5）: 6-12, 25.

［54］梁皓, 王欢. 缓发性海洋灾害传导机理及对沿海地区发展的影响评价——以海平面上升为例［J］. 河海大学学报（哲学社会科学版）, 2018, 20（1）: 76-82, 92.

［55］林波. 三江平原挠力河流域湿地生态系统水文过程模拟研究［D］. 北京: 北京林业大学, 2013.

［56］刘蛟，刘铁，黄粤，等．基于遥感数据的叶尔羌河流域水文过程模拟与分析［J］.地理科学进展，2017，36（6）：753-761.

［57］刘晋.SWAT 分布式水文模型的应用与新安江模型的对比研究［D］.南京：河海大学，2007.

［58］刘丽敏.基于 SWAT 模型的密云水库流域径流模拟研究［D］.北京：中国地质大学，2014.

［59］刘卫林，熊翰林，刘丽娜，等.基于 CMIP5 模式和 SDSM 的赣江流域未来气候变化情景预估［J］.水土保持研究，2019，26（2）：145-152.

［60］刘雪春，李诗颖.桂林漓江流域农村和农业污染源调查［J］.湖北农业科学，2015，54（14）：3372-3375.

［61］刘禹.不同土地利用方式下的半城子水库流域氮磷流失特征研究［D］.邯郸：河北工程大学，2020.

［62］刘昭.妫水河流域水文模拟及参数不确定性分析［D］.北京：北京工业大学，2020.

［63］刘卓颖.黄土高原地区分布式水文模型的研究与应用［D］.北京：清华大学，2005.

［64］马新萍，武涛，余玉洋.基于 SWAT 模型的汉江上游流域径流情景预测研究［J］.国土资源遥感，2021，33（1）：174-182.

［65］马月琴.水污染治理现状分析［J］.皮革制作与环保科技，2021，2（15）：50-51.

［66］毛战坡，彭文启，周怀东.大坝的河流生态效应及对策研究［J］.中国水利，2004（15）：5，43-45.

［67］米玉良，樊军玲.退耕还林对黄河中游河流含沙量和输沙量的影响［J］.陕西水利，2013（4）：127-129.

［68］聂启阳，吕继强，孙夏利，等.土地利用变化影响的灞河流域潜在非点源污染风险时空变化特征［J］.水资源与水工程学报，2019，30（5）：80-88.

［69］庞树江，王晓燕.密云水库流域入库径流量变化特征及归因研究［J］.干旱区资源与环境，2016，30（9）：144-148.

［70］乔荣荣.基于 HSPF 模型和回归模型的潮河流域水环境模拟研究［D］.

北京：首都师范大学，2019.

［71］秦大河，Thomas Stocker. IPCC 第五次评估报告第一工作组报告的亮点结论［J］.气候变化研究进展，2014，10（1）：1-6.

［72］秦大河.气候变化科学概论［M］.北京：科学出版社，2018.

［73］冉思红，王晓蕾，罗毅.多模式预测气候变化及其对雪冰流域径流的影响［J］.干旱区地理，2021，44（3）：807-818.

［74］任启伟，肖素芬.DEM 尺度对 MIKE SHE 坡面二维流模拟的影响分析［J］.广东水利水电，2011（S1）：5-8.

［75］芮孝芳，黄国如.分布式水文模型的现状与未来［J］.水利水电科技进展，2004（4）：55-58.

［76］芮孝芳，蒋成煜，张金存.流域水文模型的发展［J］.水文，2006（3）：22-26.

［77］芮孝芳，朱庆平.分布式流域水文模型研究中的几个问题［J］.水利水电科技进展，2002（3）：56-58，70.

［78］芮孝芳.水文学原理［M］.北京：高等教育出版社，2013.

［79］芮孝芳.流域水文模型研究中的若干问题［J］.水科学进展，1997（1）：97-101.

［80］沈永平，王国亚.IPCC 第一工作组第五次评估报告对全球气候变化认知的最新科学要点［J］.冰川冻土，2013，35（5）：1068-1076.

［81］舒晓娟，陈洋波，黄锋华，等.PEST 在 WetSpa 分布式水文模型参数率定中的应用［J］.水文，2009，29（5）：45-49.

［82］宋晓猛，张建云，占车生，等.水文模型参数敏感性分析方法评述［J］.水利水电科技进展，2015，35（6）：105-112.

［83］宋艳华.SWAT 辅助下的径流模拟与生态恢复水文响应研究［D］.兰州：兰州大学，2006.

［84］苏东彬，姚琪，戴枫勇，等.基于 GIS 的 SWAT 模型原理及其在农业面源污染中的应用［J］.水利科技与经济，2006（10）：712-714，717.

［85］孙才志，刘淑彬.中国膳食水足迹区域差异及驱动因素分析［J］.人民黄河，2017，39（9）：39-45，50.

［86］孙浩然，边睿，李若男，等．基于 SWAT 模型的磷负荷削减最佳管理措施（BMPs）评估研究［J］．环境科学学报，2020，40（7）：2629-2637.

［87］汤国安，刘学军，闾国年，等．地理信息系统教程［M］．北京：高等教育出版社，2007.

［88］田开迪，沈冰，贾宪．MIKE SHE 模型在灞河径流模拟中的应用研究［J］．水资源与水工程学报，2016，27（1）：91-95.

［89］王波，黄勇，李家堂，等．西南喀斯特地貌区两栖动物丰富度分布格局与环境因子的关系［J］．生物多样性，2018，26（9）：941-950.

［90］王浩，陆垂裕，秦大庸，等．地下水数值计算与应用研究进展综述［J］．地学前缘，2010，17（6）：1-12.

［91］王磊，包庆，何编．CMIP6 高分辨率模式比较计划（HighResMIP）概况与评述［J］．气候变化研究进展，2019，15（5）：498-502.

［92］王倩之，刘凯，汪明．NEX-GDDP 降尺度数据对中国极端降水指数模拟能力的评估［J］．气候变化研究进展，2022，18（1）：31-43.

［93］王绍武，罗勇，赵宗慈，等．气候模式［J］．气候变化研究进展，2013，9（2）：150-154.

［94］王盛萍，张志强，孙阁，等．基于物理过程分布式流域水文模型尺度依赖性［J］．水文，2008，28（6）：1-7.

［95］王予，李惠心，王会军，等．CMIP6 全球气候模式对中国极端降水模拟能力的评估及其与 CMIP5 的比较［J］．气象学报，2021，79（3）：369-386.

［96］王中根，刘昌明，黄友波．SWAT 模型的原理、结构及应用研究［J］．地理科学进展，2003，22（1）：79-86.

［97］王中根，刘昌明，吴险峰．基于 DEM 的分布式水文模型研究综述［J］．自然资源学报，2003（2）：168-173.

［98］温鲁哲．中国水资源节约与可持续利用问题探析［J］．资源节约与环保，2020（6）：112.

［99］温燕华．密云水库上游潮白河流域典型小流域治理研究［D］．邯郸：河北工程大学，2020.

［100］温跃修．黄河流域未来极端气候变化及对中游洪水事件的影响研究

［D］. 郑州：郑州大学，2020.

［101］吴其重，冯锦明，董文杰，等 . BNU—ESM 模式及其开展的 CMIP5 试验介绍［J］. 气候变化研究进展，2013，9（4）：291-294.

［102］吴险峰，刘昌明 . 流域水文模型研究的若干进展［J］. 地理科学进展，2002（4）：341-348.

［103］夏芳 . 钱塘江流域气候变化及其对水文径流的影响［D］. 杭州：浙江大学，2016.

［104］夏军，刘春蓁，任国玉 . 气候变化对我国水资源影响研究面临的机遇与挑战［J］. 地球科学进展，2011，26（1）：1-12.

［105］向竣文，张利平，邓瑶，等 . 基于 CMIP6 的中国主要地区极端气温 / 降水模拟能力评估及未来情景预估［J］. 武汉大学学报（工学版），2021，54（1）：46-57，81.

［106］谢旺成，李天宏 . 流域泥沙输移比研究进展［J］. 北京大学学报（自然科学版），2012，48（4）：676-685.

［107］辛晓歌，吴统文，张洁，等 . BCC 模式及其开展的 CMIP6 试验介绍［J］. 气候变化研究进展，2019，15（5）：533-539.

［108］熊翰林 . 赣江流域径流对气候变化的响应［D］. 南昌：南昌工程学院，2018.

［109］徐宗学，程磊 . 分布式水文模型研究与应用进展［J］. 水利学报，2010，41（9）：1009-1017.

［110］徐宗学，李景玉 . 水文科学研究进展的回顾与展望［J］. 水科学进展，2010，21（4）：450-459.

［111］徐宗学 . 水文模型［M］. 北京：科学出版社，2009.

［112］徐宗学 . 水文模型：回顾与展望［J］. 北京师范大学学报（自然科学版），2009，46（3）：278-289.

［113］许崇海，沈新勇，徐影 . IPCC AR4 模式对东亚地区气候模拟能力的分析［J］. 气候变化研究进展，2007（5）：287-292.

［114］许自舟，余东，陶冠峰，等 . 基于网格单元的碧流河流域土壤侵蚀吸附态氮污染负荷研究［J］. 海洋环境科学，2020，39（1）：138-144.

［115］杨博.HSPF 模型径流模拟的优化及其对雨量站密度的响应研究［D］.
福州：福建师范大学，2018.

［116］叶守泽，夏军.水文科学研究的世纪回眸与展望［J］.水科学进展，
2002，13（1）：93-104.

［117］尹家波，郭生练，王俊，等.基于贝叶斯模式平均方法融合多源数据的
水文模拟研究［J］.水利学报，2020，51（11）：1335-1346.

［118］袁华.利用单纯形—混沌优化算法确定河流水质模型参数［J］.水资源
保护，2013，29（6）：44-48.

［119］岳尚华，王浩.中国水现状不容乐观——访中国工程院院士、中国水利
水电科学研究院水资源所名誉所长王浩［J］.地球，2013（10）：15-19.

［120］张宝庆，邵蕊，赵西宁，等.大规模植被恢复对黄土高原生态水文过程
的影响［J］.应用基础与工程科学学报，2020，28（3）：594-606.

［121］张昊，张代钧.复杂水环境模拟研究与发展趋势［J］.环境科学与管
理，2010，35（4）：24-28，67.

［122］张红丽，张强，刘骞，等.中国南方和北方气候干燥程度的变化特征及
差异性分析［J］.高原气象，2016，35（5）：1339-1351.

［123］张缓缓.嘉陵江中游蓬安段鱼类群落结构及重要经济鱼类种群生物学研
究［D］.南充：西华师范大学，2016.

［124］张继红，刘纪化，张永雨，等.海水养殖践行"海洋负排放"的途径
［J］.中国科学院院刊，2021，36（3）：252-258.

［125］张珂铭，范广洲.CMIP5 模式对青藏高原地表温度的模拟与预估［J］.
高原山地气象研究，2021，41（1）：80-89.

［126］张丽霞，陈晓龙，辛晓歌.CMIP6 情景模式比较计划（ScenarioMIP）
概况与评述［J］.气候变化研究进展，2019，15（5）：519-525.

［127］张利平，陈小凤，赵志鹏，等.气候变化对水文水资源影响的研究进展
［J］.地理科学进展，2008，27（3）：60-67.

［128］张利平，夏军，胡志芳.中国水资源状况与水资源安全问题分析［J］.
长江流域资源与环境，2009，18（2）：116-120.

［129］张敏，李令军，赵文慧，等.密云水库上游河流水质空间异质性及其成

因分析[J].环境科学学报,2019,39(6):1852-1859.

[130] 张楠,秦大庸,张占庞.SWAT模型土壤粒径转换的探讨[J].水利科技与经济,2007,13(3):168-169,172.

[131] 张婷,徐彬鑫,康爱卿,等.流域水文、水动力、水质模型联合应用研究进展[J].水利水电科技进展,2021,41(3):11-19.

[132] 张微微,李晓娜,王超,等.密云水库上游白河地表水质对不同空间尺度景观格局特征的响应[J].环境科学,2020,41(11):4895-4904.

[133] 张徐杰.气候变化下基于SWAT模型的钱塘江流域水文过程研究[D].杭州:浙江大学,2015.

[134] 张正勇.玛纳斯河流域产流区水文过程模拟研究[D].石河子:石河子大学,2018.

[135] 章燕喃.密云水库流域近三十年径流变化及归因分析[D].北京:清华大学,2014.

[136] 赵坤,傅海燕,李薇,等.流域水文模型研究进展[J].现代农业科技,2009(23):267-270.

[137] 赵求东,赵传成,秦艳,等.天山南坡高冰川覆盖率的木扎提河流域水文过程对气候变化的响应[J].冰川冻土,2020,42(4):1285-1298.

[138] 赵阳,张晓明,曹文洪,等.北京水源地变化环境下的小流域径流响应研究[J].应用基础与工程科学学报,2016,24(1):22-33.

[139] 赵宗慈,罗勇,黄建斌.从检验CMIP5气候模式看CMIP6地球系统模式的发展[J].气候变化研究进展,2018,14(6):643-648.

[140] 郑丽芬.中国水资源状况及水资源安全问题的研究[J].黑龙江科技信息,2015(20):198.

[141] 郑涛,穆环珍,黄衍初,等.非点源污染控制研究进展[J].环境保护,2005,33(2):31-34.

[142] 郑震,张静,宫辉力.MIKE SHE水文模型参数的不确定性研究[J].人民黄河,2015,37(1):23-26.

[143] 中国气象局气候变化中心.中国气候变化蓝皮书(2021)[M].北京:科学出版社,2021.

［144］周天军，邹立维，陈晓龙.第六次国际耦合模式比较计划（CMIP6）评述［J］.气候变化研究进展，2019，15（5）：445-456.

［145］Abbaspour K C，Vejdani M，Haghighat S. SWAT-CUP calibration and uncertainty programs for SWAT［J］. MODSIM International Congress on Modelling & Simulation，2007：1596-1602.

［146］Abbaspour K C. SWAT-CUP-2012：SWAT calibration and uncertainty program—A user manual［M］. Swiss Federal：Eawag Swiss Fereral Institute of Aquatic Science and Technology，2011.

［147］Abbott M B，Bathurst J C，Cunge，et al. An introduction to the European Hydrological System — Systeme Hydrologique Europeen，"SHE"，2：Structure of a physically-based，distributed modelling system［J］. Journal of Hydrology，1986，87（1）：45-59.

［148］Arantes L T，Carvalho A C P，Carvalho A P P，et al. Surface runoff associated with climate change and land use and land cover in Southeast region of Brazil［J］. Environmental Challenges，2021，3：100054.

［149］Arnold J G，Fohrer N. SWAT 2000：current capabilities and research opportunities in applied watershed modelling［J］. Hydrological Processes，2005，19（3）：563-572.

［150］Arnold J G，Srinivasan R，Muttiah R S，et al. Continental scale simulation of the hydrologic balance［J］. JAWRA Journal of the American Water Resources Association，2007，35（5）：1037-1051.

［151］Arnold J G，Srinivasan R，Muttiah R S，et al. Large area hydrologic modeling and assessment part I：Model development［J］. Journal of the American Water Resources Association，1998，34（1）：73-89.

［152］Arnold J G. SWAT：model use，calibration，and validation［J］. Transactions of the ASABE，2012，55（4）：1491-1508.

［153］Bao Y，Wen X. Projection of China's near-and long-term climate in a new high-resolution daily downscaled dataset NEX—GDDP［J］. Journal of Meteorological Research，2017，31（1）：236-249.

［154］Bekele E G, Nicklow J W. Multi-objective automatic calibration of SWAT using NSGA-II［J］. Journal of Hydrology, 2007, 341（3/4）: 165-176.

［155］Beven K J, Calver A, Morris E. The institute of hydrology distributed model［M］. Wallingford: Institute of Hydrology, 1987.

［156］Beven K J, Kirby M J. A physically based variable contributing area model of basin hydrology［J］. Journal of Hydrology, 1979, 24（1）: 43-69.

［157］Beven K, Binley A. The future of distributed models: model calibration and uncertainty prediction［J］. Hydrological Processes, 1992, 6（3）: 279-298.

［158］Boufala M H, Hmaidi A E, Essahlaoui A, et al. Assessment of the best management practices under a semi-arid basin using SWAT model（case of M'dez watershed, Morocco）［J］. Modeling Earth Systems and Environment, 2021, 8: 713-731.

［159］Bouraoui F, Benabdallah S, Jrad A, et al. Application of the SWAT model on the Medjerda river basin（Tunisia）［J］. Physics and Chemistry of the Earth, Parts A/B/C, 2005, 30（8-10）: 497-507.

［160］Burnash R J C, Ferral R L, Mcguire R A. A generalized streamflow simulation system-conceptual modeling for digital computers［R］. Joint Fedral-State River Forecast Centre, Sacramento, California, 1973.

［161］Butts M B, Payne J T, Kristensen M, et al. An evaluation of the impact of model structure on hydrological modelling uncertainty for streamflow simulation［J］. Journal of Hydrology, 2004, 298（1-4）: 242-266.

［162］Cao Y, Zhang J, Yang M, et al. Application of SWAT model with CMADS data to estimate hydrological elements and parameter uncertainty based on SUFI-2 algorithm in the Lijiang River basin, China［J］. Water, 2018, 10（6）: 742.

［163］Chauhan N, Kumar V, Paliwal R. Quantifying the impacts of decadal landuse change on the water balance components using soil and water assessment tool in Ghaggar River basin［J］. SN Applied Sciences, 2020,

2（11）：1-19.

［164］Chen H，Sun J，Lin W，et al. Comparison of CMIP6 and CMIP5 models in simulating climate extremes［J］. Science Bulletin，2020，65（17）：1415-1418.

［165］Chen Y，Zhang X，Fang G，et al. Potential risks and challenges of climate change in the arid region of northwestern China［J］. Regional Sustainability，2020，1（1）：20-30.

［166］Crawford N H，Linsley R K. Digital Simulation in Hydrology：Stanford watershed model Ⅳ［M］. Stanford，CA：Department of Civil Engineering，Stanford University，1966.

［167］DHI. MIKE SHE User Manual Volume 1：User Guide［M］. Denmark：DHI，2011.

［168］Duan Q，Sorooshian S，Gupta V. Effective and efficient global optimization for conceptual rainfall-runoff models［J］. Water Resources Research，1992，28（4）：1015-1031.

［169］Freeze R A，Harlan R L. Blueprint for a physically-based，digitally-simulated hydrologic response model［J］. Journal of Hydrology，1969，9（3）：237-258.

［170］Gebrechorkos S H，Bernhofer C，Hülsmann S. Climate change impact assessment on the hydrology of a large river basin in Ethiopia using a local-scale climate modelling approach［J］. Science of the Total Environment，2020，742：140504.

［171］Gossweiler B，Wesstrm I，Messing I，et al. Impact of land use change on non-point source pollution in a semi-arid catchment under rapid urbanisation in Bolivia［J］. Water，2021，13（4）：410.

［172］Graham D N，Butts M B. Flexible，integrated watershed modelling with MIKE SHE［M］. Los Angeles：CRC Press，2005.

［173］Gupta H V，Sorooshian S，Yapo P O. Status of automatic calibration for hydrologic models：comparison with multilevel expert calibration［J］.

Journal of Hydrologic Engineering, 1999, 4 (2): 135-143.

[174] Haarsma R J, Roberts M J, Luigi V P, et al. High Resolution Model Intercomparison Project (HighResMIP V1.0) for CMIP6 [J]. Geoscientific Model Development, 2016, 9 (11): 4185-4208.

[175] Hochman A, Rostkier-E, Kunin P, et al. Changes in the characteristics of "wet" and "dry" Red Sea Trough over the Eastern Mediterranean in CMIP5 climate projections [J]. Theoretical and Applied Climatology, 2020: 1-14.

[176] Kim Y H, Min S K, Zhang X, et al. Evaluation of the CMIP6 multi-model ensemble for climate extreme indices [J]. Weather and Climate Extremes, 2020: 100269.

[177] Kiprotich P, Wei X, Zhang Z, et al. Assessing the impact of land use and climate change on surface runoff response using gridded observations and SWAT+ [J]. Hydrology, 2021, 8 (1): 48.

[178] Krause P, Boyle D P, Bäse F. Comparison of different efficiency criteria for hydrological model assessment [J]. Advances in Geosciences, 2005, 5: 89-97.

[179] Li C, Lu H, Yang K, et al. Evaluation of the common land model (CoLM) from the perspective of water and energy budget simulation: towards inclusion in CMIP6 [J]. Atmosphere, 2017, 8 (8): 141.

[180] Li M, Zhang T, Feng P. A nonstationary runoff frequency analysis for future climate change and its uncertainties [J]. Hydrological Processes, 2019, 33 (21) 2759-2771.

[181] Liang X, Lettenmaier D P, Wood E F, et al. A simple hydrologically based model of land surface water and energy fluxes for general circulation models [J]. Journal of Geophysical Research, 1994, 99 (7): 14415-14428.

[182] Linsley R K, Crawford N H. Computation of a synthetic streamflow record on a digital computer [J]. International Association of Scientific Hydrological, 1960, 51: 526-538.

［183］Liu X，Li J. Application of SCS model in estimation of runoff from small watershed in Loess Plateau of China［J］. Chinese Geographical Science，2008，18（3）: 235.

［184］Loaiciga H A，Valdes J B，Vogel R，et al. Global warming and the hydrologic cycle［J］. Journal of Hydrology，1996，174: 83-127.

［185］Lohmann D，Raschke E，Nijssen B，et al. Regional scale hydrology: I. formulation of the VIC-2L model coupled to a routing model［J］. Hydrological Sciences Journal，1998，43（1）: 131-141.

［186］Luo N，Guo Y，Gao Z，et al. Assessment of CMIP6 and CMIP5 model performance for extreme temperature in China［J］. Atmospheric and Oceanic Science Letters，2020，13（6）: 589-597.

［187］Malik S，Pal S. Potential flood frequency analysis and susceptibility mapping using CMIP5 of MIROC5 and HEC-RAS model: a case study of lower Dwarkeswar River，Eastern India［J］. SN Applied Sciences，2021，3（1）: 1-22.

［188］Meinshausen M，Smith S J，Calvin K，et al. The RCP greenhouse gas concentrations and their extensions from 1765 to 2300［J］. Climatic Change，2011，109（1/2）: 213-241.

［189］Meng X，Wang H，Shi C，et al. Establishment and evaluation of the China meteorological assimilation driving datasets for the swat model（CMADS）［J］. Water，2018，10（11）: 1555.

［190］Meng X，Wang H. Significance of the China Meteorological Assimilation Driving Datasets for the SWAT Model（CMADS）of East Asia［J］. Water，2017，9（10）: 765.

［191］Mishra A，Kar S，Raghuwanshi N S. Modeling nonpoint source pollutant losses from a small watershed using HSPF model［J］. Journal of Environmental Engineering，2009，135（2）: 92-100.

［192］Moriasi D N，Arnold J G，Liew M，et al. Model evaluation guidelines for systematic quantification of accuracy in watershed simulations［J］.

Transactions of the ASABE, 2007, 50（3）: 885-900.

［193］Moss R H, Edmonds J A, Hibbard K A, et al. The next generation of scenarios for climate change research and assessment［J］. Nature, 2010, 463（7282）: iii, 747-756.

［194］Nash J, Sutcliffe J V. River flow forecasting through conceptual models Part Ⅰ—A discussion of principles［J］. Journal of hydrology, 1970, 10（3）: 282-290.

［195］Neitsch S L, Arnold J G, Kiniry J R, et al. Soil and water assessment tool theoretical documentation version 2009［M］. Texas, USA: Texas Water Resoures Institute, 2011.

［196］O'Neill B C, Tebaldi C, van Vuuren D P, et al. The Scenario Model Intercomparison Project（ScenarioMIP）for CMIP6［J］. Geoscientific Model Development, 2016, 9: 3461-3482.

［197］Olivera F, Valenzuela M, Srinivasan R, et al. ArcGIS-SWAT: A geodata model and GIS interface for SWAT［J］. Journal of the American Water Resources Association, 2006, 42（2）: 295-309.

［198］Ouyang Y, Higman J, Hatten J. Estimation of dynamic load of mercury in a river with BASINS-HSPF model［J］. Journal of Soils & Sediments, 2012, 12（2）: 207-216.

［199］Praskievicz S, Chang H. A review of hydrological modelling of basin-scale climate change and urban development impacts［J］. Progress in Physical Geography: Earth and Environment, 2009, 33（5）: 650-671.

［200］Pumo D, Arnone E, Francipane A, et al. Potential implications of climate change and urbanization on watershed hydrology［J］. Journal of Hydrology, 2017, 554: 80-99.

［201］Ricci G F, De Girolamo A M, Abdelwahab O M M, et al. Identifying sediment source areas in a Mediterranean watershed using the SWAT model［J］. Land Degradation & Development, 2018, 29（4）: 1233-1248.

［202］Richards L A. Capillary conduction of liquids through porous mediums［J］.

Physics, 1931, 1（5）: 318-333.

［203］Rokhsare R, Aazam J, Majid A, et al. Application of a SWAT model for estimating runoff and sediment in two mountainous basins in Central Iran ［J］. International Association of Scientific Hydrology Bulletin, 2008, 53 （5）: 977-988.

［204］Sahoo D, Smith P K, Ines A V M. Autocalibration of HSPF for simulation of streamflow using a genetic algorithm ［J］. Transactions of the ASABE, 2010, 53（1）: 75-86.

［205］Sandu M A, Virsta A. Applicability of MIKE SHE to simulate hydrology in Argesel River Catchment ［J］. Agriculture & Agricultural Science Procedia, 2015, 6: 517-524.

［206］Seo M, Yen H, Kim M K, et al. Transferability of SWAT Models between SWAT 2009 and SWAT 2012 ［J］. Journal of Environmental Quality, 2014, 43（3）: 869.

［207］Siderius C, Biemans H, Wiltshire A, et al. Snowmelt contributions to discharge of the Ganges ［J］. Science of the Total Environment, 2013, 468: S93-S101.

［208］Singh, Vishal. Hydrological stream flow modelling on Tungabhadra catchment: parameterization and uncertainty analysis using SWAT CUP ［J］. Current Science, 2013, 104（9）: 1187-1199.

［209］Sivapalan M, Takeuchi K, Franks S W, et al. IAHS decade on predictions in ungauged basins（PUB）, 2003-2012: Shaping an exciting future for the hydrological sciences ［J］. Hydrological Sciences Journal, 2003, 48 （6）: 857-880.

［210］Song Y, Zhang J, Zhang M. Impacts of climate change on runoff in Qujiang River basin based on SWAT Model ［C］. Hangzhou, China: Institute of Electrical and Electronics Engineers Inc., 2018.

［211］Sonnenborg T O, Christiansen J R, Pang B, et al. Analyzing the hydrological impact of afforestation and tree species in two catchments with contrasting soil properties using the spatially distributed model MIKE SHE SWET [J]. Agricultural and Forest Meteorology, 2017, 239: 118-133.

[212] Stewart J R, Livneh B, Kasprzyk J R, et al. A multialgorithm approach to land surface modeling of suspended sediment in the Colorado Front Range [J]. Journal of Advances in Modeling Earth Systems, 2017, 9 (7): 2526-2544.

[213] Strauch M, Bernhofer C, Koide S, et al. Using precipitation data ensemble for uncertainty analysis in SWAT streamflow simulation [J]. Journal of Hydrology, 2011, 414 (none): 413-424.

[214] Sugawara M. Tank model and its application to Bird Creek, Wollombi Brook, Bikin River, Kitsu River, Sanaga River and NamMune [M]. Tokyo: National Research Center for Disaster Prevention, 1974.

[215] Sushanth K, Bhardwaj A. Assessment of landuse change impact on runoff and sediment yield of Patiala-Ki-Rao watershed in Shivalik foot-hills of northwest India [J]. Environmental Monitoring and Assessment, 2019, 191 (12): 757.1-757.14.

[216] Taylor K E, Stouffer R J, Meehl G A. An Overview of CMIP5 and the Experiment Design [J]. Bulletin of the American Meteorological Society, 2012, 93 (4): 485-498.

[217] Thrasher B, Maurer E P, Mckellar C, et al. Technical Note: Bias correcting climate model simulated daily temperature extremes with quantile mapping [J]. Hydrology and Earth System Sciences, 2012, 16 (9): 3309-3314.

[218] Tyagi J, Rai S P, Qazi N, et al. Assessment of discharge and sediment transport from different forest cover types in lower Himalaya using Soil and Water Assessment Tool (SWAT) [J]. International Journal of Water Resources and Environmental Engineering, 2014, 6 (1): 49-66.

[219] Veronika E, Sandrine B, Gerald A M, et al. Overview of the Coupled model intercomparison project phase 6 (CMIP6) experimental design and rganization [J]. Geoscientific Model Evelopment, 2016, 9 (5): 1937-

1958.

［220］Wang Y，Zheng W，Xie H，et al. Study on runoff simulation of the source region of the Yellow River and the Inland arid source region based on the Variable Infiltration Capacity Model［J］. Sustainability，2020，12（17）：7041.

［221］Wei L，Xin X，Xiao C，et al. Performance of BCC-CSM Models with different horizontal resolutions in simulating extreme climate events in China［J］. Journal of Meteorological Research，2019，33（4）：720-733.

［222］Windolf J，Thodsen H，Troldborg L，et al. A distributed modelling system for simulation of monthly runoff and nitrogen sources，loads and sinks for ungauged catchments in Denmark［J］. PubMed，2011，13（9）：45-58.

［223］Wood A W，Leung L R，Sridhar V，et al. Hydrologic implications of dynamical and statistical approaches to downscaling climate model outputs［J］. Climatic Change，2004，62（1-3）：189-216.

［224］Xu C. Climate change and hydrologic models：A review of existing gaps and recent research developments［J］. Water Resources Management，1999，13（5）：369-382.

［225］Zhang B，Wu P，Zhao X，et al. Assessing the spatial and temporal variation of the rainwater harvesting potential（1971-2010）on the Chinese Loess Plateau using the VIC model［J］. Hydrological Processes，2014，28（3）：534-544.

［226］Zhao F，Wu Y，Qiu L，et al. Parameter uncertainty analysis of the SWAT model in a mountain-loess transitional watershed on the Chinese Loess Plateau［J］. Water，2018，10（6）：690.

［227］Zhao R J，Liu X R. The Xinanjiang model［M］. Wallingford：Hydrological Forecasting Proceedings Oxford Symposium，1995.